Horst Gräter
Service-Fibel für die Fahrwerkdiagnose

Dipl.-Ing. Horst Gräter

# Service-Fibel für die Fahrwerkdiagnose

Vogel Buchverlag

**Dipl.-Ing. HORST GRÄTER**
Jahrgang 1933, studierte nach Grundschule und Gymnasium Maschinenbau in Darmstadt, Braunschweig und Saarbrücken. Über drei Jahrzehnte war er bei der Adam Opel AG in Rüsselsheim tätig, zuletzt als Leiter der Kundendienstförderung, ab 1985 mit europaweiter Verantwortung. Er ist Autor zahlreicher Veröffentlichungen in Kfz-Fachzeitschriften und mehrerer Fachbücher.

Vom selben Autor sind im Vogel Buchverlag erschienen:
Service-Fibel für die Kfz-Diagnose
Service-Fibel für Pkw-Bremsendienst
Service-Fibel für Kfz-Räder und Reifen
Service-Fibel für Kfz-Räder- und Reifendienst

Der sichere Weg zur Meisterprüfung im Kfz-Handwerk: Ottomotor

---

Die Deutsche Bibliothek – CIP-Einheitsaufnahme

**Gräter, Horst:**
Service-Fibel für die Fahrwerkdiagnose / Horst Gräter. – 1. Aufl. – Würzburg: Vogel, 1997
(Vogel-Fachbuch : Service-Fibel)
ISBN 3-8023-1573-1

---

ISBN 3-8023-1573-1
1. Auflage. 1997
Alle Rechte, auch der Übersetzung, vorbehalten. Kein Teil des Werkes darf in irgendeiner Form (Druck, Fotokopie, Mikrofilm oder einem anderen Verfahren) ohne schriftliche Genehmigung des Verlages reproduziert oder unter Verwendung elektronischer Systeme verarbeitet, vervielfältigt oder verbreitet werden. Hiervon sind die in §§ 53, 54 UrhG ausdrücklich genannten Ausnahmefälle nicht berührt.
Printed in Germany
Copyright 1997 by Vogel Verlag und Druck GmbH & Co. KG, Würzburg
Herstellung: Vogel Verlag, Würzburg
Druck und Bindung: Alois Erdl KG, Trostberg

# Vorwort

«Sicherheit im Straßenverkehr» ist eine sehr abgedroschene Redewendung und deshalb zuweilen in Gefahr, nicht mehr ernst genug genommen zu werden. Dennoch, bei einiger Überlegung wird niemand bestreiten, daß sie für unser Leben ungeheuer wichtig ist. Und daß es – neben diversen Randfaktoren – zwei Hauptfaktoren sind, die diese Sicherheit im Straßenverkehr ausmachen: einmal der Mensch und zum anderen das Fahrzeug. Welchen Einfluß der Mensch hat und welchen Reglements er im Verkehrsgeschehen unterliegt, soll hier nicht zur Diskussion stehen, wohl aber der Einfluß, den das Fahrzeug – hier speziell der Pkw – auf die Sicherheit im Straßenverkehr ausübt. Natürlich kann man dafür nicht pauschal das ganze Fahrzeug verantwortlich machen, doch es ist leicht einsehbar, daß es vor allem das Fahrwerk mit den Rädern und Reifen, den Bremsen, der Achseinstellung sowie den Stoßdämpfern ist, deren Zustand und deren richtige Einstellung ganz wesentlich die Sicherheit des Kfz im Straßenverkehr bestimmen.

Selbstverständlich geben die Kfz-Hersteller, unterstützt durch die Forderungen des Gesetzgebers, ihren Produkten ein dem technischen Stand entsprechendes Höchstmaß an Verkehrssicherheit mit auf den Weg. Darüber hinaus aber ist es, wenn wir hier einmal den Fahrzeugbesitzer bzw. -benutzer ausklammern, Sache der Kfz-Werkstatt und des Kfz-Fachmannes, für die Erhaltung und gegebenenfalls Wiederherstellung dieser Sicherheit zu sorgen. Vieles davon kann, weil ausgesprochen fabrikatabhängig, nur von seiten der Werkstätten geschehen, die die entsprechenden Anweisungen vom jeweiligen Hersteller direkt erhalten, die Vertragswerkstätten also. Anderes aber, und das ist noch sehr viel, ist weitgehend fabrikatunabhängig und wird deshalb in der vorliegenden Service-Fibel behandelt. Dabei geht es nicht oder zumindest nur wenig um Reparatur und Einstellung (dazu werden in vielen Fällen die fabrikatspezifischen Herstelleranweisungen benötigt), sondern hauptsächlich um die Diagnose, d.h. die Prüfung auf Zustand, Einstellung und Wirksamkeit sowie die Ermittlung, Größenbestimmnung und Lokalisierung eventueller Fehler. Die Vorstellung und Beschreibung moderner, geeigneter technischer Hilfsmittel und deren richtige Anwendung bei der Fahrwerkdiagnose sind somit Hauptaufgabe und Inhalt der vorliegenden Service-Fibel.

Neben der reinen Technik wird auch der Marketingaspekt angesprochen, denn für den Kfz-Fachmann ist es nicht nur wichtig zu wissen, wie dies und jenes funktioniert, sondern auch, wie die jeweilige Kundendienstleistung bei seinen Kunden ankommt. Er muß wissen, wie er die Diagnose (und damit die Anschaffung und den Einsatz der Diagnosegeräte) «verkaufen» kann, wie sinnvoll oder auch notwendig sie von seinen Kunden anerkannt wird – denn schließlich müssen diese dafür bezahlen. Mit anderen Worten: Der Kfz-Fachmann moderner Prägung muß, wenn er Erfolg haben will, auch kaufmännisch denken können. In Sachen Fahrwerkdiagnose soll ihm mit dieser Fibel ein wenig dabei geholfen werden.

Horst Gräter                                                                                    Rüsselsheim

# Inhaltsverzeichnis

Vorwort . . . . . . . . . . . . . . . . . . . . . . . . . . . . . . . . . . . . 5

1   **Diagnose der Räder und Reifen** . . . . . . . . . . . . . . . . . . . . . . . 9
  1.1   Kontrolle des Reifenluftdrucks . . . . . . . . . . . . . . . . . . . . 10
      1.1.1   Reifenluftdruck- und Reifenfüllmesser . . . . . . . . . . . . . 11
  1.2   Kontrolle und Beurteilung des Reifenverschleißes . . . . . . . . . . . 13
  1.3   Laufruhe der Räder und Reifen . . . . . . . . . . . . . . . . . . . . 17
      1.3.1   Rundlaufabweichung bzw. Höhenschlag messen . . . . . . . . 18
      1.3.2   Planlaufabweichung bzw. Seitenschlag messen . . . . . . . . 20
      1.3.3   Massenungleichförmigkeit bzw. Unwucht . . . . . . . . . . . 21
      1.3.3.1   Theorie und Praxis des Auswuchtens . . . . . . . . . . . . . 26
      1.3.3.2   Stationäres Auswuchten . . . . . . . . . . . . . . . . . . . . 28
      1.3.3.3   Auswuchten am Fahrzeug . . . . . . . . . . . . . . . . . . . 37

2   **Diagnose der Bremsen** . . . . . . . . . . . . . . . . . . . . . . . . . . . 47
  2.1   Bremsen und Gesetzgeber . . . . . . . . . . . . . . . . . . . . . . . 47
      2.1.1   Richtlinie für die Prüfung der Bremsanlagen von Fahrzeugen bei Hauptuntersuchungen nach § 29 StVZO . . . . . . . . . . 49
  2.2   Vorbedingungen für die Bremsenprüfung . . . . . . . . . . . . . . . 53
  2.3   Bremsenprüfung auf der Straße . . . . . . . . . . . . . . . . . . . . 53
  2.4   Bremsenprüfung auf dem Prüfstand . . . . . . . . . . . . . . . . . . 61
      2.4.1   Richtlinie für die Anwendung, Beschaffenheit und Prüfung von Bremsenprüfständen . . . . . . . . . . . . . . . . . . . . 62
      2.4.2   Bremsprüfstände im Kfz-Betrieb . . . . . . . . . . . . . . . 65
      2.4.3   Aufbau und Wirkungsweise des Rollenbremsenprüfstandes . . 66
      2.4.3.1   Praxis der Bremsenprüfung . . . . . . . . . . . . . . . . . . 73
      2.4.3.2   Allradfahrzeuge . . . . . . . . . . . . . . . . . . . . . . . . 76
      2.4.3.3   Auswertung der Bremsenprüfung . . . . . . . . . . . . . . . 77
      2.4.3.4   Bauformen . . . . . . . . . . . . . . . . . . . . . . . . . . . 85
      2.4.4   Aufbau und Wirkungsweise des Plattenbremsenprüfstandes . 87
      2.4.4.1   Praxis der Bremsenprüfung . . . . . . . . . . . . . . . . . . 90
      2.4.4.2   Auswertung der Bremsenprüfung . . . . . . . . . . . . . . . 91
      2.4.5   Rollen- oder Plattenbremsenprüfstand? . . . . . . . . . . . . 93
      2.4.6   Der Bremsprüfstand – ein Marketinginstrument . . . . . . . 98

3   **Diagnose der Achseinstellung** . . . . . . . . . . . . . . . . . . . . . . . 101
  3.1   Fahrwerksgeometrie . . . . . . . . . . . . . . . . . . . . . . . . . . 101
  3.2   Bezugsachse für Radstellungen . . . . . . . . . . . . . . . . . . . . 102
  3.3   Radstellungen . . . . . . . . . . . . . . . . . . . . . . . . . . . . . 107
      3.3.1   Spur . . . . . . . . . . . . . . . . . . . . . . . . . . . . . . . 109
      3.3.2   Spurdifferenzwinkel . . . . . . . . . . . . . . . . . . . . . . 115

|  |  |  |  |
|---|---|---|---|
| | 3.3.3 | Radsturz | 120 |
| | 3.3.4 | Spreizung | 125 |
| | 3.3.5 | Lenkrollradius | 129 |
| | 3.3.6 | Nachlauf | 131 |
| 3.4 | | Reihenfolgen bei der Achsvermessung | 136 |
| 3.5 | | Fahrzeugbezogene Vorbedingungen für die Achsvermessung | 137 |
| 3.6 | | Technik der Achsvermessung | 138 |
| | 3.6.1 | Mechanische Meßsysteme und Meßgeräte | 140 |
| | 3.6.1.1 | Spurmeßstangen | 142 |
| | 3.6.1.2 | Spurmeßplatten | 143 |
| | 3.6.1.3 | Winkelmesser | 145 |
| | 3.6.1.4 | Drehplattenteller | 148 |
| | 3.6.1.5 | Pendelmeßgeräte | 150 |
| | 3.6.1.6 | Wasserwaagenmeßgeräte | 151 |
| | 3.6.2 | Optische Meßsysteme und Meßgeräte | 153 |
| | 3.6.2.1 | Lichtstrahlmeßgeräte | 155 |
| | 3.6.2.2 | Optische Achsmeßgeräte mit Meßsystem am Rad | 164 |
| | 3.6.2.3 | Optische Achsmeßgeräte mit Radspiegel | 166 |
| | 3.6.3 | Elektronische Meßsysteme und Meßgeräte | 176 |
| 3.7 | | Welches Achsmeßgerät soll oder muß es sein? | 190 |
| 3.8 | | Achsmeßplatz | 194 |

**4 Diagnose der Stoßdämpfer** . . . . . . . . . . . . . . . . . . . . . . . . 199

|  |  |  |  |
|---|---|---|---|
| 4.1 | | Stoßdämpferprüfung ohne technische Hilfsmittel | 201 |
| | 4.1.1 | Sichtprüfung | 201 |
| | 4.1.2 | Prüfung von Hand in ausgebautem Zustand | 203 |
| | 4.1.3 | Beurteilung aufgrund des Fahrverhaltens | 203 |
| | 4.1.4 | Manuelle Wippprüfung | 204 |
| 4.2 | | Stoßdämpferprüfung mit technischen Hilfsmitteln | 204 |
| | 4.2.1 | Prüfung nach der Fallmethode | 205 |
| | 4.2.2 | Prüfung nach der Resonanzmethode (Schwingungsmessung) | 207 |
| | 4.2.3 | Prüfung nach der Vibrationsmethode (EUSAMA-Prinzip) | 212 |
| | 4.2.4 | Prüfung nach der Ultraschallmethode | 215 |
| 4.3 | | Prüfung in ausgebautem Zustand auf der Stoßdämpfer-Prüfmaschine | 216 |
| 4.4 | | Wohin mit dem Stoßdämpfer-Prüfgerät? | 219 |

**Stichwortverzeichnis** . . . . . . . . . . . . . . . . . . . . . . . . . . . . . . 223

# 1 Diagnose der Räder und Reifen

Räder und Reifen bedürfen sowohl einer regelmäßigen Wartung und Kontrolle (Luftdruck, Profil, regelmäßiger/unregelmäßiger Verschleiß) als auch einer Prüfung/Diagnose mit Feststellung von Größe und Lage der Fehlerstelle bei irgendwelchen Störungen. Teilweise sind diese Kontrollen Aufgabe des Fahrzeugbesitzers bzw. -benutzers, teilweise aber auch, z.B. die Prüfung des Rundlaufs, ausschließlich Sache der Werkstatt (Bild 1.1).

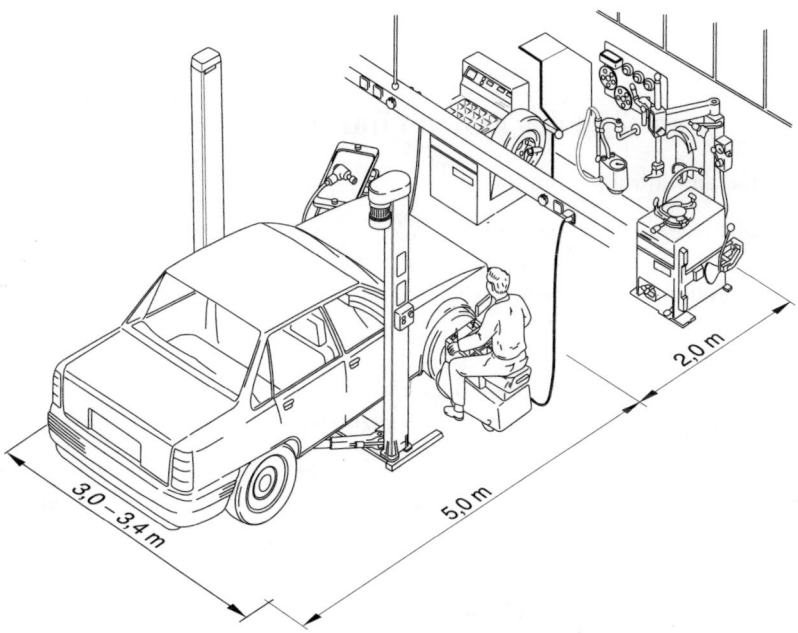

Bild 1.1
Arbeitsplatz für Rad- und Reifenservice in idealer Größe und Ausstattung

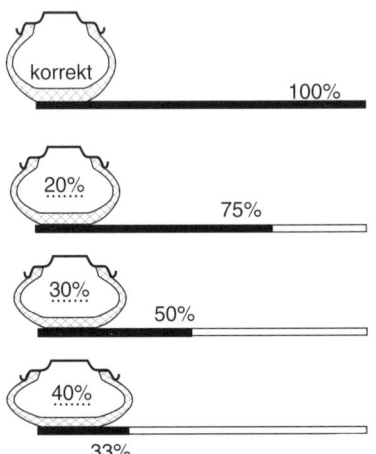

Bild 1.2
Einfluß des Reifenluftdrucks auf die Reifenlebensdauer

## 1.1 Kontrolle des Reifenluftdrucks

Der Reifenluftdruck beeinflußt

- die allgemeinen Fahreigenschaften,
- das Brems- und Lenkungsverhalten des Fahrzeugs,
- das Federungsvermögen des Reifens,
- die Fahrsicherheit,
- die Reifenlebensdauer (Bild 1.2),
- den Rollwiderstand und damit den Kraftstoffverbrauch,
- die Widerstandsfähigkeit gegen Verletzungen.

Damit werden die Bedeutung des Reifenluftdrucks und die Notwendigkeit seiner ständigen Überwachung deutlich. Natürlich liegen die regelmäßige Kontrolle und Korrektur in erster Linie in der Verantwortung des Fahrers. Das entbindet jedoch die Werkstatt nicht

- von ihrer Informationspflicht gegenüber dem Fahrer und
- von der Aufgabe, dafür Sorge zu tragen, daß jedes Fahrzeug beim Verlassen der Werkstatt den richtigen Reifenluftdruck besitzt.

Dies ist im übrigen nicht nur eine technische Aufgabe, sondern auch eine marketingorientierte Kundendienstleistung, die ein Kfz-Betrieb werbewirksam einsetzen kann.

## 1.1.1 Reifenluftdruck- und Reifenfüllmesser

Einfache *Taschenluftdruckmesser* in Stab- oder Uhrenform sind für den Fahrzeugbesitzer zwar ausreichend und auch zu empfehlen, in Anbetracht der Tatsache jedoch, daß heute an jeder Tankstelle bessere und auch vom Laien einfach zu bedienende Geräte zur Verfügung stehen, selten geworden.

Tankstellen und Kfz-Werkstätten verfügen heute nahezu ausnahmslos über sogenannte *Reifenfüllmesser*. Diese Geräte dienen sowohl zum Messen des Reifenluftdrucks als auch – da sie an das Druckluftnetz des Betriebs angeschlossen werden – zum Füllen der Reifen. Unter der im Laufe der Jahre entwickelten Gerätevielfalt hat sich vor allem der *Standfüllmesser* mit integriertem Drucklufttank (Bild 1.3) durchgesetzt, der zwar am Druckluftnetz nachgefüllt werden muß, darüber hinaus aber mobil ist und ortsungebunden eingesetzt werden kann.

Einige Fahrzeuge verfügen auch über eine im Fahrzeug eingebaute, automatische Reifenluftkontrolle (Bild 1.4), einen sogenannten *Reifendruckwächter*, was im Interesse einer regelmäßigen Überwachung natürlich von Vorteil ist.

Bild 1.3
Reifenfüllmesser mit integriertem Drucklufttank. Seine Doppelfunktion: «Reifenluftdruck messen» und «Reifen mit Luft füllen»

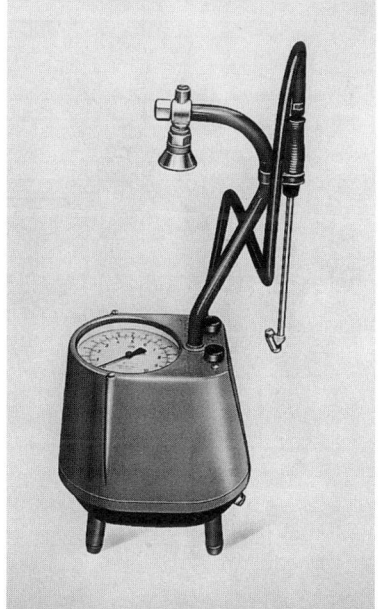

Felge
Druckschalter
HF-Geber
Bremssattel
Bremsscheibe

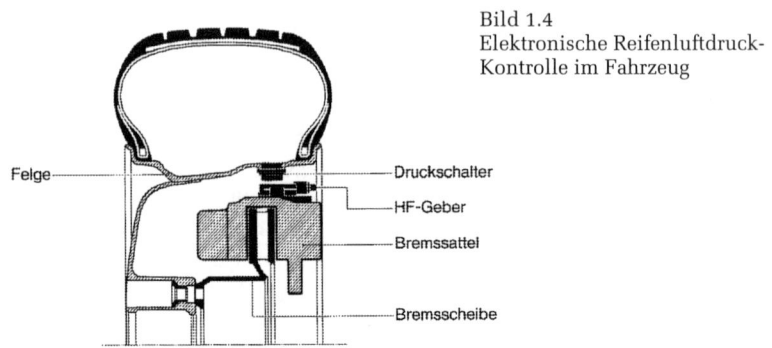

Bild 1.4
Elektronische Reifenluftdruck-Kontrolle im Fahrzeug

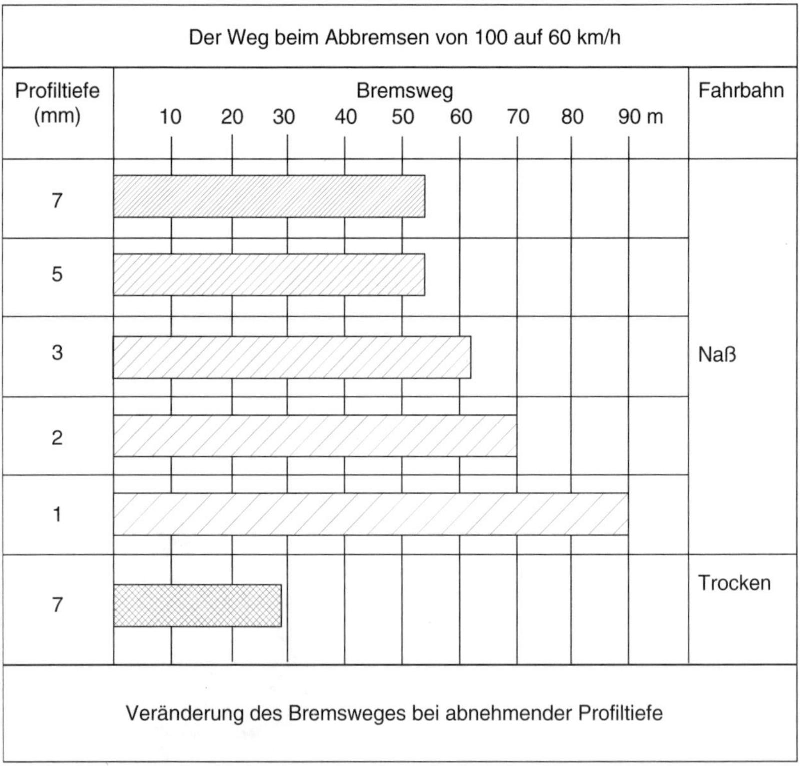

Der Weg beim Abbremsen von 100 auf 60 km/h
Profiltiefe (mm)
Bremsweg
10 20 30 40 50 60 70 80 90 m
Fahrbahn
7
5
3
2
1
7
Naß
Trocken
Veränderung des Bremsweges bei abnehmender Profiltiefe

Bild 1.5
Einfluß der Profiltiefe auf die Länge des Bremsweges

## 1.2 Kontrolle und Beurteilung des Reifenverschleißes

«Normaler» Reifenverschleiß ist aufgrund der Reibung zwischen Reifen und Fahrbahn unvermeidlich und nicht auf irgendwelche Fehler am Fahrzeug zurückzuführen. Äußeres Kennzeichen dafür ist eine gleichmäßige, symmetrische Abnutzung der Reifenlauffläche über die gesamte Breite und den gesamten Umfang. Ist trotz normalen Verschleißes die Lebensdauer der Reifen unterschiedlich, ist dies in aller Regel auf die Einsatzart und die Fahrbedingungen des Fahrzeugs zurückzuführen. Betont sportliches Fahren, schnelles Fahren auf kurvenreichen Straßen, häufige Gebirgsfahrten, hohe Fahrzeugbelastung und anderes mehr erhöhen den Verschleiß und verkürzen die Reifenlebensdauer.

Abgesehen vom Erscheinungsbild der Reifenlauffläche ist die noch vorhandene Profiltiefe ein Maß für den Grad des Reifenverschleißes (Bild 1.6). Seit 1. Januar 1992 ist in allen EG-Ländern einheitlich vorgeschrieben, daß die Profiltiefe bei Sommer- und Winterreifen mindestens 1,6 mm betragen muß. Automobil- und Reifenhersteller empfehlen gar, aus Sicherheitsgründen und zur Vorbeugung gegen Aquaplaning schon bei 2 bis 3 mm Rest-

Bild 1.6
Der Profi mißt die Profiltiefe mit einer besonderen Meßuhr.

tiefe an einen Reifentausch zu denken (Bild 1.5). Auch hierbei ist der Kfz-Werkstatt marketinggerechtes Denken anzuraten, indem sie ihre Kunden aufklärt und rechtzeitig auf den fällig werdenden Reifenwechsel aufmerksam macht.

«Anomaler» Reifenverschleiß tritt dann auf, wenn irgendwelche Fehler an Rad und/oder Reifen bzw. am Fahrwerk vorliegen. Äußeres Kennzeichen dafür ist ein asymmetrischer Abrieb, der nicht gleichmäßig über die Breite und den Umfang der Reifenlauffläche verteilt ist. Auf keinen Fall darf man dazu jedoch Beschädigungen zählen, die durch mechanische oder chemische Einwirkungen von außen entstanden sind.

Meist ist aus dem Verschleißbild eines Reifens zu erkennen, welcher Fehler vorliegt bzw. welche Fehlermöglichkeiten bestehen, so daß – hier ist wieder marketingorientiertes Denken gefragt – die Kfz-Werkstatt den Kunden entsprechend informieren, auf zu beseitigende Fehler am Fahrzeug hinweisen oder auf notwendige, endgültige Klarheit verschaffende Diagnosen aufmerksam machen kann.

Hauptursachen für anomalen Verschleiß sind:
- falscher Reifenluftdruck (Bilder 1.7 und 1.8),
- Höhen- und/oder Seitenschlag der Räder,
- Radunwucht,
- Fehler an der Bremsanlage,
- Spurfehler und/oder falscher Radsturz,
- schräglaufende Räder,
- Spiel in Radlager/Radaufhängung,
- defekte Stoßdämpfer.

*Starker gleichmäßiger Abrieb an den Reifenschultern* – eine sehr häufig vorkommende anomale Verschleißart – ist vor allem die Folge von ungenügendem Reifenluftdruck und/oder Überlastung des Fahrzeugs (Bild 1.9).

*Starker gleichmäßiger Abrieb in der Reifenmitte* ist auf langes Fahren mit überhöhtem Reifenluftdruck zurückzuführen und kommt vor allem bei betont sportlich gefahrenen Fahrzeugen vor (Bild 1.9).

*Verstärkter Reifenabrieb an den Vorderrädern, oft in Verbindung mit in Längsrichtung verlaufenden Strichen, Reibspuren und Graten an den Profilkanten,* ist in der Regel die Folge einer fehlerhaften Spur- und/oder Spurdifferenzwinkeleinstellung und wirkt sich auch auf das Lenk- und Fahrverhalten des Fahrzeugs aus. Endgültigen Aufschluß kann erst eine Spurmessung geben. Da auch schrägstehende Achsen (evtl. Folge eines Unfalls) ein ähnliches Verschleißbild ergeben, ist zur genauen Fehlerermittlung unter Umständen eine komplette Achsvermessung erforderlich.

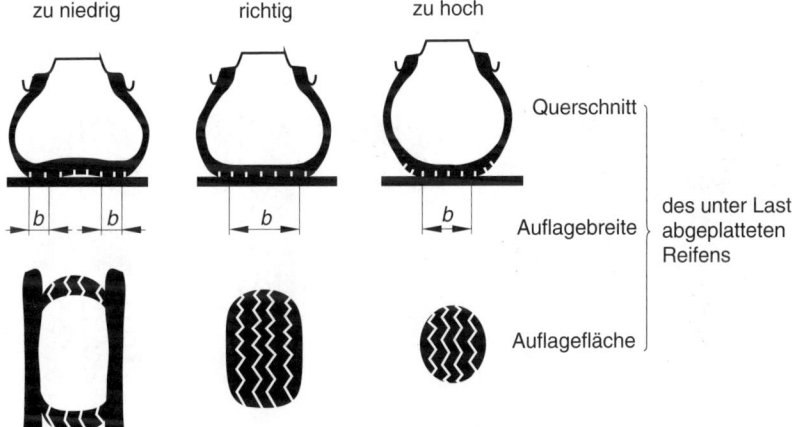

**Bild 1.7**
Je nach Reifenluftdruck sind die Auflagebreite und die Auflagefläche eines Reifens unterschiedlich groß. Das beeinflußt gleichermaßen die Sicherheit und die Reifenlebensdauer.

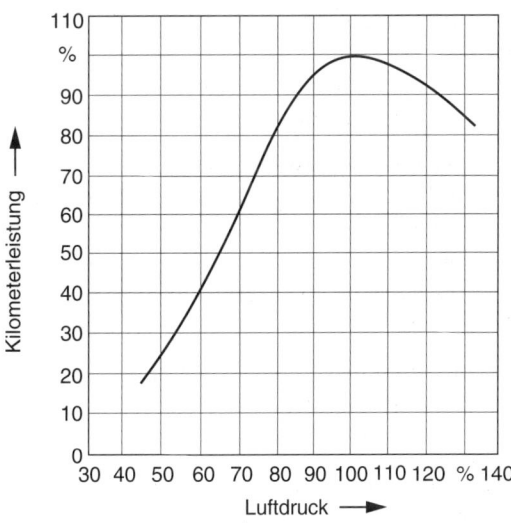

**Bild 1.8**
Einfluß des Reifenluftdrucks auf die Kilometerleistung bzw. die Lebensdauer des Reifens

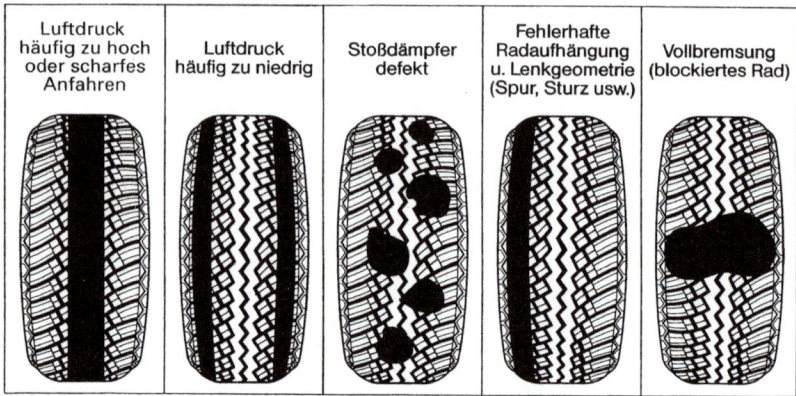

**Bild 1.9**
Oft, wenn auch nicht immer, lassen sich die Ursachen zu schnellen Reifenverschleißes an der Art der Laufflächenabnutzung erkennen.

*Verstärkter Abrieb auf nur einer Reifenschulter* ist in aller Regel die Folge von zu großem negativen oder positiven Radsturz. Das kann sowohl auf äußere Einwirkungen (Anfahren an Bordsteinkanten) als auch bei Einzelradaufhängung auf häufiges Fahren mit hoher Fahrzeugbelastung zurückzuführen sein (Bild 1.9).

*Auswaschungen in der Reifenlauffläche* kann verschiedene Ursachen haben. In Frage kommen:

☐ Spiel oder anderweitige Defekte im Radlager, in der Radaufhängung oder im Lenkgestänge (vornehmlich an den Vorderrädern),
☐ Radunwucht,
☐ Schäden an der Federung,
☐ defekte Stoßdämpfer (Bild 1.9),
☐ zu hoher Luftdruck.

Auch *unrunder Abrieb, bei dem sich gleichmäßig an jeweils gegenüberliegenden Stellen starker und geringer Abrieb (Maxi—Mini) abwechseln,* kann verschiedene Ursachen haben, z.B.

☐ schlechte Zentrierung des Reifens auf der Felge,
☐ schlechte Zentrierung des Rades am Radflansch,
☐ Höhen- oder Seitenschlag des Rades,
☐ Radunwucht.

Lokal begrenzte, meist recht rauhe Abriebstellen sind oft auf starkes Abbremsen mit blockierten Rädern zurückzuführen (Bild 1.9), können aber auch als Folge unrunder Bremstrommeln, ungleichmäßig verteilter Bremswirkung oder falsch eingestellter Bremsen auftreten. Auf jeden Fall ist für eine genauere Diagnose eine Bremsenprüfung auf dem Prüfstand erforderlich.

Auf weitere Arten möglicher Reifenschäden, die in der Regel keiner besonderen Diagnosestellung mehr bedürfen, soll hier nicht näher eingegangen werden.

## 1.3 Laufruhe der Räder und Reifen

Räder und Reifen können einzeln, im Verbund wie auch im Zusammenbau mit dem Fahrwerk äußere und/oder innere Ungleichförmigkeiten aufweisen, die beim Rundlauf störende und Verschleiß fördernde sowie die Verkehrssicherheit beeinträchtigende Kräfte auslösen (Bild 1.10). Teils lassen sich diese Ungleichförmigkeiten mit den Mitteln und Möglichkeiten der Werkstatt nach Lage und Größe ermitteln und beseitigen, teils aber auch nicht.

Reifen mit sogenannten *Kräfteungleichförmigkeiten*, die Radial-, Lateral- und/oder Tangentialkraftschwankungen auslösen, sowie Reifen mit *statischen Seitenkräften*, die einen Konus- und/oder Winkeleffekt auslösen, werden bereits von seiten der Reifenhersteller weitgehend aussortiert. Kfz-Werkstätten und Reifendienste haben im allgemeinen keine Möglichkeiten, Ungleichförmigkeiten solcher Art zu beeinflussen. Anders verhält es sich mit Reifen bzw. dem Verbund von Reifen und Felge, die – einzeln oder im Zusammenbau – geometrische und/oder Massenungleichförmig-

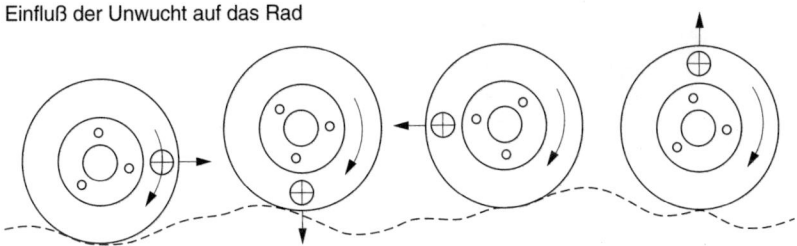

Bild 1.10
Ungleichförmigkeiten an Rad und Reifen stören den Rundlauf, fördern den Verschleiß und lösen Kräfte aus, die der Verkehrssicherheit abträglich sind.

keiten aufweisen. *Geometrische Ungleichförmigkeiten* sind als Rundlaufabweichung bzw. Höhenschlag oder Planlaufabweichung bzw. Seitenschlag erkennbar. *Massenungleichförmigkeiten* äußern sich als dynamische Unwucht, was in der Praxis eine Kombination aus reinstatischer, quasistatischer und reindynamischer Unwucht ist.

### 1.3.1 Rundlaufabweichung bzw. Höhenschlag messen

Höhenschlag ist die Abweichung der Reifenlauffläche und/oder der Felge von der geometrisch idealen Kreisform (Bild 1.11). Im praktischen Fahrbetrieb bedeutet das, daß das Rad wie bei einer statischen Unwucht in Richtung des Ein- und Ausfederweges «hüpft» und lediglich rhythmisch und periodisch festen Bodenkontakt hat. Das führt zu Schüttelerscheinungen sowie zu erhöhtem Verschleiß an Lagern, Radaufhängung und Reifen und hat außerdem geringe Auswirkungen auf die Lenkung.

Der zulässige Höhenschlag eines Pkw-Rades, d.h. des Zusammenbaus von Reifen und Felge, beträgt

☐ bei Diagonalreifen max. 1,5 mm,
☐ bei Gürtelreifen im Durchschnitt max. 1,0 mm.

Bei der Montage des Reifens auf der Felge ist darauf zu achten, daß es zu keiner Überlagerung gleichgerichteter Abweichungen an Reifen und Felge und auf diese Weise zu einem unzulässig großen Gesamthöhenschlag kommt. Aufgrund der hohen Produktionsgenauigkeit moderner Reifen und Felgen – zumindest bei den hochwertigen Markenprodukten – kommt dies heute allerdings nicht mehr so häufig vor wie in früheren Jahren.

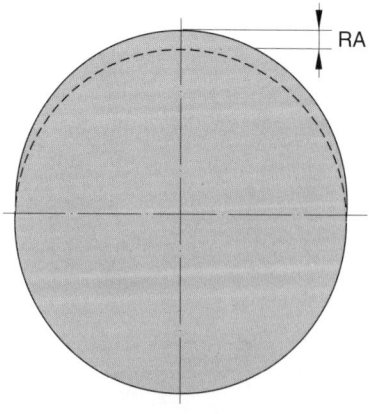

Bild 1.11
Rundlaufabweichung in Form von Höhenschlag

Die Messung des Höhenschlags erfolgt in montiertem Zustand auf der Reifenlauffläche mit einer *Meßuhr* (Bild 1.12), die an einer vom Rad unbeeinflußten Stelle stehen bzw. angebracht sein muß. Wird dabei ein zu großer Höhenschlag festgestellt, ist die Meßuhr an der Felgenschulter anzusetzen und festzustellen, ob die Abweichung von der Felge oder vom Reifen herrührt. Am Reifen wird die höchste, an der Felge die tiefste Stelle markiert.

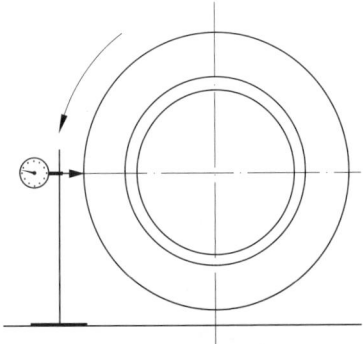

Bild 1.12
Messen des Höhenschlags mit einer Meßuhr

**Achtung!** Sollte bei der Messung eine durch *Flatspot* verursachte Abplattung (kann sich bei warmgefahrenen Reifen nach dem Abstellen an der Reifenaufstandsfläche bilden) festgestellt werden, darf diese nicht als Fehler eingestuft werden, da die Abplattung beim erneuten Warmfahren des Reifens wieder verschwindet.

Höhenschlag kann, obwohl in seinen Auswirkungen im Fahrbetrieb mit statischer Unwucht vergleichbar, nicht durch statisches Auswuchten beseitigt werden. In den meisten Fällen ist dagegen *Matchen* eine erfolgversprechende Methode. Dabei wird der Reifen so auf der Felge gedreht, daß die höchste Stelle des Reifens und die tiefste Stelle der Felge zusammenkommen (Bild 1.13). Reicht diese Maßnahme nicht aus, kann der Höhenschlag durch zusätzliches *Egalisieren*, d.h. durch mechanisches Abnehmen von überstehendem Laufgummi im Bereich des Höhenschlags, endgültig beseitigt werden. Die Materialabnahme erfolgt auf der *Egalisiermaschine* durch Schneiden oder Schleifen.

Ein Egalisieren sollte allerdings nur mit dem ausdrücklichen Einverständnis des Kunden geschehen.

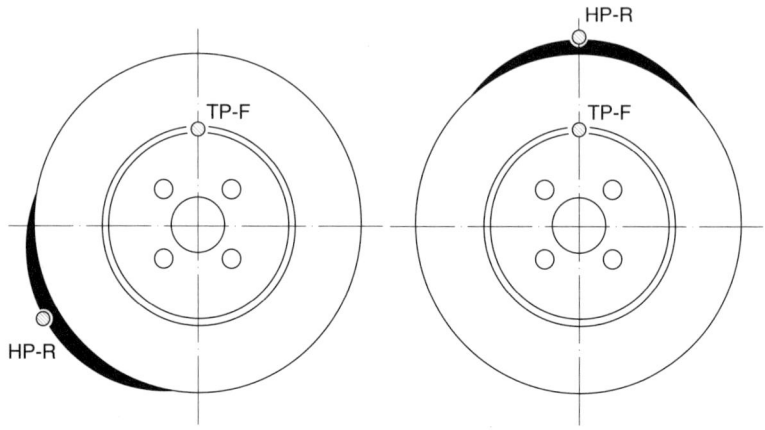

**Bild 1.13**
Prinzip des «Matchens»
Links: Messung und Kennzeichnung des Reifenhöchstpunktes HP-R und des Felgentiefstpunktes TP-F
Rechts: Durch Zuordnung der beiden Punkte kann eine deutliche Verbesserung des Rundlaufs erzielt werden.

### 1.3.2  Planlaufabweichung bzw. Seitenschlag messen

Seitenschlag ist die Abweichung der Reifen- und/oder Felgenseitenwand vom idealen Planlauf, was in aller Regel auch eine dynamische Unwucht zur Folge hat. Infolgedessen neigt das Rad wie bei einer dynamischen Unwucht zum Taumeln. Aufgrund der dabei auf Radlager und Radaufhängungen sowie – bei den Vorderrädern – auf Spurgelenke und Lenkung wirkenden Störkräfte wird nicht nur deren Verschleiß erhöht, sondern auch die Verkehrssicherheit u.U. erheblich eingeschränkt. Außerdem erhöht sich der Reifenverschleiß.

Bei Pkw-Rädern darf der Seitenschlag von Rad und Reifen zusammen 1,5 mm nicht übersteigen.

Die Messung des Seitenschlages erfolgt – wie beim Höhenschlag – in montiertem Zustand mit einer Meßuhr an der Reifenseitenwand bzw. am Felgenhorn (Bild 1.14). Voraussetzung für ein zuverlässiges Meßergebnis ist, daß das Rad einwandfrei montiert ist.

Seitenschlag kann, was die äußere Erscheinungsform anbelangt, zuweilen durch Matchen beseitigt oder zumindest gemildert werden. Wo dies nicht zum Erfolg führt, hilft nur ein Austauschen von Rad und/oder Reifen.

Bild 1.14
Messen des Seitenschlags einer Felge mit einer Meßuhr

### 1.3.3 Massenungleichförmigkeit bzw. Unwucht

Unwucht liegt dann vor, wenn die Masse eines Rotationskörpers unsymmetrisch verteilt ist. Nach der Definition von IOS (International Organization for Standardization) unterscheidet man zwischen einer reinstatischen, einer quasistatischen und einer reindynamischen Unwucht. In der Praxis gibt es allerdings nur eine Kombination aus diesen drei Arten, die eigentliche *dynamische Unwucht*.

*Statische Unwucht* bedeutet ungleichmäßige Massenverteilung zur Drehachse, so daß der Schwerpunkt außerhalb der Drehachse liegt. Verläuft die durch den Schwerpunkt gehende Hauptträgheitsachse (um die sich das Rad drehen würde, wenn es nicht fest in der Drehachse geführt wäre) parallel zur Drehachse, handelt es sich um eine *reinstatische Unwucht* (Bild 1.15); ist sie jedoch zur Drehachse geneigt und schneidet diese irgendwo, so handelt es sich um eine *quasistatische Unwucht* (Bild 1.16). Bei einer «reindynamischen» Unwucht liegt der Schwerpunkt wieder in der Drehachse, jedoch ist die Hauptträgheitsachse gegenüber der Drehachse geneigt und geht durch den Schwerpunkt (Bild 1.17).

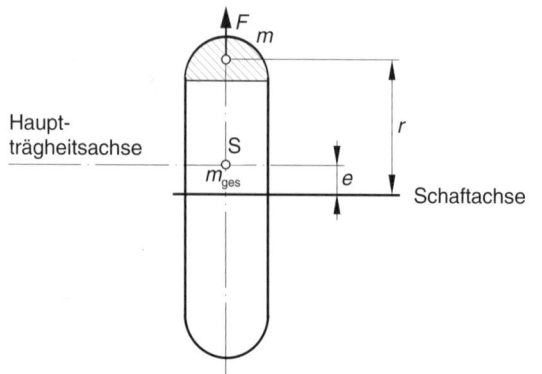

Bild 1.15
Bei einer reinstatischen Unwucht ist die zentrale Hauptträgheitsachse parallel zur Schaftachse verlagert.

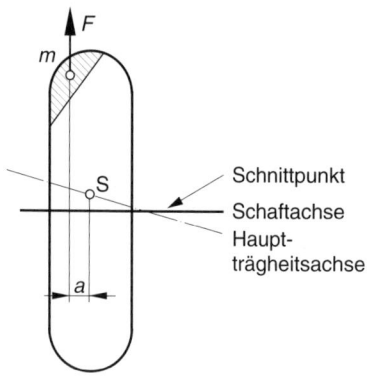

Bild 1.16
Bei einer quasistatischen Unwucht schneidet die zentrale Hauptträgheitsachse die Schaftachse außerhalb des Schwerpunktes.

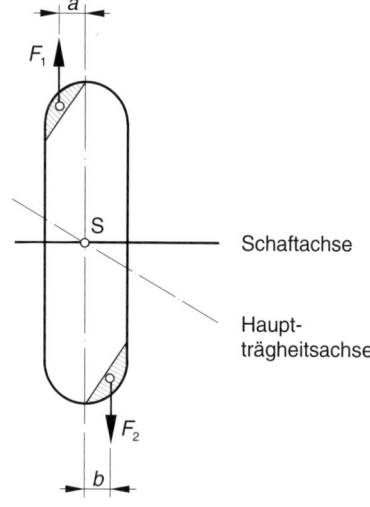

Bild 1.17
Bei einer reindynamischen Unwucht schneidet die zentrale Hauptträgheitsachse die Schaftachse im Schwerpunkt.

Diese schwerverständliche Definition wird an dem folgenden praktischen Beispiel, dem ein zunächst unwuchtfreies Rad zugrunde liegt, klarer. Bringt man an diesem Rad an beliebiger Stelle innen und außen, z.B. am Felgenhorn, zwei gleich große Gewichte an, dann verschiebt sich der Schwerpunkt des Rades und mit ihm die Hauptträgheitsachse, die immer durch den Schwerpunkt geht, aus der Drehachse heraus in Richtung dieser Gewichte. Da die Gewichte auf beiden Radseiten gleich groß sind, verläuft die Hauptträgheitsachse parallel zur Drehachse, d.h., es handelt sich um eine *reinstatische Unwucht* (Bild 1.18).

Eine reinstatische Unwucht löst beim Drehen des Rades im Fahrbetrieb eine Fliehkraft aus, die das Rad ständig in Richtung des Schwerpunktes bzw. der Gewichte zu ziehen versucht. Die Folge davon ist, daß das anson-

Bild 1.18
Oben schematisierte Darstellung, unten praktische Auswirkung einer reinstatischen Unwucht
0    Drehachse
$S_1$   Hauptträgheits- bzw. Schwerpunktachse

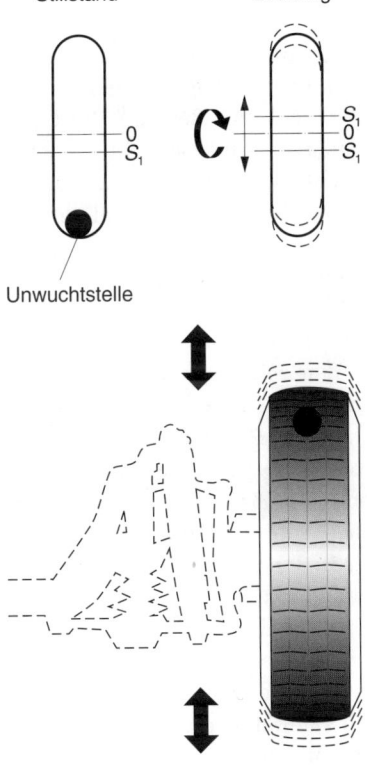

sten starr geführte Rad in Richtung des Ein- und Ausfederweges zu schwingen versucht: Es hüpft, und zwar um so stärker, je schneller es dreht. Dabei hat es nur noch periodisch Bodenkontakt. Die Folgen sind Schütteln des Fahrzeugaufbaus sowie erhöhter Verschleiß an Reifen, Lagern und anderen Fahrwerksteilen. Die Lenkung wird von einer reinstatischen Unwucht nur wenig beeinflußt.

Nimmt man, um beim Beispiel zu bleiben, von den beiden Gewichten eines weg, so daß sich die Unwucht nur noch in der Ebene des gegenüberliegenden Felgenhornes befindet, dann bleibt zwar der Schwerpunkt außerhalb der Drehachse, doch ist die Hauptträgheitsachse, um die das Rad zu rotieren versucht, nun gekippt und verläuft geneigt zur Drehachse. Aus der reinstatischen ist eine *quasistatische Unwucht* geworden.

Die quasistatische Unwucht löst beim Drehen des Rades im Fahrbetrieb eine Fliehkraft aus, die das Rad in Richtung des Schwerpunktes bzw. des Gewichtes zu ziehen und damit zu kippen versucht. Dadurch kommt zu all den Folgeerscheinungen einer reinstatischen Unwucht noch eine Kraft hinzu, die versucht, das Radlager gegen die Achse zu verkanten. Entsprechend hoch ist der Verschleiß.

Zurück zum Beispiel. Wird das zur Erzeugung einer quasistatischen Unwucht entfernte Gewicht auf der gleichen Radseite wie zuvor wieder angebracht, diesmal jedoch um 180° versetzt, so daß sich die beiden gleich großen Gewichte diagonal gegenüberliegen (Unwuchtpaar), dann befindet sich der Schwerpunkt zwar wieder in der Drehachse, doch ist die Hauptträgheitsachse gegenüber der Drehachse geneigt und geht durch den Schwerpunkt. Eine solche Unwucht ist eine *reindynamische Unwucht* (Bild 1.19).

Eine reindynamische Unwucht löst beim Drehen des Rades im Fahrbetrieb zu den beiden Gewichten hin gerichtete Fliehkräfte aus, die versuchen, das Rad zum Taumeln zu bringen. Die Kräfte sind um so größer, je weiter die Unwuchtstellen von der Mittelebene des Rades entfernt sind und je größer damit die Hebelwirkung ist. Moderne Breitreifen sind demnach von einer reindynamischen Unwucht am stärksten betroffen (Bild 1.23). Im Fahrbetrieb hat die Taumelneigung des Rades erhöhten Verschleiß an Reifen, Lagern und anderen Fahrwerksteilen zur Folge (Bild 1.20). An den Vorderrädern führt eine reindynamische Unwucht außerdem zum Flattern des Lenkrades, was in Resonanzbereichen zu ausgesprochen gefährlichem Lenkverhalten mit schlechter Spur- und Kurvenstabilität führen kann, d.h., die Verkehrssicherheit ist u.U. erheblich eingeschränkt. An den starrer geführten Hinterrädern dagegen wirkt sich eine reindynamische Unwucht weit weniger spürbar aus.

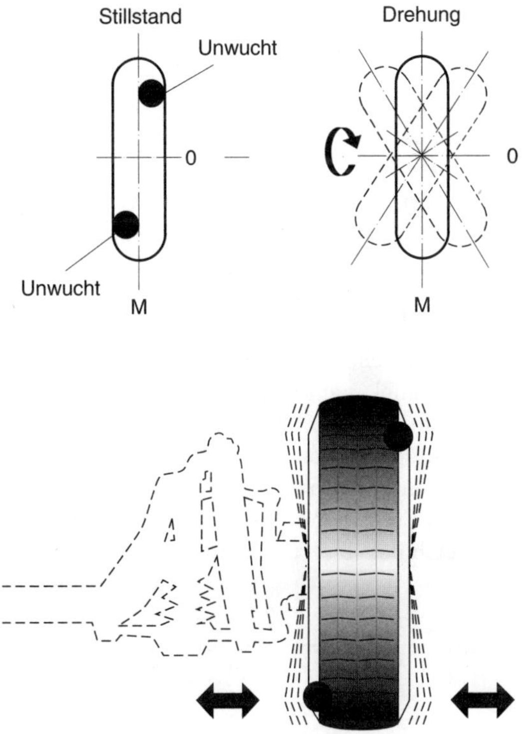

**Bild 1.19**
Oben schematisierte Darstellung, unten praktische Auswirkung einer reindynamischen Unwucht
0 Drehachse
M Radmittelebene

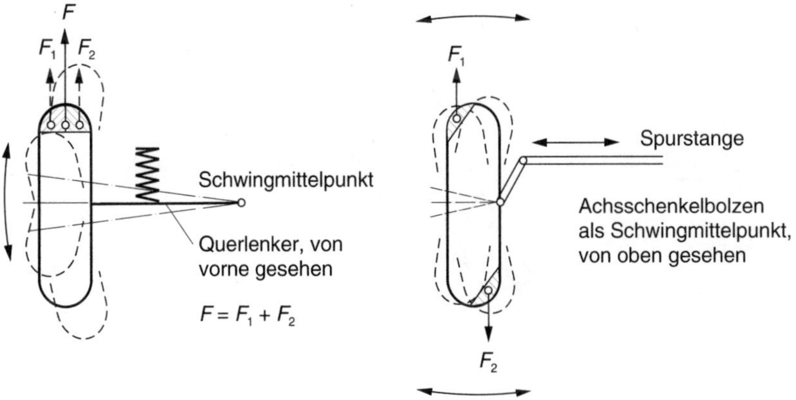

**Bild 1.20**
Vereinfachte Darstellung der Aufhängung eines Vorderrades, das vertikal springt (links) bzw. horizontal taumelt (rechts)

$F = F_1 + F_2$

In der Praxis kommen die reinstatische, die quasistatische und die reindynamische Unwucht in reiner Form so gut wie gar nicht vor. Dafür haben wir es mit einer Kombination aus allen dreien zu tun, die nach IOS als die eigentliche *dynamische Unwucht* bezeichnet wird. Sie ist die Grundlage aller modernen Auswuchtmethoden und -maschinen. Allerdings darf die Definition der einzelnen Unwuchtarten nicht mit dem statischen bzw. dynamischen Meßvorgang beim Auswuchten verwechselt werden, wie das früher ausnahmslos geschah und vielfach heute noch der Fall ist.

### 1.3.3.1 Theorie und Praxis des Auswuchtens

Die dynamische Unwucht, wie sie nach IOS definiert wird, ist mit einem Kräfteparallelogramm vergleichbar, dessen Resultierende in eine vertikale (statische) und eine horizontale (dynamische) Komponente zerlegt werden kann (Bilder 1.21 bis 1.23). Will man die Unwucht nach Größe und Lage bestimmen, muß man zunächst die beiden Komponenten messen, daraus die Resultierende ermitteln und den Ort ihres Wirkens feststellen. Da der Ausgleich der so ermittelten Unwuchten nur am inneren und äußeren Fel-

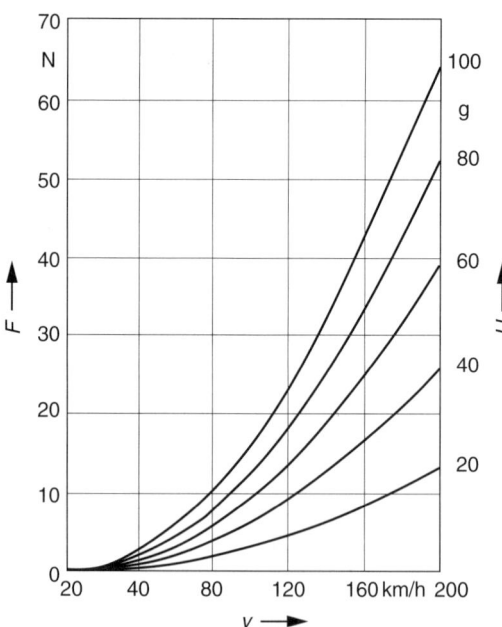

Bild 1.21
Das Diagramm zeigt das Ansteigen der Zentrifugalkraft ($F$) in Abhängigkeit von der Geschwindigkeit ($v$) am Beispiel eines Rades/Reifens mittlerer Größe mit verschieden großer Unwucht.

genhorn, bei Leichtmetallfelgen auch an der inneren und äußeren Felgenschulter, erfolgen kann, muß auch die Messung auf die beiden Ausgleichsebenen bezogen werden. Dies ist die Aufgabe des Auswuchtgerätes.
Methoden wie Auspendeln und Ausbalancieren, also reines Probieren, gehören der Vergangenheit an. An ihre Stelle sind Maschinen getreten und mittlerweile – parallel zur Fahrzeugentwicklung – enorm perfektioniert worden, mit denen die Wirkung der Resultierenden (aus der vertikalen und der horizontalen Komponente einer dynamischen Unwucht) in den Ebenen des inneren und des äußeren Felgenhornes (oder der inneren und der äußeren Felgenschulter) exakt nach Größe und Lage ermittelt werden kann. Dabei ist zwischen stationärem Auswuchten und Auswuchten am Fahrzeug zu unterscheiden.

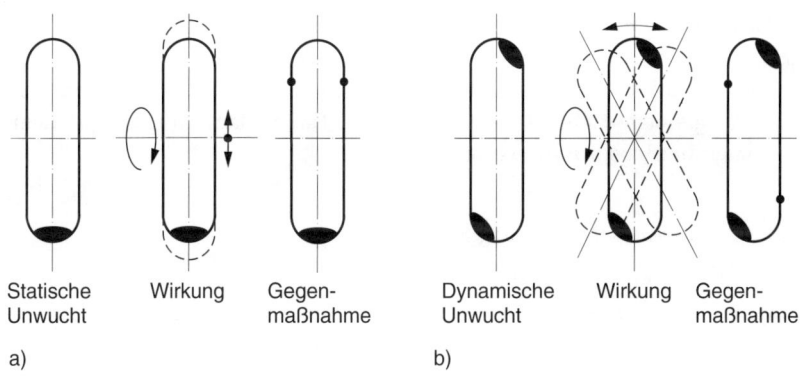

| Statische | Wirkung | Gegen- | Dynamische | Wirkung | Gegen- |
| Unwucht | | maßnahme | Unwucht | | maßnahme |
| a) | | | b) | | |

Bild 1.22
Statische (a) und dynamische (b) Unwucht, ihre Auswirkungen und ihre Beseitigung

Bild 1.23
Die Gegenüberstellung zeigt, daß die größere Hebelwirkung beim Breitreifen, verglichen mit der Standardgröße, auch größere Auswirkungen einer dynamischen Unwucht zur Folge hat. Die logische Schlußfolgerung daraus ist, daß ein Reifen um so sorgfältiger ausgewuchtet werden muß, je breiter er ist.

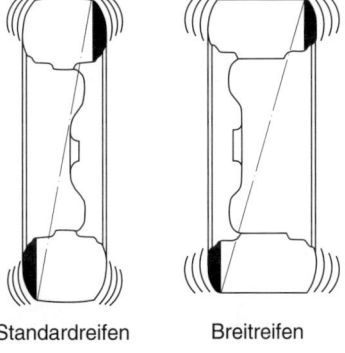

Standardreifen        Breitreifen

Unter *stationärem Auswuchten* ist das Auswuchten des demontierten Rades auf einer ortsfesten Wuchtmaschine zu verstehen. Dabei werden alle dem Zusammenbau von Reifen und Felge anhaftenden Massenungleichförmigkeiten erfaßt. In der Mehrzahl aller Fälle reicht das aus, auch wenn dieser Auswuchtzustand nicht ganz dem normalen Betriebszustand entspricht. Außer vom Rad selbst können nämlich auch von mitumlaufenden Teilen wie Radkappe, Radnabe und Bremstrommel bzw. -scheibe sowie von der Befestigung des Rades an der Nabe Unwuchten ausgehen und sich ungünstigenfalls auch noch mit verbliebenen kleinen Restunwuchten des Rades überlagern. Bei sehr schnellen und besonders empfindlichen Fahrzeugen kann das zu Problemen führen, weshalb in solchen Fällen ergänzend zum stationären Wuchten ein sogenanntes *Feinwuchten*, d.h. ein Auswuchten der am Fahrzeug montierten Räder mit einer mobilen Auswuchtmaschine, erforderlich ist.

Grundsätzlich ist das Rad, d.h. Reifen und Felge, vor dem Auswuchten gründlich zu reinigen, von anhaftenden Fremdkörpern – u.a. in den Profilrillen – zu befreien und auf evtl. mechanische Beschädigungen zu prüfen. Alte Ausgleichgewichte sind zu entfernen. Der Reifenluftdruck soll dem normalen Betriebsdruck entsprechen.

### 1.3.3.2 Stationäres Auswuchten

Zum stationären Auswuchten ist das Rad auf der Welle einer stationären Wuchtmaschine aufzuspannen (Bild 1.24) und anzutreiben (die Drehzahl ist von Typ und Einsatzart der Maschine abhängig). Je nach Maschinentyp und Meßverfahren wird dann die Unwucht in einem oder mehreren Meßläufen nach Lage und Größe ermittelt, und zwar bezogen auf die Ebenen, in denen die Ausgleichgewichte angebracht werden, also das innere und äußere Felgenhorn oder die Felgenschulter.

Bild 1.24
Stationäres Auswuchten mit modernem
Gerät (Hofmann)

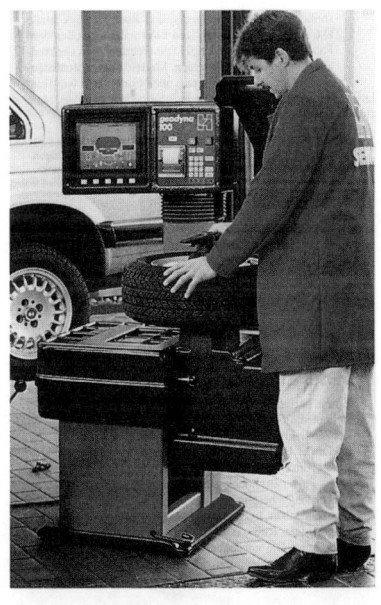

Wichtigste Voraussetzung für zuverlässige, reproduzierbare Wuchtergebnisse ist das einwandfreie Aufspannen und Zentrieren des Rades auf der Wuchtmaschine. Die dazu benötigten *Spannmittel* müssen der Befestigung und Zentrierung des Rades am Fahrzeug entsprechen. Dabei ist als erstes zu unterscheiden, ob das Rad über *Bolzenzentrierung* (inzwischen – zumindest in Deutschland – selten geworden) oder über *Mittenzentrierung* verfügt. Entsprechend muß auch die Zentrierung auf der Wuchtmaschine erfolgen (Bilder 1.25 und 1.26).

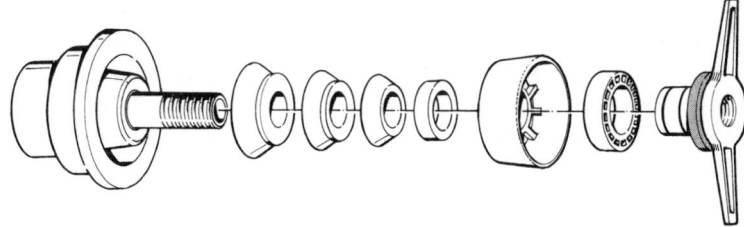

Bild 1.25
Die weitaus meisten Pkw-Räder sind heute mittenzentriert. Dafür eignet sich eine derartige Schnellspannvorrichtung mit gefederten Innenkonen.

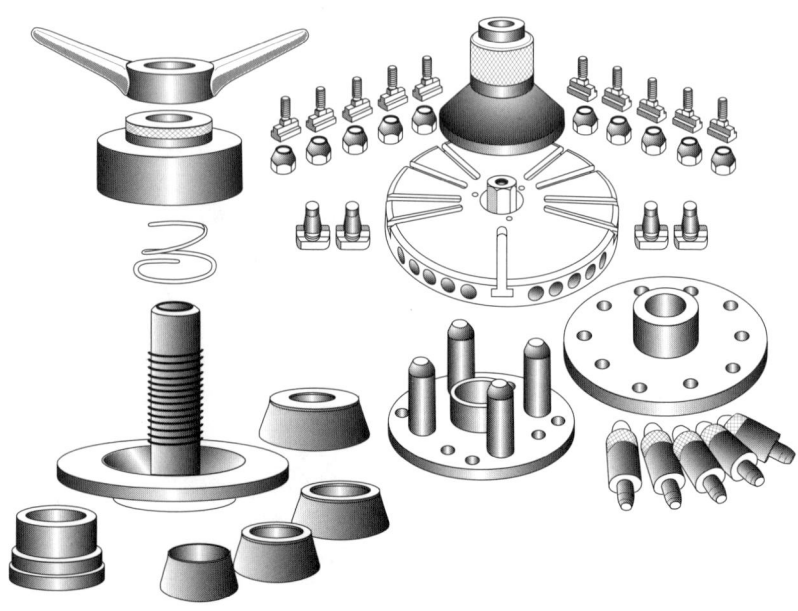

**Bild 1.26**
Diverse Spannmittel zum Aufspannen und Zentrieren von Rädern der unterschiedlichsten Größe und Ausführung auf einer stationären Wuchtmaschine

Unter den Spannmitteln ist zwischen *Lochflanschen* mit verschiedenen Lochkreisdurchmessern und *Schnellspannflanschen* zu unterscheiden. Die ersteren sind zwar billiger, benötigen aber zum Aufspannen eines Rades erheblich mehr Zeit als Schnellspannflansche. Die Hersteller von Wuchtmaschinen bieten natürlich auch die für den jeweiligen Maschinentyp bestmöglich geeigneten Spannvorrichtungen an. Es empfiehlt sich sehr, diese Angebote zu nutzen und ältere Vorrichtungen, die vielleicht noch von einer früheren Wuchtmaschine stammen, zu vernichten. Im übrigen ist in bezug auf Aufspannen und Zentrieren des Rades auf der Wuchtmaschine in jüngster Zeit eine sehr intensive Entwicklung und sogar Automatisierung erfolgt, was die Qualität und die Schnelligkeit des stationären Auswuchtens erheblich verbessern hilft.

Für alle Spannmittel gilt, daß Sauberkeit und einwandfreier mechanischer Zustand Grundvoraussetzung für zuverlässige Wuchtergebnisse sind. Spannmittel sind keine bloßen «Radhalter», sondern *Präzisionswerkzeuge.* Sie haben im allgemeinen nicht die gleiche Lebensdauer wie eine Wuchtmaschine und müssen deshalb von Zeit zu Zeit erneuert werden. Diese Investition macht sich in aller Regel schnell bezahlt, sei es in Arbeitsersparnis oder in weniger Reklamationen.

Der Ablauf des Auswuchtens hängt vom verwendeten Maschinentyp ab. Bis in die 70er Jahre waren *schwingungsmessende Maschinen* üblich, bei denen die Welle der Maschine pendelnd gelagert war, so daß sie den bei der Drehung des Rades von den Fliehkräften ausgelösten vertikalen und horizontalen Schwingungen folgen konnte (Bild 1.27). Die Amplitude der Schwingungen war ein Maß für die Größe der Unwucht, während sich deren Lage durch die Richtung ergab, in der die Schwingungen erfolgten. Die eigentliche Messung erfolgte anfangs mechanisch, später elektrisch.

Schwingungsmessende Wuchtmaschinen sind heute nur noch in Ausnahmefällen anzutreffen. Ihr großer Nachteil liegt darin, daß sie gewichtsabhängig messen und das Einstellen von Empfindlichkeitsstufen erforderlich machen. Da die richtige Einstufung abhängig ist von vielen Parame-

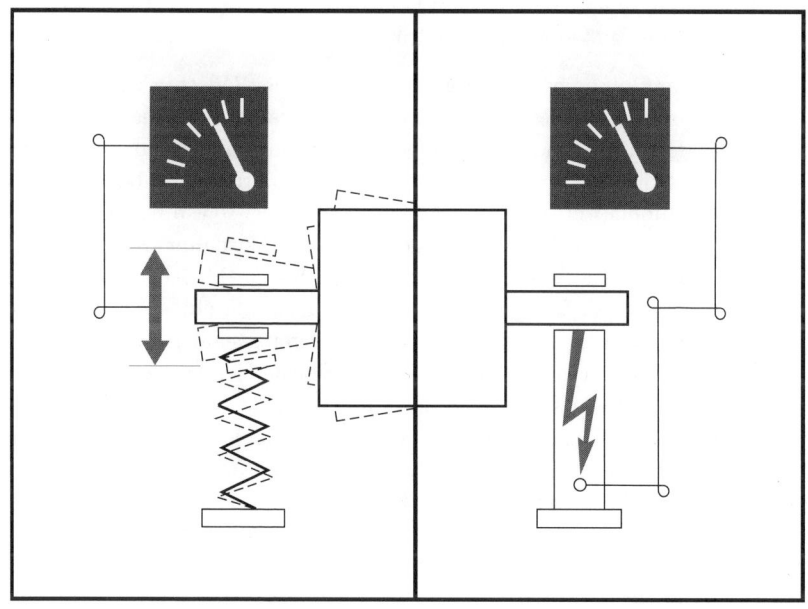

Bild 1.27
In früheren Jahren erfolgte die Unwuchtprüfung durch Schwingungsmessung, weshalb die Welle der Wuchtmaschine pendelnd gelagert war (links). Bei modernen Maschinen erfolgt die Unwuchtprüfung durch Kraftmessung, wozu die Welle starr gelagert ist (rechts).

tern, ist zuverlässiges Auswuchten mit einer schwingungsmessenden Wuchtmaschine in hohem Maße von der Sorgfalt und der Erfahrung des Bedieners abhängig.

Moderne stationäre Auswuchtmaschinen arbeiten mit einem *Kraftmeßsystem*. Bei diesen Maschinen ist die Welle starr gelagert (Bild 1.27) und mißt die von der Unwucht des Rades erzeugten Fliehkräfte direkt. Die Messung ist nur noch von der Lage der Unwucht, nicht aber von der Masse des Rades abhängig, was die Bedienung einfacher und schneller und das Ergebnis zuverlässiger macht. Dabei wird die Resultierende (aus der vertikalen und der horizontalen Komponente einer dynamischen Unwucht) in den Ebenen des inneren und des äußeren Felgenhornes (oder der inneren und der äußeren Felgenschulter) exakt nach Größe und Lage ermittelt.

Zur Ermittlung der Unwucht in den beiden Ebenen sind folgende Daten in die Maschine einzugeben:

☐ Felgendurchmesser,
☐ Felgenbreite,
☐ Abstand zwischen dem inneren Felgenhorn und der Meßebene (= ein fixierter Punkt außen an der Maschine).

Sollten Felgendurchmesser und -breite nicht auf der Radschüssel angegeben sein, können der mit dem Reifendurchmesser identische Felgendurchmesser am Reifen abgelesen und die Felgenbreite gemessen werden. Bei modernen, aufwendiger konstruierten Wuchtmaschinen erfolgt das Einlesen dieser Daten automatisch mittels elektromechanischer Abtastung (Bilder 1.28 und 1.29). Mit diesen Daten errechnet der in der Maschine eingebaute Mikroprozessor die Größe der Unwucht in den beiden Meßebenen bzw. die Größe der benötigten Ausgleichgewichte – je nach Maschinentyp mit einer Genauigkeit bis zu 1 g – und gibt gleichzeitig deren genaue Lage an.

Die meisten Wuchtmaschinen sind auf Felgen-Nenngrößen einstellbar und gehen davon aus, daß die Gewichte am Felgenhorn angeklammert werden. Sollen bei Leichtmetallrädern Klebegewichte an anderen Stellen, z.B. den Felgenschultern, angebracht werden, dann ist der kleinere Durchmesser der Ausgleichstellen sowie der geringere Abstand der Ausgleichsebenen voneinander manuell einzugeben. Wo das nicht möglich ist, ergibt folgende Faustregel zufriedenstellende Resultate: Felgendurchmesser und Felgenbreite jeweils einen Zoll kleiner einstellen, als es den tatsächlichen Werten entspricht. Bei aufwendiger gebauten Wuchtmaschinen läuft allerdings auch dies – und einiges mehr – automatisch ab, wie überhaupt moderne Wuchtmaschinen ab einer gewissen Preisklasse nahezu vollautomatisch arbeiten.

**Bild 1.28**
Die RAPID 680 von Schenck ist eine moderne, mikroprozessorgesteuerte stationäre Wuchtmaschine mit senkrechter Spindel und Bildschirmanzeige.

**Bild 1.29**
Die mikroprozessorgesteuerte BM Alu-grip von Haweka ist besonders für das Wuchten von Leichtmetallfelgen ausgelegt.

Es gibt Wuchtmaschinen mit senkrechter Spindel für waagerechte Radaufnahme (Bild 1.30) und Maschinen mit waagrechter Spindel für senkrechte Radaufnahme (Bild 1.31). Ersteres begünstigt das Aufspannen und Zentrieren des Rades, letzteres das Anbringen der Ausgleichgewichte. Maschinen mit schwenkbarer Spindel bieten somit die Vorteile beider Wellenausrichtungen (Bild 1.32).

Bilder 1.30 und 1.31
Zwei moderne stationäre Wuchtmaschinen von Schenck, einmal mit vertikaler und einmal mit horizontaler Spindel. Die vertikale Spindel hat den Vorteil, daß sich das waagerecht aufgespannte Rad besser zentrieren läßt. Demgegenüber liegt bei horizontaler Spindel der Vorteil darin, daß sich die Ausgleichgewichte leichter am inneren und äußeren Felgenhorn anbringen lassen.

Bild 1.32
Bei dieser Haweka-Wuchtmaschine ist die Welle schwenkbar, so daß sich die Vorteile des Aufspannens an der senkrechten Welle mit den Vorteilen des Wuchtens an der waagerechten Welle kombinieren lassen.

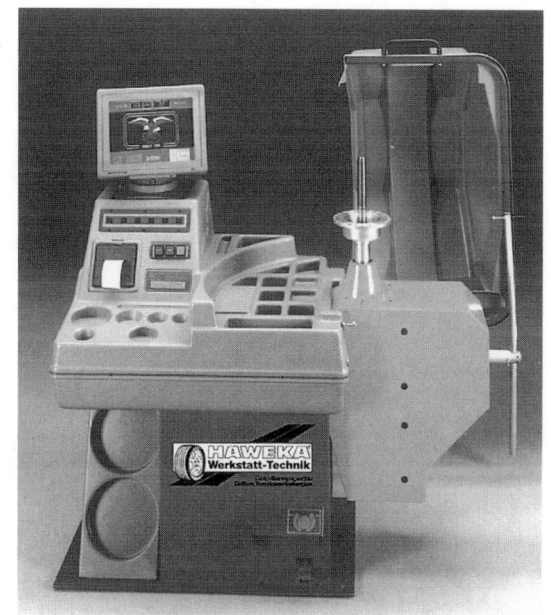

Die elektronische Meß- und Steuertechnik kraftmessender Maschinen ermöglicht die Unwuchtmessung für beide Ebenen in nur einem Meßlauf. Dabei wird während des Meßlaufes manuell oder automatisch von der einen auf die andere Ebene umgeschaltet. Die Anzeige der Meßwerte – bei den teureren Maschinen oft per Bildschirm und automatischem Stopp bei Erreichen der Anschlagposition für die Ausgleichgewichte – ist natürlich vom Maschinentyp und Fabrikat abhängig.

Unwuchten von 50 g oder mehr sollten nicht einfach mit Ausgleichgewichten beseitigt werden, sondern es sollte vorher ein *Matchen* erfolgen (siehe hierzu auch Abschnitt 1.3.1). Durch Verdrehen des Reifens auf der Felge kann nämlich eine eventuelle Überlagerung von Einzelunwuchten der Felge und des Reifens, die unglücklicherweise mehr oder weniger an der gleichen Stelle liegen und sich somit addieren (s. Bild 1.35), aufgehoben werden, so daß die dann noch vorhandene Restunwucht mit Ausgleichgewichten beseitigt werden kann.

Weist an einem Rad, das trotz Null- und Feinauswuchtung nicht «zur Ruhe» kommt, die Felge einen «Formfehler» auf, der mit den Augen und den üblichen Meßmethoden nicht zu erkennen ist (meist die Folge einer ungenauen bzw. versetzten Mittenzentrierung), dann hilft auch das Matchen nicht mehr viel. Für diesen Fall hat die Firma Hofmann die sogenannte *Laufruhenoptimierung* (andere Wuchtmaschinen-Hersteller bieten ähnliche Verfahren unter anderen Namen an) entwickelt, wobei dem Formfehler der Felge die Unwucht des Reifens (meist identisch mit einer harten Stelle) gegenübergesetzt wird (Bild 1.33). Dabei wird der Formfehler der Felge durch eine ungleichmäßige Einfederung des Reifens ausgeglichen. Die dann noch vorhandenen Restunwuchten von Reifen und Felge können durch Ausgleichgewichte beseitigt werden.

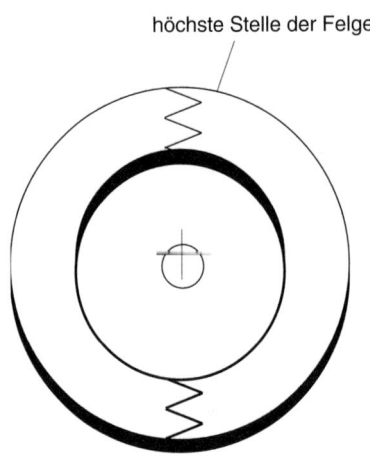

Bild 1.33
Bei der Laufruhen-Optimiereung wird die schwere, harte Stelle des Reifens der höchsten Stelle der Felge gegenübergesetzt. Die Restunwuchten von Reifen und Felge werden anschließend mit Ausgleichgewichten beseitigt.

Zur Laufruhenoptimierung sind nach dem Verfahren von Hofmann drei Meßläufe erforderlich. Im ersten Meßlauf wird die unbereifte Felge gemessen und die ermittelte Unwucht «elektronisch» beseitigt (sie wird nach dem letzten Meßlauf wieder hinzugerechnet). Natürlich bleibt der Formfehler der Felge dabei erhalten. Für den zweiten Meßlauf wird der Reifen auf die Felge aufgezogen und nun die Unwucht des gesamten Rades, die sich aus der Unwucht des Reifens und dem Formfehler der Felge zusammensetzt, ermittelt. Um nun den Formfehler der Felge zu ermitteln, muß vor dem dritten Meßlauf der Reifen um 180° auf der Felge gedreht werden. Mit Hilfe der Differenz der Meßwerte kann nun die Maschine nach dem

Bild 1.34
Moderne stationäre Radwuchtmaschine von Hofmann mit Mikroprozessortechnik und Bildschirmanzeige, auch zur Laufruhen-Optimierung geeignet

dritten Meßlauf den Formfehler der Felge erkennen und die optimale Zuordnung von Reifen und Felge anzeigen. Beim abschließenden Meßlauf wird die zu Anfang elektronisch beseitigte Unwucht der Felge wieder rückgängig gemacht und zusammen mit der Restunwucht des Reifens angezeigt (Bild 1.34).

### 1.3.3.3 Auswuchten am Fahrzeug

Trotz hohem Niveau, das die stationäre Wuchttechnik im Hinblick auf Einfachheit, Qualität und Schnelligkeit erreicht hat, und trotz der Tatsache, daß unter diesem Gesichtspunkt einwandfreies stationäres Auswuchten in den meisten Fällen vollkommen ausreicht, hat das Auswuchten am Fahrzeug (besser: Nachwuchten, denn ein stationäres Auswuchten sollte grundsätzlich vorausgehen) mit einer *mobilen Wuchtmaschine*, das sogenannte *Feinwuchten*, seine Berechtigung behalten. Denn auch im Zeitalter hoher Produktionsgenauigkeit kann von zusammen mit dem Rad umlaufenden Teilen wie Radkappe, Radnabe und Bremstrommel bzw. -scheibe sowie einer nicht ganz einwandfreien Befestigung und Zentrierung des Rades an der Nabe eine Unwucht ausgehen und empfindliche Störungen verursachen. Ungünstigenfalls kann dabei auch noch eine Überlagerung mit einer noch vorhandenen kleinen Restunwucht des Rades erfolgen und die Ge-

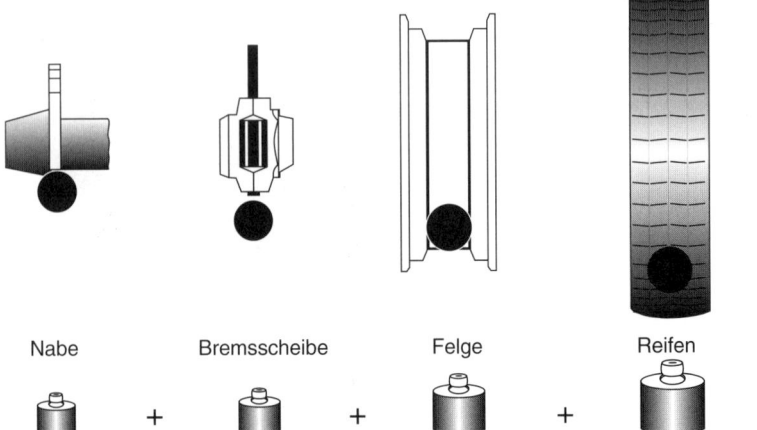

**Bild 1.35**
Alle Teile, die sich mit dem Rad umdrehen, können Unwucht haben. Je nach Lage und Größe können sich diese Einzelunwuchten mehr oder weniger gegenseitig aufheben oder aber zu einer größeren Gesamtunwucht überlagern.

samtunwucht verstärken (Bild 1.35). Das ist vornehmlich bei schnellen Fahrzeugen, breiten Reifen und empfindlichen Fahrwerkskonstruktionen der Fall und betrifft vor allem die gelenkten Vorderräder. Weniger die Tankstelle und sicher auch nicht jede kleine Kfz-Werkstatt wird dann in der Lage sein, ein Feinwuchten vorzunehmen, ganz sicher aber muß es jeder Reifendienst können.

Dem Wort *Feinwuchten* (man spricht auch von *Finishen*) ist der Begriff *Finishbalancer* angepaßt, was ursprünglich der Eigenname der von der Firma Hofmann für das Auswuchten am Fahrzeug hergestellten Geräte war, heute allerdings auch von anderen Herstellern und Lieferanten gebraucht wird.

Beim Auswuchten am Fahrzeug können die Schwingungen bzw. Kräfte, die von einer Unwucht ausgehen, in den beiden Hauptwirkungsrichtungen vertikal und horizontal erfaßt werden. Im Gegensatz zum stationären Auswuchten kann allerdings keine exakte Trennung der Unwuchtanzeige für die beiden Radseiten erfolgen. Während jedoch bei nicht angetriebenen Vorderrädern die vertikal und die horizontal wirkende Unwucht relativ problemlos nach Größe und Lage gemessen werden kann, ist das bei den Hinterrädern wie auch bei angetriebenen Vorderrädern nur in bezug auf die vertikal wirkende Unwucht der Fall. Ein Auswuchten in horizontaler Richtung ist bei diesen Rädern weitgehend ausgeschlossen, da im gesam-

Bild 1.36
Meßwagen mit Radantreiber sowie Wagenheber mit integriertem Meßbock zum Auswuchten am Fahrzeug (Schenck)

ten Bereich der Radaufhängung keine horizontalen Schwingmöglichkeiten vorhanden bzw. diese stark eingeschränkt sind.

Zum Auswuchten ist das Fahrzeug anzuheben, das an der Achse montierte Rad anzutreiben und auf hohe Umlaufgeschwindigkeit (bis 150 km/h) zu bringen. Bei nicht angetriebenen Rädern geschieht das von außen mit einem speziellen Radantreiber (Friktionsrolle), bei Antriebsrädern über den Fahrzeugmotor, da beim Antreiben mit dem Radantreiber das Ausgleichgetriebe beschädigt werden kann. Die von den umlaufenden Teilen ausgehende Unwucht überträgt sich nun in Form von Schwingungen bzw. Fliehkräften auf den Bereich der Radaufhängung, wird von dort angesetzten Schwingungs- oder Kraftmeßeinrichtungen aufgenommen und an das (im allgemeinen) in der Wuchtmaschine untergebrachte Meßgerät weitergeleitet. Dort werden die eingehenden Impulse von einem Mikroprozessor in die Unwuchtgröße umgerechnet und in Gramm angezeigt. Die Lage der Unwucht wird stroboskopisch oder durch Infrarotabtastung ermittelt (Bild 1.36).

Wie bei den stationären Wuchtmaschinen fand auch bei den mobilen Geräten zum Auswuchten am Fahrzeug eine intensive und folgenreiche Entwicklung statt, weshalb auch der Ablauf des Auswuchtens vom verwendeten Maschinentyp abhängt. Die ersten dieser mobilen Wuchtmaschinen arbeiteten – auch hier vergleichbar mit den stationären Maschinen – nach dem *System der Schwingungsmessung.*

Zum Messen der Schwingungen wird ein *Schwingungsaufnehmer* (ursprünglich ein Einwegaufnehmer) an einer geeigneten Stelle im Bereich der Radaufhängung angesetzt, und zwar zur Aufnahme vertikal gerichteter Schwingungen (bzw. der vertikalen Komponente dynamischer Unwucht) an einem senkrecht schwingenden Teil (z.B. Achsschenkel) und zur Aufnahme horizontal gerichteter Schwingungen (bzw. der horizontalen Kom-

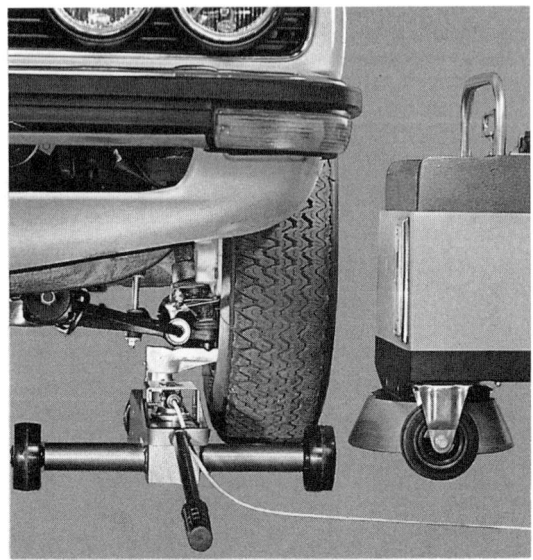

Bild 1.37
Hier ist das Fahrzeug zum Auswuchten des linken Vorderrades mit einem speziellen Meßbock (Schenck) vorn links angehoben. Der Meßbock ist gleichzeitig als elektrodynamischer Kraftaufnehmer ausgebildet.

ponente dynamischer Unwucht) an einem waagerecht schwingenden Teil (z.B. Bremssattel oder Bremsankerplatte). Statisches und dynamisches Auswuchten ist also in getrennten Meßläufen vorzunehmen, d.h., beim Wechseln vom einen zum anderen Lauf muß der Schwingungsaufnehmer entsprechend umgesetzt werden. Dies erübrigt sich natürlich bei einem der etwas später auf den Markt gekommenen Zweiweg-Schwingungsaufnehmer. Grundsätzlich wird zuerst statisch und erst danach dynamisch ausgewuchtet. Dabei sind im Interesse eines zuverlässigen Meßergebnisses jeweils ein Vor- und ein Rücklauf erforderlich. Da dies bei den Antriebsrädern nicht möglich ist, d.h. ein Meßlauf genügen muß, ist entsprechend größere Sorgfalt notwendig (Bilder 1.37 und 1.38).

Die genaue Lage der Unwucht wird durch ein von den Impulsen des Schwingungsaufnehmers ausgelöstes Aufleuchten einer *Stroboskoplampe* direkt am Rad angezeigt. Zu diesem Zweck wird an der Radaußenseite ein heller Klebestreifen angebracht, der im Licht der Stroboskoplampe an einer von der Lage der Unwucht abhängigen Stelle sichtbar ist.

Zum Auswuchten muß das Fahrzeug angehoben und unter der Achse – möglichst nahe an den Rädern – abgestützt sein. Bei nicht vom Fahrzeugmotor angetriebenen Rädern genügt es, das Fahrzeug nur an der Seite des auszuwuchtenden Rades anzuheben, während bei den Antriebsrädern, die gemeinsam vom Motor angetrieben werden, beide Seiten angehoben und abgestützt werden müssen (Bild 1.39). Das ist insofern von Nachteil, als einmal der Motor störende Schwingungen erzeugt und zum anderen sich die Unwuchtschwingungen der beiden rotierenden Räder mehr oder weniger überlagern. Dies wird natürlich von den Schwingungsaufnehmern erfaßt und kann das Ergebnis beeinflussen, im Extremfall sogar verfälschen.

Bild 1.38
Ein Gerät (Beissbarth) mit Stroboskopabtastung, wie es in vielen Betrieben zum Fein- und Nachwuchten der Räder am Fahrzeug zu finden ist. Der zugehörige Radheber dient gleichzeitig als piezoelektrisch kraftmessender Impulsgeber.

Bild 1.39
Zum Auswuchten nichtangetriebener Räder am Fahrzeug braucht nur das jeweils auszuwuchtende Rad angehoben zu werden (links). Beim Auswuchten von Antriebsrädern werden die Räder vom Fahrzeugmotor angetrieben, d.h., es müssen beide Räder angehoben werden (rechts).

Wie schon festgestellt, können nur nicht angetriebene Räder statisch und dynamisch einwandfrei feingewuchtet werden. Antriebsräder werden deshalb in der Praxis erst stationär statisch und dynamisch exakt ausgewuchtet und am Fahrzeug nur noch statisch feingewuchtet. Im übrigen ist festzuhalten, daß das Auswuchten am Fahrzeug mit schwingungsmessenden Wuchtmaschinen sehr viel Erfahrung und Geschick erfordert, ganz besonders im Falle der Antriebsräder.

Neuere mobile Wuchtmaschinen arbeiten nach dem *System der Kraftmessung*, was erheblich einfacher und vor allem genauer ist. Wichtigstes Unterscheidungsmerkmal gegenüber den schwingungsmessenden Maschinen ist der starr ausgeführte Meßbock (Bild 1.40), auf den das Fahrzeug – möglichst nahe am Rad – aufgesetzt wird. Der Unterstellbock enthält gleichzeitig die *Kraftmeßeinrichtung*, die auf Druck reagiert und so die vertikal gerichtete Komponente der dynamischen Unwucht erfaßt. Da die starre Bauweise des Meßbockes vertikale Schwingungen weitgehend unterdrückt, werden störende Einflüsse durch Radlagerung und -aufhängung, Federung, Stoßdämpfer usw. praktisch ausgeschaltet, was zu einem bedeutend genaueren Meßergebnis führt als bei den schwingungsmessenden Wuchtmaschinen. Die Probleme, die bei den Antriebsrädern der Fahrzeugmotor mit

Bild 1.40
Starr ausgeführter Meßbock mit integrierter Kraftmeßeinrichtung

den von ihm ausgehenden Störschwingungen verursacht, bleiben allerdings auch bei den kraftmessenden mobilen Wuchtmaschinen bestehen.

In horizontaler Richtung ist die Kraftmessung mit ihren besonderen Vorteilen technisch nicht möglich, weil dafür die starre Abstützung fehlt. Aus diesem Grund besitzen kraftmessende mobile Wuchtmaschinen zusätzlich einen horizontal anzusetzenden Schwingungsaufnehmer zum Messen der horizontal gerichteten Komponente der dynamischen Unwucht (Bild 1.41). Da dies jedoch, wenn überhaupt, ohnehin nur an nicht angetriebenen Rädern erfolgt, wird diese Zusatzeinrichtung relativ selten genutzt.

Im übrigen unterscheidet sich das Auswuchten am Fahrzeug mit kraftmessenden Wuchtmaschinen nicht wesentlich von dem mit schwingungsmessenden Maschinen, wenn man einmal davon absieht, daß bei der Kraftmessung im allgemeinen nur ein Meßlauf erforderlich ist.

Bild 1.41
Starr ausgeführter Meßbock mit zusätzlichem Schwingungsaufnehmer für horizontal gerichtete Komponenten einer dynamischen Unwucht

Die Beeinträchtigung der Unwuchtmessung am Fahrzeug bei den Antriebsrädern durch den Motor und die Überlagerung von Schwingungen ist mittlerweile ein großes Problem geworden, da heute die Mehrzahl aller Fahrzeuge Frontantrieb besitzt und es gerade die gelenkten Vorderräder sind, die einer besonders sorgfältigen Auswuchtung bedürfen. Dies hat zu einer intensiven Weiterentwicklung der mobilen Auswuchttechnik geführt mit dem Ergebnis, daß bei den neuen mobilen Wuchtgeräten zum einen die Stroboskopabtastung des Rades durch eine *Infrarotabtastung* ersetzt ist und zum anderen beim Kraftmeßsystem zur Erfassung der vertikalen Komponente einer dynamischen Unwucht ein sogenanntes *selektives Meßverfahren* angewendet wird (Bilder 1.42 und 1.43). Mit diesem Verfahren ist es möglich geworden, aus dem mit vielen Störungen überlagerten Meßsignal das reine Unwuchtsignal herauszulesen. Technisch wird das durch die Infrarotabtastung ermöglicht, die über ein reflektierendes Zeichen am Rad (z.B. Kreidestrich) die momentane Drehzahl sowie die Drehrichtung des Rades erfaßt. Das Erkennen der Drehzahl ermöglicht der Elektronik des Gerätes ein drehzahlabhängiges Herausfiltern des Unwuchtsignals, während das Erkennen der Drehrichtung die Anzeige der Unwuchtlage möglich macht – unabhängig von der Laufrichtung des Rades und der Fahrzeugseite.

Bild 1.42
Finishbalancer von Hofmann mit Infrarotabtastung und selektivem Meßverfahren zum Wuchten am Fahrzeug

Bild 1.43
Von links nach rechts: Starrer Meßbock mit zusätzlichem Meßgeber zum Messen horizontaler Unwuchtkomponenten; Zusatz-Optoelektronik für das Auswuchten beider Antriebsräder in nur einem Meßlauf; unten: Fernbedienung für das Messen der Unwucht beider Antriebsräder vom Fahrersitz aus (alle Geräte von Hofmann)

Will man die Vorteile dieser Auswuchttechnik voll nutzen, bedarf es für jedes Antriebsrad einer eigenen Meßeinrichtung, um mit nur einem Meßlauf gleich alle Antriebsräder erfassen zu können – bei Fahrzeugen mit Allradantrieb ein gewaltiger Vorteil. Dabei müssen natürlich für jedes Rad die Meßergebnisse gespeichert und bei Bedarf abgerufen werden können (Bild 1.44).

Selbstverständlich können mit dieser neuen Wuchttechnik auch nicht angetriebene Räder am Fahrzeug ausgewuchtet werden, nur müssen diese in der bekannten Weise von außen mittels Radantreiber auf die erforderliche Drehzahl gebracht werden. Allerdings ist auch diese Wuchttechnik mit ihrem Kraftmeßsystem nicht in der Lage, horizontal wirkende Kräfte zu messen, weil keine starre Abstützung vorhanden ist. Also wird auch hier als Zusatzeinrichtung ein Schwingungsaufnehmer benötigt, um an nicht angetriebenen Vorderrädern die horizontal gerichtete Komponente einer dynamischen Unwucht messen zu können (Bild 1.43).

Moderne Auswuchtgeräte mit Infrarotabtastung und selektivem Meßverfahren sind elektronikbestückte Einrichtungen, d.h., sie besitzen die Voraussetzungen für vielerlei technische «Spielereien» und Möglichkeiten zur Automatisierung. Verständlich, daß dies von den Wuchtgeräteherstellern in unterschiedlichster Weise genutzt wird. Da dies jedoch nichts an den grundsätzlichen Aufgaben und Möglichkeiten der Geräte ändert, soll hier nicht auf die Besonderheiten der einzelnen Fabrikate eingegangen, sondern auf die einschlägigen Bedienungsanleitungen verwiesen werden.

Bild 1.44
RAW 840 von Schenck zum Wuchten der Räder am Fahrzeug. Bei dieser Anlage mit mikrocomputergesteuerter Meßelektronik stehen die Räder auf 2 oder (besonders zu empfehlen bei Fahrzeugen mit Allrad-Antrieb) 4 Meßböcken, die alle Daten selbst verarbeiten und anzeigen. Der Antrieb der Räder erfolgt über den Fahrzeugmotor oder einen Radantreiber. Die Anlage kann vom Lenkrad aus bedient werden.

# 2 Diagnose der Bremsen

Die Bremsen eines Kraftfahrzeugs sind nicht nur ein Sicherheitselement ersten Ranges für den Straßenverkehr, sie gehören auch zu den mit am stärksten dem Verschleiß unterworfenen Bauteilen eines Kfz. Das liegt daran, daß die Funktion und die Wirksamkeit der Radbremsen auf trockener Reibung beruhen, und die ist nun einmal nicht ohne Abrieb, also Verschleiß, möglich. Damit liegt auf der Hand, daß die Bremsen einer regelmäßigen Wartung und Überwachung bedürfen, was eine Reihe von Prüfungen/Diagnosen umfaßt. Dabei geht es in dieser Service-Fibel nicht um innere Prüfungen wie z.b. die der Bremsbelagstärke oder die des Wassergehaltes der Bremsflüssigkeit, sondern um Prüfungen von außen, d.h. «Prüfungen von Funktion, Einstellung und Wirksamkeit der Bremsen mit den dazu erforderlichen technischen Hilfsmitteln». Da der Fahrzeugbesitzer bzw. -benutzer selbst dazu außer einer – in der Regel – recht laienhaften Straßenprüfung nichts wesentliches beitragen kann, liegen die fundierte Prüfung und die zuverlässige Diagnose ausschließlich in der Verantwortung der Kfz-Werkstatt (Bilder 2.1 und 2.2).

In diesem Zusammenhang sei auch auf die Service-Fibel «Pkw-Bremsendienst» hingewiesen, die sich ausführlich mit den Fahrzeugbremsen, der Bremsenprüfung, der Wartung und Reparatur sowie den gesetzlichen Vorschriften beschäftigt.

## 2.1 Bremsen und Gesetzgeber

Aufgrund der enormen Bedeutung der Fahrzeugbremsen für die Sicherheit im Straßenverkehr hat sich der Gesetzgeber sehr ausführlich mit dem Thema Bremsen befaßt und sowohl für die bautechnische als auch die wartungs- und reparaturtechnische Seite – das betrifft auch die Bremsendiagnose – eine Fülle von Gesetzen und Vorschriften erlassen. Da die bau- und die reparaturtechnische Seite hier ausgeklammert ist, wird im folgenden nur kurz auf diejenigen gesetzlichen Vorschriften hingewiesen, von denen die Bremsendiagnose direkt betroffen ist.

Zwei Paragraphen der StVZO befassen sich ganz oder an herausragenden Stellen mit den Bremsen: die Paragraphen 41 und 29 StVZO. § 41

StVZO enthält vor allem «Vorschriften zur Bauart und Wirksamkeit der Bremsanlage» (Mindestwerte für Verzögerungen bzw. Abbremsungen für erstmals in den Verkehr kommende Fahrzeuge). Bekannter und für Kfz-Werkstätten auch weitaus wichtiger sind der § 29 StVZO und die Anlage VIII StVZO, worin «Fristen und Inhalte der vom Gesetzgeber vorgeschriebenen Haupt- und Zwischenuntersuchungen» festgelegt sind. Diese Bedeutung für Kfz-Werkstätten kommt vor allem daher, weil an Pkw normaler Bau- und Einsatzart

a) *Hauptuntersuchungen* nicht nur von/bei den offiziellen technischen Prüfstellen für den Kraftfahrzeugverkehr (TP) vorgenommen werden dürfen, sondern auch in dafür amtlich anerkannten Kfz-Werkstätten (Prüfstützpunkten) und

b) *freiwillige Zwischenuntersuchungen* zur Verlängerung der Frist bis zur ersten Hauptuntersuchung ebenfalls in dafür amtlich anerkannten Kfz-Werkstätten durchgeführt werden können.

Diese Möglichkeiten werden im Interesse regelmäßiger Kundenkontakte und damit verbundener Kundenbindung von den meisten Kfz-Betrieben gerne genutzt. Bezüglich der Funktions- und Wirkungsprüfung für die Bremsanlage besteht dabei zwischen Haupt- und Zwischenuntersuchung kein wesentlicher Unterschied.

Bild 2.1
Bremsenprüfung auf einem Pkw-Rollenbremsenprüfstand mit großer Analoganzeige (Fa. Hofmann)

Bild 2.2
Brems- und Spurkontrolle
auf einem Plattenprüf-
stand (Fa. Arex)

## 2.1.1 Richtlinie für die Prüfung der Bremsanlagen von Fahrzeugen bei Hauptuntersuchungen nach § 29 StVZO

Diese neue Richtlinie, die in bezug auf Funktions- und Wirkungsprüfungen auch für Zwischenprüfungen anwendbar ist, wurde 1993 herausgegeben und ersetzt die bis dahin gültige «Richtlinie für die Bremsprüfung von Kraftfahrzeugen und Anhängern» von 1964. Wegen ihres beträchtlichen Umfangs sowie wegen ihres für diese Service-Fibel zum Teil nicht relevanten Inhalts wird die neue Richtlinie hier jedoch nicht komplett, sondern nur in Auszügen mit Bezug auf die hier behandelten Themen wiedergegeben bzw. interpretiert.

Die Prüfung der Bremsanlage hat neben einer «Sichtprüfung», für die keinerlei technische Hilfsmittel benötigt werden, eine *Funktions- und Wirkungsprüfung* zu umfassen. Die Richtlinie schreibt vor, daß dabei – und zwar bezogen auf Personenkraftwagen normaler Bau- und Einsatzart – die in Tabelle 2.1 aufgeführte Bremswirkung nachgewiesen werden muß.

In diesem Zusammenhang ist festzuhalten, daß die vom Gesetzgeber festgelegten Werte für Mindestabbremsung und zulässige Betätigungskraft Änderungen unterliegen können. Aktuelle einschlägige Veröffentlichungen (u.a. in Fachzeitschriften) haben deshalb grundsätzlich Vorrang gegenüber den hier gemachten Angaben.

Tabelle 2.1 Mindestabbremsung[1]) und zulässige Betätigungskräfte

|  | max. zul. Betätigungskraft [N] | | Mindestabbremsung [%] |
|---|---|---|---|
|  | $F_F$ | $F_H$ |  |
| BBA | 500 | – | 50 |
| FBA | 500 | 400 | 16 |

[1]) Für Fahrzeuge, die vor dem 1.1.1991 geprüft und genehmigt wurden, gelten gemäß «Richtlinie für die Bremsprüfung von Kraftfahrzeugen und Anhängern» von 1964 die in Tabelle 2.2 geforderten Abbremswerte.

Tabelle 2.2

|  | max. zul. Betätigungskraft [N] | | | Mindestabbremsung |
|---|---|---|---|---|
|  | $F_F$ | $F_H$ | |  |
|  |  | $G < 2{,}5$ t | $G > 2{,}5$ t | [%] |
| BBA | 800 | – | – | 40 |
| FBA | 800 | 400 | 600 | 20 |

In den Tabellen bedeuten:
BBA = Betriebsbremsanlage (Fußbremse),
FBA = Feststellbremsanlage (Handbremse),
FF = Fußkraft,
FH = Handkraft,
G = zulässiges Gesamtgewicht.

*Messen der Bremswirkung*: Die Richtlinie schreibt vor, daß die Messung der Bremswirkung in der Regel auf einem Bremsenprüfstand zu erfolgen hat. Bei Personenkraftwagen sind Ausnahmen nur dann zulässig, wenn ein Fahrzeug aus technischen Gründen nicht auf einem Bremsenprüfstand geprüft werden kann. Nur in diesem Ausnahmefall läßt der Gesetzgeber zu, die Bremswirkung im Fahrversuch mit einem schreibenden Bremsmeßgerät auf ebener, griffiger Fahrbahn zu messen.

*Messen auf dem Bremsenprüfstand*: Die auf dem Bremsenprüfstand ermittelte Abbremsung ist auf das zulässige Gesamtgewicht des Fahrzeugs zu beziehen, und zwar sowohl bei der Betriebs- als auch bei der Feststellbremsanlage. Die Bremskräfte können bei jedem beliebigen Beladungszustand gemessen werden. Dabei dürfen die zulässigen Betätigungskräfte nicht überschritten werden.

Die Abbremsung z ist definiert als:

$$z\,(\%) = \frac{\text{Summe der Bremskräfte am Radumfang [N]}}{\text{Gewichtskraft des Fahrzeugs [N]}} \cdot 100$$

bzw.

$$z\,(\%) = \frac{\text{Summe der Bremskräfte am Radumfang [N]}}{10 \cdot \text{zul. Gesamtgewicht des Fahrzeugs [kg]}} \cdot 100$$

**Anmerkung**: Gewichtskraft des Fahrzeugs [N] = 10 · zul. Gesamtgewicht des Fzg. [kg]. (Darin ist $g = 9{,}81$ m/s$^2$ auf 10 m/s$^2$ aufgerundet.) Ist das Fahrzeug nicht vollständig beladen, so sind zur Hochrechnung der Abbremsung für das beladene Fahrzeug die gemessenen Bremskräfte des teilbeladenen oder leeren Fahrzeugs zu verwenden. Wird die auf das zulässige Gesamtgewicht bezogene Mindestabbremsung schon bei unbeladenem oder teilbeladenem Fahrzeug erreicht, so gilt die geforderte Mindestabbremsung als nachgewiesen. Andernfalls muß der Nachweis durch eine entsprechende Hochrechnung erfolgen. Liegen Referenzwerte vor, so ist deren Einhaltung nachzuweisen. Die Einhaltung der für das beladene Fahrzeug geforderten Abbremsung gilt damit ohne Hochrechnung als nachgewiesen.

*Messen im Fahrversuch*: Wird eine Messung mit leerem oder teilbeladenem Fahrzeug durchgeführt, so muß die vorgeschriebene Abbremsung bei einer Betätigungskraft erreicht werden, die zum maximalen Wert im gleichen Verhältnis steht wie das Fahrzeuggewicht in dem bei der Messung vorhandenen Beladungszustand zum zulässigen Gesamtgewicht des Fahrzeugs. Die Abbremsung für das Fahrzeug bei zulässigem Gesamtgewicht kann dann nach folgender, vom Gesetzgeber vorgegebenen Formel berechnet werden:

$$z_{\text{bel}}\,(\%) = z' \cdot \frac{p_z}{p_{z'}} \cdot \frac{P_{M'}}{P_{M\text{max}}}$$

$z_{\text{bel}}$   Abbremsung des beladenen Fahrzeugs
$z'$   max. Abbremsung des leeren oder teilbeladenen Fahrzeugs (d.h. in dem bei der Messung vorgelegenen Beladungszustand)
$p_z$   auf das beladene Fahrzeug bezogene (d.h. max. zulässige) Betätigungskraft
$p_{z'}$   auf das unbeladene Fahrzeug (d.h. bei der Messung effektiv) aufgebrachte Betätigungskraft
$P_{M'}$   Gewicht des leeren oder teilbeladenen Fahrzeugs (d.h. in dem bei der Messung vorgelegenen Beladungszustand)
$P_{M\,\text{max}}$   zulässiges Gesamtgewicht des Fahrzeugs

*Beurteilung der Bremswirkung:* Neben der Mindestabbremsung schreibt die Richtlinie eine Beurteilung der Bremswirkung in bezug auf ihre «Gleichmäßigkeit» vor. Bei der «Betriebsbremsanlage» (Fußbremse) darf in den oberen $2/3$ des Prüfbereichs der Unterschied der Bremskräfte an den Rädern einer Achse nicht mehr als 25% betragen, bezogen auf den jeweils höheren Meßwert. Bei einer automatischen Auswertung muß sichergestellt sein, daß der Meßwert zum Zeitpunkt des Blockierens eines Rades nicht in die Bewertung eingeht. Bei Bremsenprüfungen im Fahrversuch ist die Gleichmäßigkeit der Bremswirkung anhand von Kriterien wie Spurhaltung, Eigenlenkbewegungen und Blockierverhalten einzuschätzen. Ein übermäßiges Abweichen von der Fahrspur ist nicht zulässig. Beim Ablesen/Feststellen der Meßwerte darf kein Rad blockieren.

Bei der «Feststellbremsanlage» (Handbremse) darf der Unterschied im oberen Bereich (unmittelbar vor der Blockiergrenze) nicht mehr als 30% – bei Fahrzeugen mit Duo-Servo-Feststellbremsen 50% – betragen, bezogen auf den jeweils höheren Wert. Beim Ablesen der Meßwerte darf kein Rad der geprüften Achse blockieren. Bei automatischer Auswertung ist nur die vor der Blockiergrenze angezeigte Ungleichheit zu berücksichtigen.

Die Einhaltung dieser Bedingungen ist bei einer Prüfung auf dem Bremsenprüfstand achsweise wie folgt zu prüfen:

$$\frac{\text{Differenz der Bremskräfte}}{\text{größte Bremskraft}} \cdot 100 < \ldots \, [\%]$$

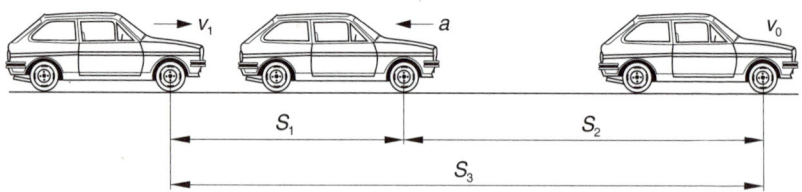

Bild 2.3
Der Bremsweg ist nicht identisch mit dem Anhalteweg eines Kraftfahrzeugs, denn vom Moment des Erkennens der Gefahr bis zum Ansprechen der Fahrzeugbremsen legt das Fahrzeug bereits den Weg $S_1$ zurück. $S_2$ ist der eigentliche Bremsweg. $S_1$ und $S_2$ ergeben zusammen den Anhalteweg $S_3$.

## 2.2 Vorbedingungen für die Bremsenprüfung

Unabhängig davon, ob eine Bremsenprüfung auf der Straße oder auf dem Prüfstand erfolgt, müssen im Interesse reeller Prüfergebnisse einige Vorbedingungen erfüllt sein. Dazu zählt, daß die Bremsen richtig eingestellt sind, das Pedalspiel stimmt, der Bremsflüssigkeitsstand ausreicht, die hydraulische Anlage dicht ist und keine Luft enthält. Der Reifenluftdruck soll der Vorschrift entsprechen und vor allem gleichmäßig bei den Rädern einer Achse sein. Auch einseitig abgefahrene Reifen, falsche Achseinstellung und Unwucht der Räder können sich verfälschend auf das Prüfergebnis auswirken.

## 2.3 Bremsenprüfung auf der Straße

Für Bremsenprüfungen auf der Straße muß die Fahrbahn eben (Neigung max. 1%), griffig und möglichst trocken sein (Bild 2.4). Straßen, die diese Bedingungen erfüllen, haben jedoch in der Regel ein hohes Verkehrsaufkommen und lassen Bremsenprüfungen nach den Maßgaben des Gesetzgebers erst gar nicht zu. Bremsenprüfungen nach § 29 StVZO auf der Straße sind deshalb auch nur in Ausnahmefällen zulässig.

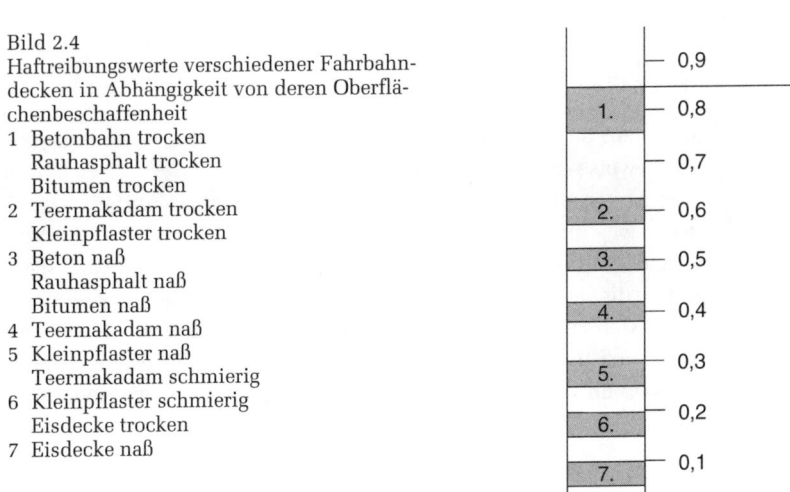

Bild 2.4
Haftreibungswerte verschiedener Fahrbahndecken in Abhängigkeit von deren Oberflächenbeschaffenheit
1 Betonbahn trocken
  Rauhasphalt trocken
  Bitumen trocken
2 Teermakadam trocken
  Kleinpflaster trocken
3 Beton naß
  Rauhasphalt naß
  Bitumen naß
4 Teermakadam naß
5 Kleinpflaster naß
  Teermakadam schmierig
6 Kleinpflaster schmierig
  Eisdecke trocken
7 Eisdecke naß

Unabhängig davon können Bremsenprüfungen auf der Straße aber auch aus anderen Gründen als der Durchführung einer Haupt- oder Zwischenuntersuchung einmal sinnvoll, ja sogar notwendig sein, auch wenn dabei nach Inhalt und Umfang nicht exakt nach den Vorgaben des Gesetzgebers verfahren wird. Im folgenden wird deshalb die Straßenprüfung mit den wichtigsten dabei möglichen Diagnosen kurz behandelt, und zwar sowohl mit als auch ohne schreibendes Meßgerät.

*Straßenprüfung ohne Meßgerät*: Theoretisch ist es natürlich möglich, aus Fahrgeschwindigkeit $v$ und Bremsweg $s$ bzw. Bremszeit $t$ die mittlere Verzögerung $a_{med}$ und daraus wiederum unter Berücksichtigung des Zeitwirkungsgrades $e$ die maximale Verzögerung $a_{max}$ bzw. die Abbremsung $z$ zu errechnen. Da dies jedoch nicht anerkannt und in der Praxis auch so gut wie nie unter Einhaltung der notwendigen Vorgaben durchgeführt wird, soll hier auch nicht näher darauf eingegangen werden. Festzuhalten ist allenfalls, daß man sich das Ausrechnen der mittleren Verzögerung sparen kann, weil es dafür fertige Diagramme und Tabellen gibt, aus denen das Ergebnis abzulesen ist (Bilder 2.5 bis 2.7).

Will man nur überschläglich wissen, ob die Bremsen eines Fahrzeugs den Anforderungen entsprechen, so hilft eine bewährte Faustformel. Danach wird der zulässige, den gesetzlichen Forderungen entsprechende Bremsweg für die Betriebsbremsanlage (Fußbremse) ermittelt, indem die Geschwindigkeit (in km/h), bei der die Bremsung beginnt, durch 10 dividiert und das Resultat zum Quadrat erhoben wird. Die Formel dazu lautet:

$$s_{zul} = \left(\frac{v}{10}\right)^2 \ [m]$$

Also bremst man, ausgehend von einer bestimmten Fahrgeschwindigkeit (zweckmäßigerweise 50 km/h), das Fahrzeug zügig ab (Vollbremsung), mißt den Bremsweg, errechnet nach der oben angegebenen Formel den zulässigen Bremsweg und vergleicht die beiden Ergebnisse miteinander. Vergrößert man dann noch den nach dieser Formel ermittelten zulässigen Bremsweg für die Betriebsbremse um 40%, so erhält man – wiederum überschläglich – den zulässigen Bremsweg für die Feststell- bzw. Handbremse und kann auch diesen mit dem tatsächlich erzielten Meßergebnis vergleichen. Anspruch auf absolute Genauigkeit erhebt diese Vorgehensweise natürlich nicht.

Bild 2.5 (rechte Seite)
Diagramm zum Ablesen der mittleren Verzögerung $a_{med}$ [m/s] aus dem Bremsweg $s$ [m] und der Ausgangsgeschwindigkeit $v$ [km/h]

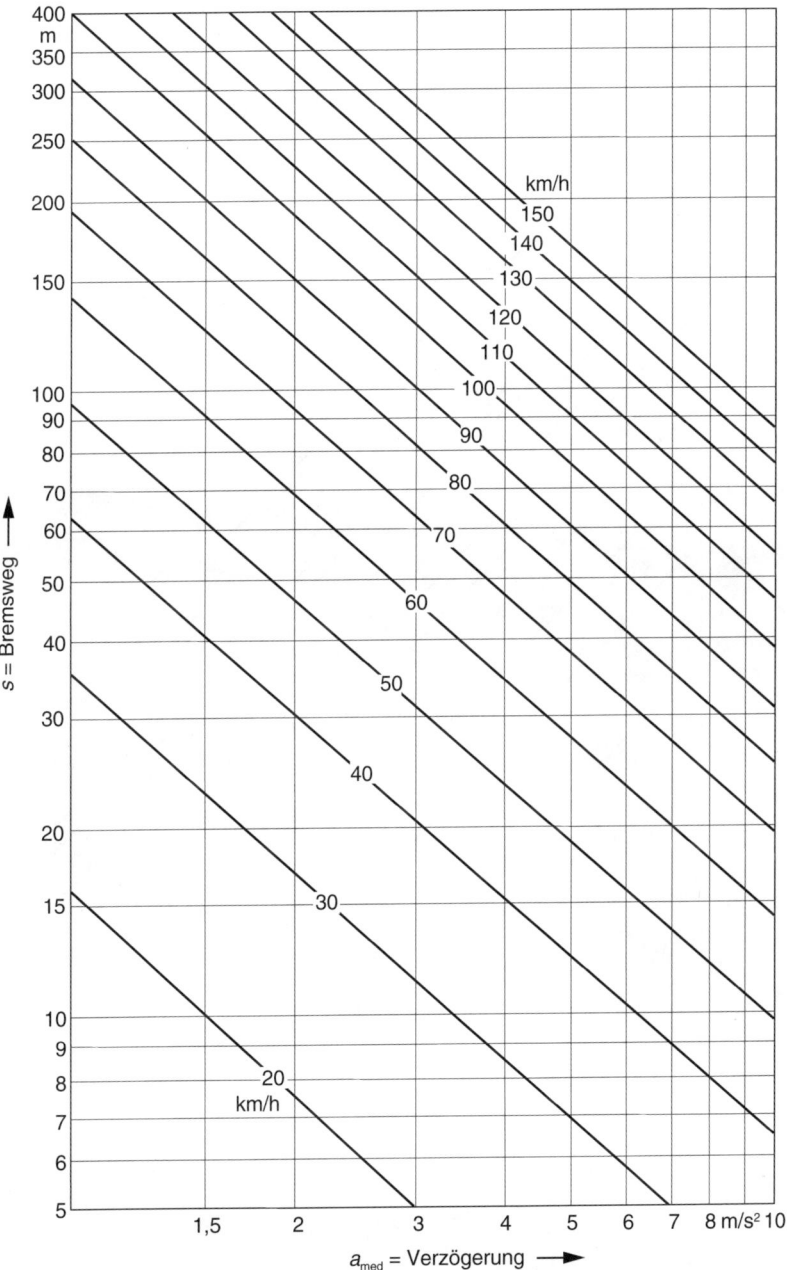

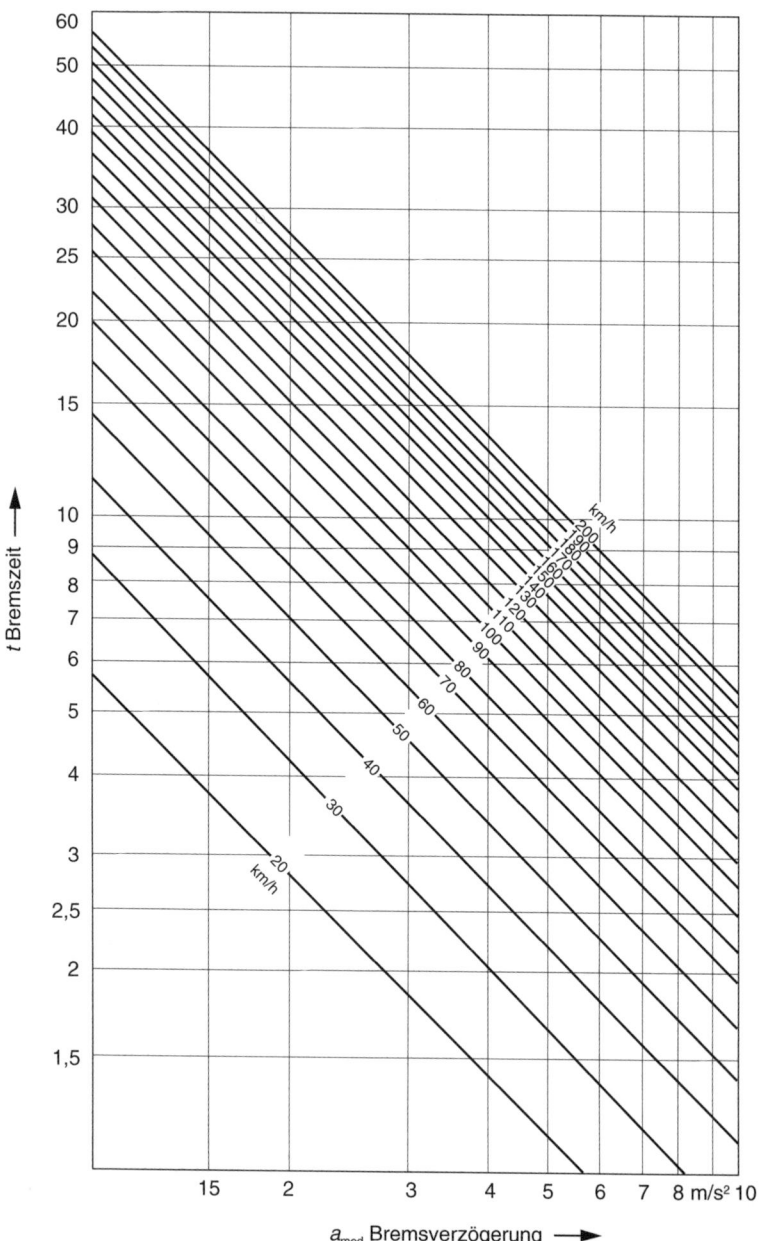

Bild 2.6 (linke Seite) Diagramm zum Ablesen der mittleren Verzögerung $a_{med}$ [m/s] aus der Bremszeit $t$ [s] und der Ausgangsgeschwindigkeit $v$ [km/h]

**Bremsweg $s$ [m] und Bremsdauer $t$ [s]**

| Verzögerung $a_{med}$ in [m/s²] | Haftreibungszahl $\mu_{Hf}$ der Fahrbahn | Geschwindigkeit $v$ [km/h] | | | | | | | | | | | | | | | | | | | | | | | | | |
|---|---|---|---|---|---|---|---|---|---|---|---|---|---|---|---|---|---|---|---|---|---|---|---|---|---|---|
| | | 20 | | 30 | | 40 | | 50 | | 60 | | 70 | | 80 | | 90 | | 100 | | 110 | | 120 | | 130 | | 140 | | 150 | |
| | | $s$ | $t$ | $s$ | $t$ | $s$ | $t$ | $s$ | $t$ | $s$ | $t$ | $s$ | $t$ | $s$ | $t$ | $s$ | $t$ | $s$ | $t$ | $s$ | $t$ | $s$ | $t$ | $s$ | $t$ | $s$ | $t$ | $s$ | $t$ |
| 1,5 | 0,153 | 10,2 | 3,73 | 23,1 | 5,6 | 41,0 | 7,46 | 64,1 | 9,3 | 92,3 | 11,19 | 125,6 | 13,0 | 164,0 | 14,92 | 207,7 | 16,8 | 256,4 | 18,6 | 310,2 | 20,5 | 369,2 | 22,38 | 433,3 | 24,2 | 502,5 | 26,0 | 576,9 | 28,0 |
| 2,0 | 0,204 | 7,7 | 2,8 | 17,4 | 4,2 | 30,8 | 5,6 | 48,1 | 7,0 | 69,3 | 8,4 | 94,2 | 9,8 | 123,2 | 11,2 | 156,6 | 12,6 | 192,4 | 14,0 | 232,7 | 15,4 | 277,2 | 16,8 | 325,0 | 18,2 | 376,8 | 19,6 | 432,7 | 21,0 |
| 2,5 | 0,254 | 6,2 | 2,24 | 13,9 | 3,36 | 24,8 | 4,48 | 38,5 | 5,6 | 55,8 | 6,72 | 75,4 | 7,6 | 99,2 | 8,96 | 125,1 | 10,08 | 154,0 | 11,2 | 186,1 | 12,3 | 223,2 | 13,44 | 260,0 | 14,6 | 301,6 | 15,4 | 346,0 | 16,8 |
| 3,0 | 0,310 | 5,1 | 1,86 | 11,5 | 2,8 | 20,4 | 3,72 | 32,1 | 4,7 | 45,9 | 5,58 | 62,8 | 6,5 | 81,6 | 7,44 | 103,5 | 8,4 | 128,4 | 9,4 | 155,1 | 10,3 | 183,6 | 11,16 | 216,6 | 12,1 | 251,2 | 13,0 | 288,4 | 14,0 |
| 3,5 | 0,360 | 4,4 | 1,6 | 9,9 | 2,4 | 17,6 | 3,2 | 27,5 | 4,0 | 39,6 | 4,8 | 53,8 | 5,6 | 70,4 | 6,4 | 89,1 | 7,2 | 110,0 | 8,0 | 133,0 | 8,8 | 158,4 | 9,6 | 185,7 | 10,4 | 215,2 | 11,2 | 247,2 | 12,0 |
| 4,0 | 0,407 | 3,8 | 1,4 | 8,6 | 2,1 | 15,2 | 2,8 | 24,0 | 3,5 | 34,2 | 4,2 | 47,1 | 4,9 | 60,8 | 5,6 | 77,4 | 6,3 | 96,0 | 7,0 | 116,3 | 7,7 | 136,8 | 8,4 | 162,5 | 9,1 | 188,4 | 9,8 | 216,3 | 10,5 |
| 4,5 | 0,458 | 3,4 | 1,24 | 7,7 | 1,86 | 13,6 | 2,48 | 21,4 | 3,1 | 30,6 | 3,72 | 41,9 | 4,4 | 54,4 | 4,96 | 69,3 | 5,58 | 85,6 | 6,2 | 103,4 | 6,8 | 122,4 | 7,44 | 144,4 | 8,0 | 167,6 | 8,8 | 192,3 | 9,3 |
| 5,0 | 0,509 | 3,1 | 1,12 | 6,9 | 1,68 | 12,4 | 2,24 | 19,2 | 2,8 | 27,9 | 3,36 | 37,7 | 3,9 | 49,6 | 4,48 | 61,1 | 5,04 | 76,8 | 5,6 | 93,1 | 6,2 | 111,6 | 6,72 | 130,0 | 7,3 | 150,8 | 7,8 | 173,1 | 8,4 |
| 5,5 | 0,560 | 2,8 | 1,02 | 6,3 | 1,53 | 11,2 | 2,04 | 17,4 | 2,54 | 25,2 | 3,06 | 34,2 | 3,6 | 44,8 | 4,03 | 56,7 | 4,59 | 69,6 | 5,08 | 84,6 | 5,6 | 100,8 | 6,12 | 118,1 | 6,6 | 136,8 | 7,2 | 157,3 | 7,6 |
| 6,0 | 0,610 | 2,6 | 0,93 | 5,9 | 1,4 | 10,4 | 1,86 | 16,0 | 2,3 | 23,4 | 2,79 | 31,4 | 3,3 | 41,6 | 3,72 | 53,1 | 4,2 | 64,0 | 4,7 | 77,6 | 5,1 | 93,6 | 5,58 | 108,3 | 6,1 | 125,6 | 6,6 | 144,2 | 7,0 |
| 6,5 | 0,660 | 2,4 | 0,86 | 5,4 | 1,29 | 9,6 | 1,72 | 14,8 | 2,15 | 21,6 | 2,58 | 28,9 | 3,0 | 38,4 | 3,44 | 48,6 | 3,87 | 59,2 | 4,3 | 71,6 | 4,7 | 86,4 | 5,16 | 100,0 | 5,6 | 115,6 | 6,0 | 133,1 | 6,5 |
| 7,0 | 0,710 | 2,2 | 0,8 | 4,9 | 1,2 | 8,8 | 1,6 | 13,7 | 2,0 | 19,8 | 2,4 | 26,9 | 2,8 | 35,2 | 3,2 | 44,1 | 3,6 | 54,8 | 4,0 | 66,5 | 4,4 | 79,2 | 4,8 | 92,9 | 5,2 | 107,6 | 5,6 | 123,6 | 6,0 |
| 7,5 | 0,756 | 2,1 | 0,75 | 4,6 | 1,12 | 8,4 | 1,5 | 12,8 | 1,9 | 18,9 | 2,24 | 25,1 | 2,6 | 32,8 | 3,0 | 41,5 | 3,35 | 51,3 | 3,7 | 62,0 | 4,0 | 73,8 | 4,48 | 86,7 | 4,85 | 100,5 | 5,2 | 115,4 | 5,6 |
| 8,0 | 0,810 | 2,0 | 0,7 | 4,3 | 1,05 | 8,0 | 1,4 | 12,0 | 1,8 | 18,0 | 2,1 | 23,5 | 2,5 | 30,8 | 2,6 | 38,9 | 3,15 | 48,0 | 3,5 | 58,1 | 3,85 | 69,2 | 4,2 | 81,2 | 4,55 | 94,2 | 4,9 | 108,2 | 5,3 |
| 8,5 | 0,860 | 1,8 | 0,66 | 4,1 | 0,98 | 7,2 | 1,3 | 11,3 | 1,6 | 16,2 | 1,97 | 22,1 | 2,3 | 29,0 | 2,6 | 36,6 | 3,0 | 45,2 | 3,3 | 54,8 | 3,6 | 65,1 | 3,9 | 76,5 | 4,3 | 89,0 | 4,6 | 101,8 | 5,0 |

Bild 2.7
Tabelle zum Ablesen der mittleren Verzögerung $a_{med}$ [m/s²] aus der Ausgangsgeschwindigkeit $v$ [km/h] und dem Bremsweg $s$ [m] bzw. der Bremszeit $t$ [s] unter Berücksichtigung des Haftreibungswertes der Fahrbahn

Weitere bei der Straßenprüfung mögliche Diagnosen sind:
*Ungenügende Bremswirkung*, soweit dies ohne Verzögerungsmeßgerät feststellbar ist. Die Hauptursachen dafür sind verschlissene, beschädigte, verschmutzte oder gar falsche Bremsbeläge und/oder korrodierte, unrunde oder anderweitig beschädigte Bremstrommeln bzw. Bremsscheiben. Mögliche Ursachen sind auch Fehler am Bremsgerät oder am Bremskraftregler sowie vielerlei Arten von Verschleiß im Gesamtbereich der Bremsanlage, vor allem an Dichtungen und Manschetten. Details können nur bei einer gründlichen Bremsenüberholung exakt festgestellt werden.

*Einseitiges Ziehen* beim Bremsen, das sich bei ungleicher Bremswirkung an den Vorderrädern durch Ziehen an der Lenkung und bei ungleicher Bremswirkung an den Hinterrädern durch Wegrutschen oder Ausbrechen des Fahrzeugs bemerkbar macht. Die Hauptursachen dafür sind Unterschiede in der Bremsanlage zwischen den beiden Seiten einer Achse, z.B. einseitig falsche Einstellung, Korrosion, Verschmutzung, Verschleiß usw. – alles Dinge, die nur durch eine gründliche Bremsenüberholung exakt erkannt und beseitigt werden können. Auch Reifenverschleiß oder -schäden, ungleiche Reifenarten oder -fabrikate auf einer Achse, ungleicher Luftdruck sowie falsche Achseinstellung können einseitiges Ziehen beim Bremsen verursachen, ebenso einseitig zu großes Radlagerspiel, Unwucht (an den Vorderrädern), defekte Federung oder Stoßdämpfer und vieles andere mehr.

In diesem Zusammenhang ist festzuhalten, daß bei vielen Dingen – insbesondere bei den Bremsen, Federn, Stoßdämpfern, Reifen und bei der Achseinstellung – auf Gleichheit an den beiden Seiten einer Achse zu achten ist, um Probleme beim Bremsen wie einseitiges Ziehen zu vermeiden.

*Straßenprüfung mit Verzögerungsmeßgerät*: Eine Prüfung dieser Art ist bei Pkw, wie in der «Richtlinie für die Prüfung der Bremsanlagen von Fahrzeugen bei Hauptuntersuchungen nach § 29 StVZO» angeführt, nur dann zulässig, wenn ein Fahrzeug aus technischen Gründen nicht auf einem Bremsenprüfstand geprüft werden kann. In diesem Fall ist «die Bremswirkung im Fahrversuch mit einem schreibenden Bremsmeßgerät zu messen». Nicht schreibende Geräte, früher einmal durchaus gebräuchlich, sind also von vornherein auszuschließen. Die Straßenprüfung darf wie die Prüfung auf dem Bremsenprüfstand bei jedem beliebigen Beladungszustand erfolgen. Die dabei ermittelte Abbremsung ist auf die Abbremsung bei zulässigem Gesamtgewicht hochzurechnen.

Bremsmeßgeräte sind *Verzögerungsmeßgeräte*, die nach dem Feder-Masse-Prinzip oder dem Pendelprinzip arbeiten und die maximale (nicht mittlere!) Verzögerung $a_{max}$ bzw. die Abbremsung $z$ messen. Die mit einem

**Bild 2.8**
Die Aufzeichnung des Bremsvorgangs durch ein schreibendes Verzögerungsmeßgerät zeigt den zeitlichen Ablauf des gesamten Bremsvorgangs auf und läßt diverse Rückschlüsse auf den Zustand der Bremsen zu, z.B. unrunde Bremstrommeln, Scheibenschlag.

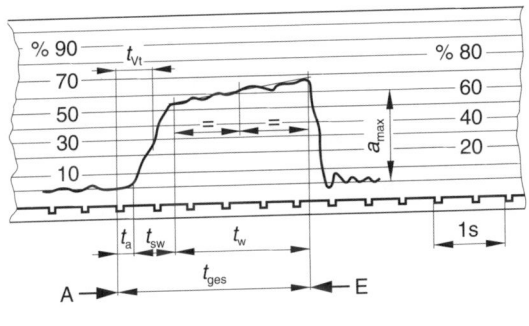

| A | Beginn der Bremsung | $t_{vt}$ | Verlustdauer |
| E | Stillstand des Fahrzeugs | $t_w$ | Bremswirkungsdauer |
| $t_a$ | Ansprechdauer | $a_{max}$ | maximale Verzögerung |
| $t_{sw}$ | Schwelldauer | $t_{ges}$ | Gesamtbremsdauer |

solchen Gerät ermittelten Meßwerte müssen auf einem Diagrammblatt aufgezeichnet werden, das für die maximale Verzögerung $a_{max}$ in der Einheit m/s² bzw. für die Abbremsung z in der Einheit % unterteilt und beziffert sein muß (Bild 2.8). Dies ist aufgrund des rechnerischen Zusammenhangs möglich, denn die höchstmögliche Abbremsung von z = 100% entspricht einer maximalen Verzögerung von $a_{max}$ = 9,81 m/s² (= g). Mathematisch ausgedrückt heißt das:

$$a_{max}\,(m/s^2) = \frac{z \cdot g}{100}$$

Die Skala in Bild 2.9 gibt diese Beziehung grafisch wieder. In der Praxis wird der Wert g (= 9,81) im allgemeinen mit ausreichender Genauigkeit auf 10 aufgerundet, so daß sich die Abbremsung z als das Zehnfache der maximalen Verzögerung $a_{max}$ darstellt.

**Bild 2.9**
Zusammenhang zwischen der Verzögerung in m/s² und der Abbremsung in %

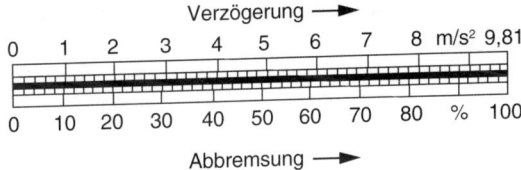

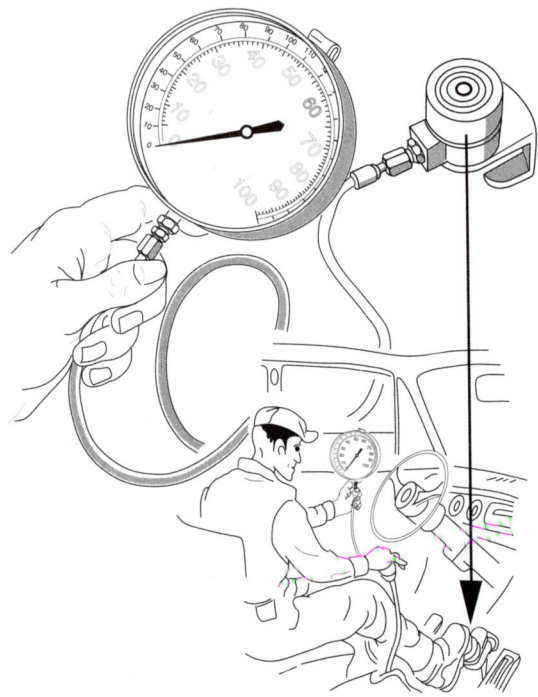

Bild 2.10
Pedalkraftmesser zur Kontrolle der Bremspedal-Betätigungskraft

Neben dem Verzögerungsmeßgerät wird zur Bremsenprüfung ein Meßgerät für die Betätigungskraft, ein sogenannter *Pedalkraftmesser* (Bild 2.10), benötigt, und zwar

☐ einmal, um zu kontrollieren, daß die zulässige Betätigungskraft nicht überschritten wird, und

☐ zum anderen, um über die bei der Messung aufgewendete Betätigungskraft $p_z{}'$ auf die Abbremsung $z_{bel}$, die sich auf das zulässige Gesamtgewicht bezieht, hochrechnen zu können.

Die Messung selbst läuft ähnlich ab wie eine Bremsenprüfung ohne Meßgerät, nun allerdings mit den genannten Geräten, die nach der jeweiligen Herstelleranweisung anzuwenden sind. Natürlich müssen Fahrzeug und Fahrbahn die in diesem Abschnitt und in 2.2 aufgeführten Voraussetzungen erfüllen. Das Fahrzeug ist zur Messung – ausgehend von einer Geschwindigkeit von 45 bis 50 km/h – zügig bis zum Stillstand abzubremsen. Dabei dürfen die Räder nicht blockieren, und die zulässige Betätigungs- bzw. Pedalkraft darf nicht überschritten werden.

**Anmerkung:** Blockierende Vorderräder heben die Lenkfähigkeit des Fahrzeugs nahezu auf, blockierende Hinterräder bringen das Fahrzeug zum Schleudern.

Da die so ermittelte maximale Verzögerung $a_{max}$ bzw. Abbremsung $z'$ nur für den bei der Messung vorgelegenen Beladungszustand gilt, muß sie gemäß der nachstehenden Formel auf das zulässige Gesamtgewicht umgerechnet werden (siehe hierzu Abschnitt 2.1.1 unter «Messung im Fahrversuch»):

$$z_{bel}\,[\%] = z' \cdot \frac{p^z}{p_{z'}} \cdot \frac{p_{M'}}{p_{Mmax}}$$

Schließlich sind der so ermittelte Wert mit der vom Gesetzgeber geforderten Mindestabbremsung zu vergleichen und die Bremswirkung in ihrer Gesamtheit zu beurteilen (siehe hierzu Abschnitt 2.1.1 unter «Mindestabbremsung und zulässige Betätigungskräfte» sowie «Beurteilung der Bremswirkung»).

Bei der Feststell- bzw. Handbremsanlage fordert der Gesetzgeber, daß entweder die Abbremsung dem vorgeschriebenen Mindestwert entspricht – bezogen auf das zulässige Gesamtgewicht des Fahrzeugs – oder aber die Blockiergrenze erreicht werden muß. Zur Ermittlung der Abbremsung müßte – vergleichbar mit der Fußbremse – die Handkraft für den bei der Messung vorgelegenen Beladungszustand gemessen werden, was in aller Regel allein daran scheitert, daß kein Handkraftmeßgerät zur Verfügung steht. Dagegen kann sehr wohl festgestellt werden, ob die Blockiergrenze erreicht wird, wie auch eine Beurteilung der Bremswirkung gemäß der o.a. Richtlinie möglich ist.

Darüber hinaus sind bei der Straßenprüfung mit Verzögerungsmeßgerät die gleichen Diagnosen möglich, wie sie schon im Zusammenhang mit der Straßenprüfung ohne Meßgerät beschrieben wurden.

## 2.4 Bremsenprüfung auf dem Prüfstand

Nicht nur, weil es der Gesetzgeber für Haupt- und Zwischenuntersuchungen nach § 29 StVZO fordert: Ein Bremsenprüfstand, unabhängig von seiner Bauart, gehört heute zur Standardausrüstung nahezu jeder Kfz-Werkstatt, allenfalls abgesehen vom ausgesprochenen Kleinbetrieb. Der Prüfstand macht den Betrieb von der Straße unabhängig und reduziert den Zeitaufwand für die Bremsenprüfung auf ein Mindestmaß.

## 2.4.1 Richtlinie für die Anwendung, Beschaffenheit und Prüfung von Bremsenprüfständen

Eine für Haupt- und Zwischenuntersuchungen nach § 29 StVZO benötigte technische Einrichtung wie der Bremsenprüfstand muß natürlich den Anforderungen des Gesetzgebers genügen, was durch eine entsprechende Richtlinie festgelegt ist. Damit soll gewährleistet werden, daß die Prüfstände ordnungsgemäß arbeiten und ihre Meßergebnisse verläßliche Angaben über die Wirkung der Fahrzeugbremsen liefern. Die derzeit gültige Richtlinie ist am 1. Januar 1991 in Kraft getreten. Wegen ihres beträchtlichen Umfangs sowie des zum Teil für Kfz-Betriebe nicht relevanten Inhaltes soll sie im folgenden jedoch nur in Auszügen wiedergegeben bzw. interpretiert werden.

Prüfstände zur Ermittlung der Bremswirkung müssen die Bremskraft für jedes Rad einzeln anzeigen oder aufzeichnen. Allrad- oder mehrachsgetriebene Fahrzeuge können nur auf dafür besonders konzipierten Prüfständen geprüft werden. Die Eignung eines Bremsenprüfstandes für Haupt- und Zwischenuntersuchungen muß per Gutachten nachgewiesen werden.

Als Bremsenprüfstände sind drei Bauarten zulässig:

- *Rollenprüfstände*, bei denen sich die Räder des Fahrzeugs achsweise auf Rollen- oder Rollenpaaren mit Eigenantrieb abstützen und bei denen die tangentialen Bremskräfte zwischen Rädern und Treibrollen ermittelt werden (Bild 2.11);
- *Schwungmassenprüfstände*, bei denen sich die Räder des Fahrzeugs auf Rollen oder Rollenpaaren mit ausreichender Schwungmasse abstützen und bei denen die Bremswirkung aus der Rotationsverzögerung der antriebslos laufenden Rollen bestimmt wird;
- *Plattenprüfstände*, bei denen mehrere ebene Meßplatten in der Fahrbahn so angeordnet und geführt sind, daß zwischen den Einzelrädern und den Platten eine tangentiale Schubkraft gemessen werden kann, die entsteht, wenn ein Fahrzeug auf ihnen abgebremst wird (Bild 2.12).

Bremsenprüfstände müssen so beschaffen sein, daß zwischen Rad und Rolle bzw. Platte im trockenen Zustand ein Reibbeiwert von mindestens 0,7 und im nassen Zustand von mindestens 0,5 erreicht wird. Eine übermäßige Beanspruchung der Fahrzeugreifen muß vermieden werden. Die Prüfstände müssen automatisch abschalten, wenn die gebremsten Räder zu blockieren beginnen. Der Durchmesser der Rollen darf 150 mm nicht unterschreiten. Die Prüfgeschwindigkeit darf bei Vollast nicht unter 2 km/h liegen; anzustreben sind Prüfgeschwindigkeiten von 5 km/h.

Bild 2.11
Rollenbremsenprüfstand BSA 305, wie er u.a. für Haupt- und Zwischenuntersuchungen nach 29 StVZO zugelassen ist. In der Regel sind Pkw-Bremsenprüfstände so ausgelegt, daß sie für Fahrzeuge bis zu Transportergröße geeignet sind (Fa. Bosch).

Bild 2.12
Plattenbremsenprüfstand, ebenfalls für Haupt- und Zwischenuntersuchungen nach 29 StVZO zugelassen (Fa. CARTEC)

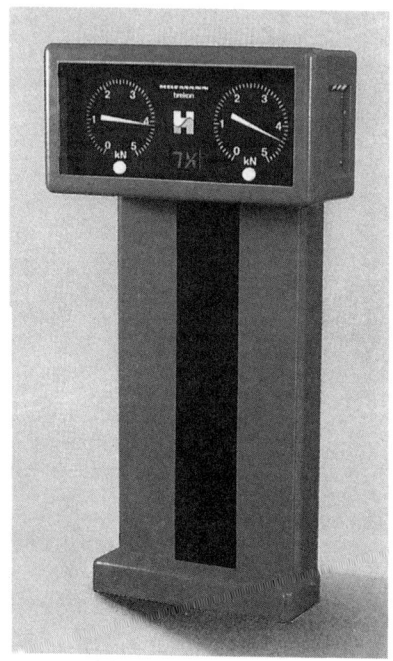 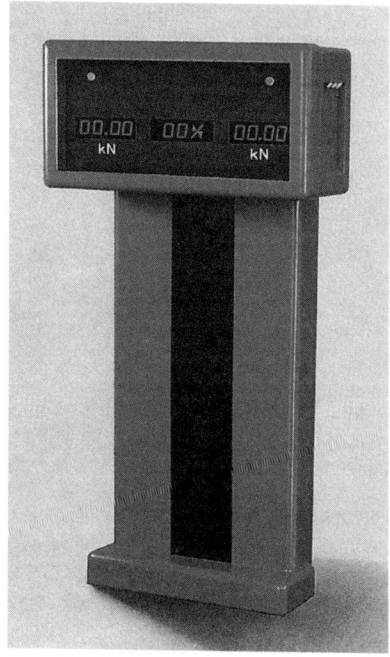

Bild 2.13
Manche Bremsenprüfstände wie der «brekon» sind wahlweise mit Analog- (links) und mit Digitalanzeigeinstrumenten (rechts) zu haben (Fa. Hofmann).

Die gemessenen Bremskräfte sind in Newton [N] anzugeben.

Sie können analog oder digital angezeigt (Bild 2.13) und/oder durch schreibende/druckende Geräte aufgezeichnet (Bild 2.14) und/oder gespeichert werden. Die Meßwerte müssen mit vorgeschriebener Genauigkeit deutlich und ohne Schwierigkeiten abgelesen werden können. Die Meßgeräte müssen auf null einstellbar oder mit automatischem Nullabgleich versehen sein. Analog anzeigende Geräte sollten, digital anzeigende müssen mit Speichereinrichtungen zur Anzeige oder Weiterverarbeitung jeweils zusammengehöriger Meßwertpaare der Räder einer Achse versehen sein.

Die Fehlergrenzen für die Anzeige und Aufzeichnung der Meßwerte betragen im gesamten Meßbereich ±3%, bezogen auf den Skalenendwert. Die Anzeigen beider Meßgeräte für die Räder einer Achse dürfen nur um max. 2% voneinander abweichen, bezogen auf den Skalenendwert. Jeder Bremsenprüfstand muß über eine Einrichtung verfügen, mit der die Einhaltung der Fehlergrenzen geprüft werden kann.

Bremsenprüfstände müssen vor ihrer ersten Inbetriebnahme und dann in Abständen von jeweils 2 Jahren von *Sachkundigen* einer *Stückprüfung* unterzogen werden. Legitimation der Sachkundigen sowie Inhalt und Umfang der Stückprüfung sind in der «Richtlinie für Anwendung, Beschaffenheit und Prüfung von Bremsenprüfständen» festgelegt.

### 2.4.2 Bremsenprüfstände im Kfz-Betrieb

Von den drei Bauarten «Rollen-, Schwungmassen- und Plattenbremsenprüfstand» ist der *Rollenbremsenprüfstand* (Bild 2.14) die bei weitem verbreitetste Bauart, nicht nur, weil er wohl am ehesten den Anforderungen von Haupt- und Zwischenuntersuchungen nach § 29 und Anlage VIII StVZO entspricht, sondern auch wegen einiger besonderer Vorteile für die Kfz-Werkstatt.

Der *Schwungmassen-Bremsenprüfstand* ist vornehmlich für Automobilhersteller gedacht und geeignet. Sein Platzbedarf, sein hoher Preis und eine Reihe weiterer Besonderheiten machen ihn für Kfz-Werkstätten wenig geeignet, weshalb in dieser Service-Fibel auch nicht näher auf ihn eingegangen wird.

Bild 2.14
Rollenbremsenprüfstand BCA 30 mit Protokolldrucker (Fa. Schenck)

Bild 2.15
Moderner Plattenprüfstand für Bremsen und Fahrwerk (Fa. SUN)

Der *Plattenbremsenprüfstand* (Bild 2.15), lange Zeit allenfalls den amtlichen technischen Überwachungsstellen vorbehalten, erlebt gegenwärtig eine ausgesprochene Renaissance, die ihn mittlerweile zu einem echten Konkurrenten des Rollenbremsenprüfstandes werden läßt. Die Gründe dafür sind einige prüftechnische Besonderheiten, eine Reihe technischer Raffinessen (dank Elektronik) sowie eine gewisse Neuorientierung des Kundendienstes in den Kfz-Betrieben (z.B. die Direktannahme).

### 2.4.3 Aufbau und Wirkungsweise des Rollenbremsenprüfstandes

Äußeres Kennzeichen sind zwei drehbar gelagerte Rollenpaare (Bild 2.16). Zu jedem Rollenpaar gehört ein Drehstrommotor mit Getriebe, eine Meßeinrichtung zur Aufnahme und Übertragung der Bremsmomente sowie ein Instrument und/oder eine Schreibeinrichtung für die Anzeige bzw. Aufzeichnung der gemessenen Bremskraft. Die beiden Drehstrommotoren treiben die jeweils hintere Rolle, die sogenannte Laufrolle, an, während die jeweils vordere Rolle entweder über einen Ketten- bzw. Riementrieb mitgenommen wird oder aber frei mitläuft. Bei vielen Prüfständen ist zwischen der angetriebenen Laufrolle und der mitgenommenen Rolle noch eine dritte, eine Schaltrolle, angeordnet, über die der Prüfstand beim Befahren oder Verlassen ein- bzw. ausgeschaltet wird (bei anderen Bauarten geschieht dies durch Fernbedienung). Die Schaltrolle kann auch zusätzlich die Funktion eines Schlupfschalters übernehmen und den Prüfstand ausschalten, sobald kein ausreichender Kraftschluß zwischen Rad und Rolle mehr vorhanden ist. Damit wird, sobald ein Schlupf von (je nach Fabrikat) 20 bis 30% überschritten wird, ein Blockieren der Räder verhindert.

Die Motoren treiben die Laufrollen mit einer bestimmten Umlaufgeschwindigkeit an und übertragen das Antriebsmoment auf die Fahrzeugräder. Die *Geschwindigkeit*, mit der die Laufrollen von den Drehstrommotoren angetrieben werden, bleibt während der Bremsenprüfung *konstant* (sehr wichtig!), d.h. auch dann, wenn durch die auf den Rollen abgebremsten Fahrzeugräder ein hohes Bremsmoment der Umlaufrichtung der Rollen entgegenwirkt. Also muß die Leistungsaufnahme der Drehstrommotoren proportional der am jeweiligen Radumfang auftretenden Bremskraft folgen.

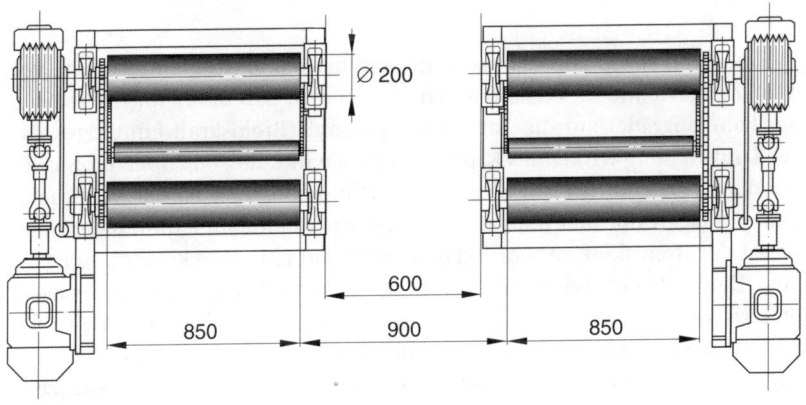

Bild 2.16
In seiner klassischen Bauform besitzt der Rollenbremsenprüfstand zwei voneinander unabhängige, nebeneinander angeordnete Rollenpaare. Die angegebenen Maße sind bloße Richtwerte.

Die Umsetzung der Leistungsaufnahme in eine die Bremskraft darstellende Anzeige kann auf verschiedene Weisen erfolgen. Die naheliegendste Methode ist die bei Pkw-Bremsenprüfständen von manchen Herstellern angewandte elektrische Wirkleistungsmessung, bei der das jeweilige Anzeigeinstrument als Wattmeter ausgebildet ist, d.h., es mißt die Leistungsaufnahme des Drehstrommotors (Wirkleistung) direkt und zeigt sie als Bremskraft in N an.

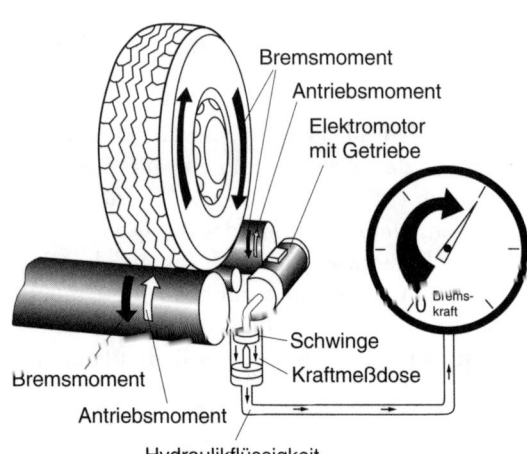

Bild 2.17
Schematisierte Darstellung des hydraulischen Meßsystems. Das beim Bremsen entstehende Bremsmoment ist dem Antriebsmoment des Prüfstandsmotors entgegengerichtet und übt auf den pendelnd gelagerten Motor ein Kippmoment aus, das über einen Hebelarm (Schwinge) auf eine Kraftmeßdose wirkt und über eine hydraulische Meßstrecke eine Anzeige auslöst.

Ein schon etwas älteres, aber sehr bewährtes und deshalb nach wie vor häufig angewendetes Verfahren geht davon aus, daß die beim Abbremsen der Fahrzeugräder auf die Laufrollen wirkende Bremskraft ein umgekehrt zur Laufrichtung wirkendes Kippmoment bewirkt, dessen Größe proportional der Bremskraft ist. Zur Messung des Kippmomentes ist der Motor pendelnd gelagert und übt über einen Hebelarm einen dem Kippmoment und damit der Bremskraft proportionalen Druck auf eine Druckmeßeinrichtung aus. Dieser Druck wiederum wird mechanisch (Neigungspendelwaage), elektrisch-mechanisch (Meßpotentiometer), hydraulisch (Bild 2.17) oder pneumatisch (Druckmeßdose) an ein Anzeigeinstrument und/oder eine Schreibeinrichtung weitergeleitet und als Bremskraft in N angezeigt und/oder ausgedruckt, evtl. auch grafisch aufgezeichnet (Bild 2.18).

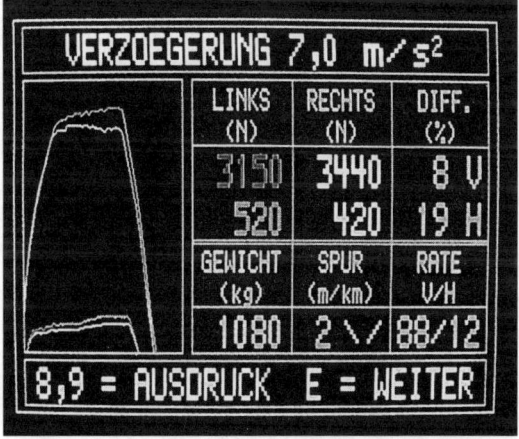

Bild 2.18
Die Anzeige auf dem Bildschirm des Bremsenprüfstandes zeigt: Die Bremsen sind in Ordnung.

Das bei modernen Bremsenprüfständen mittlerweile am meisten angewendete Meßsystem ist das elektronische DMS-System (Dehnmeßstreifen). Bei diesem Verfahren wird davon ausgegangen, daß mechanische Veränderungen eines stromdurchflossenen Leiters, z.b. Biegung oder Dehnung, in diesem eine Änderung des elektrischen Widerstandes bewirken. Der am pendelnd gelagerten Motor für die Übertragung des Kippmomentes angebrachte Hebelarm ist deshalb als Biegebalken ausgebildet, auf dem ein Dehnmeßstreifen angebracht ist. Die Verformung des Biegebalkens bewirkt im Dehnmeßstreifen proportional zur Bremskraft eine Änderung des elektrischen Widerstandes, die in elektrische Signale umgewandelt und als Bremskraft in N angezeigt und/oder ausgedruckt sowie evtl. grafisch aufgezeichnet wird. Die Frequenz der Signale bestimmt die Genauigkeit der Messung (Bild 2.19).

Elektronische Meßsysteme sind verschleiß- und wartungsfrei, temperaturunabhängig, verzögerungslos und enorm meßgenau (0,5% Abweichung vom Skalenendwert). Die Elektronik ermöglicht eine rechnergesteuerte Auswertung der Meßwerte, was neben der Ermittlung von Grundgrößen wie Bremskräfte und Bremskraftdifferenzen weitere Möglichkeiten enthält wie Anlauf- und Blockierabschaltautomatik, Schlupfabschaltung, Einzelradschaltung für ABS-Prüfung (Herstellervorschrift beachten!), Ermittlung von Bremskraftschwankungen und Betätigungskräften, drahtlose (Infrarot-) Fernbedienung usw.

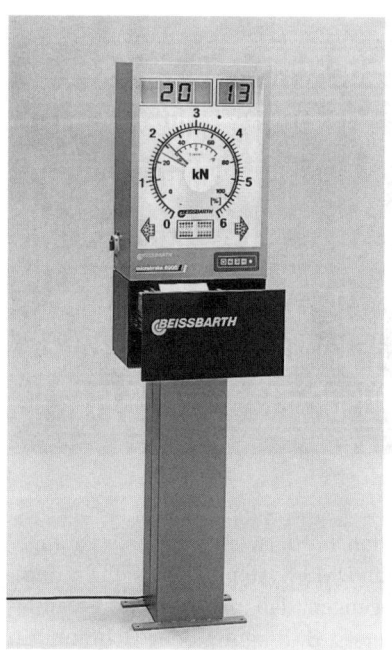

Bild 2.19
Anzeigesäule eines Rollenbremsenprüfstandes mit elektronischem Dehnmeßstreifensystem DMS (Fa. Beissbarth)

Bild 2.20
Moderne Rollenbremsenprüfstände sind vorwiegend mit kunststoffbeschichteten Rollen versehen.

Bezüglich der Rollen (Bild 2.20) gibt es eine Reihe herstellerspezifischer Unterschiede, z.B. gleiche oder unterschiedliche Größe, gleich oder unterschiedlich hohe Lagerung und anderes mehr. Der Abstand zwischen den Rollen ist teils starr und teils verstellbar, wobei letzteres dann erforderlich sein kann, wenn ein Prüfstand sowohl für Pkw als auch für Lkw mit unterschiedlich großen Rädern verwendet werden soll. Der Durchmesser der Rollen schwankt zwischen 150 und ca. 400 mm. Je kleiner die Rollen sind, desto größer ist die für die Reifen schädliche Walkarbeit. Aber: Je größer die Rollen sind, desto höher sind der Platzbedarf, der Energieverbrauch und der Preis des Prüfstandes. Die jeweils hintere Rolle ist oft etwa 30 bis 40 mm höher gelagert als die vordere (Bild 2.21), um während der Prüfung ein «Herausklettern» des Fahrzeugs (besonders bei leichten Fahrzeugen möglich) zu verhindern.

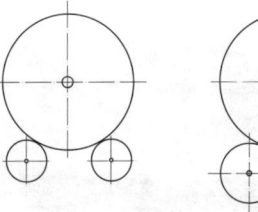

Bild 2.21
Symmetrische (links) und unsymmetrische (rechts) Rollenanordnung. Bei der symmetrischen Anordnung sind die Rollen gleich hoch gelagert, und in der Regel werden beide angetrieben. Bei der unsymmetrischen Anordnung wird die große Rolle angetrieben, während eine kleinere, höher gelagerte Rolle frei mitläuft.

Material und Gestaltung der Rollenoberfläche sind hersteller- und preisabhängig (Bild 2.20). In Frage kommen hauptsächlich Stahl mit eingefrästen Nuten, aufgespritzten oder aufgeschweißten Profilen, Streckmetallbelag, Beton und Kunststoff. Letzteres ist heute vorherrschend. Die Umlauf- bzw. Prüfgeschwindigkeit der Rollen beträgt bei Pkw-Prüfständen meist 5 km/h, bei Lkw-Prüfständen (zumindest teilweise) etwas weniger, z.B. 2 oder 2,5 km/h. Schnelläufer mit Prüfgeschwindigkeiten von 10 und mehr km/h sind in Europa nicht üblich.

Zu jedem Rollenbremsenprüfstand, der auch für Haupt- und Zwischenuntersuchungen nach § 29 StVZO verwendet werden soll, gehört ein Pedalkraftmesser zum Messen der Betätigungskraft. Von Vorteil ist dabei, wenn die Betätigungskraft in Abhängigkeit von der Bremskraft, d.h. parallel zu dieser, angezeigt und/oder aufgezeichnet wird. Je nach Ausführung arbeiten die Meßgeräte hydraulisch, pneumatisch oder elektrisch.

Weiterhin benötigt jeder Rollenbremsenprüfstand, der für Haupt- und Zwischenuntersuchungen nach § 29 eingesetzt wird, eine Schreibeinrichtung, die parallel zu der an den Rädern gemessenen Bremskraft die am Bremspedal aufgewendete Betätigungskraft aufschreibt bzw. ausdruckt und evtl. grafisch aufzeichnet. Abgesehen von dieser gesetzlichen Auflage ist ein solches Prüfprotokoll auch für die Werkstatt wertvoll und besitzt darüber hinaus dem Kunden gegenüber einen sehr hohen Verkaufswert.

Nach Maßgabe des Gesetzgebers «sollten analog anzeigende Prüfstände (Bild 2.22) und müssen digital anzeigende (Bild 2.23) mit Speichereinrichtungen zur Anzeige oder Weiterverarbeitung jeweils zusammengehöriger Meßwertpaare der Räder einer Achse versehen sein». Diese dank Elektronik bestehenden Möglichkeiten können noch eine zukunftsorientierte Erweiterung erfahren, wenn der Prüfstand für den Anschluß an einen PC bzw. eine EDV-Anlage mit einer Schnittstelle versehen und auf diese Weise eine Übertragung aller Meßdaten in die EDV-Anlage des Betriebes möglich ist.

Bild 2.22
Rollenbremsenprüfstand mit Analoganzeige (Fa. Bosch)

Bild 2.23
Rollenbremsenprüf-
stand mit Digitalanzeige
(Fa. Bosch)

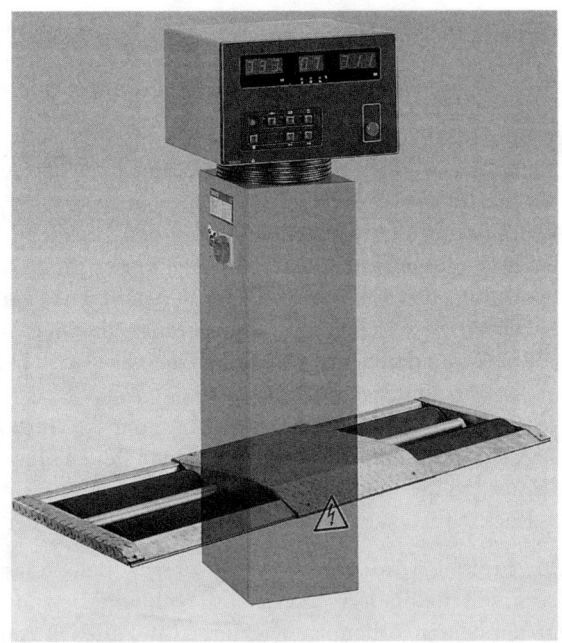

Manche Rollenbremsenprüfstände, insbesondere kombinierte Pkw-/ Lkw-Prüfstände und vor allem reine Lkw-Prüfstände, besitzen Einrichtungen zur Achslastmessung. Abgesehen davon, daß man damit die Abbremsung bzw. maximale Verzögerung – bezogen auf den gerade vorliegenden Beladungszustand – ermitteln kann, ist eine solche Einrichtung für Pkw-Prüfstände nicht erforderlich. Nach Maßgabe des Gesetzgebers können bei der Bremsenprüfung an Pkw der Beladungszustand des Fahrzeugs und damit die Achslast vernachlässigt und (wegen der relativ geringen Unterschiede zwischen Leer- und zulässigem Gesamtgewicht) die geforderte Mindestabbremsung auf das zulässige Gesamtgewicht bezogen werden.

### 2.4.3.1 Praxis der Bremsenprüfung

Allem voran ist festzuhalten, daß die in Abschnitt 2.2 aufgeführten Voraussetzungen selbstverständlich auch für die Bremsenprüfung auf dem Rollenprüfstand gelten.

Im wesentlichen und natürlich von der Ausführung bzw. den Möglichkeiten des Prüfstandes abhängig sind es die folgenden Kriterien, die auf dem Rollenbremsenprüfstand ermittelt werden können:

- Bremskraft der Betriebsbremse an den einzelnen Rädern (die Summe der Bremskräfte wird u.a. zur Ermittlung der Abbremsung $z$ der Betriebsbremsanlage benötigt),
- Bremskraft der Feststellbremse an den einzelnen Rädern, an denen die Feststellbremse wirkt (die Summe dieser Bremskräfte wird u.a. zur Ermittlung der Abbremsung $z$ der Feststellbremsanlage benötigt),
- Differenz zwischen den Bremskräften der Betriebs- und der Feststellbremse an den beiden Seiten einer Achse (wird benötigt zur Beurteilung der Gleichmäßigkeit),
- Betätigungskraft bei der jeweiligen Bremskraftmessung,
- Anstieg der Bremskraft an den beiden Seiten einer Achse,
- Zustand der Bremsscheiben und -trommeln,
- Rückschlüsse auf diverse Fehler/Störungen an der Bremsanlage.

Zur Prüfung wird das Fahrzeug, dessen Beladungszustand beliebig sein kann, mit den Rädern einer Achse rechtwinklig zum Prüfstand in das Prisma der beiden Rollenpaare gefahren. Im Falle der Antriebsräder sind diese, sobald sie im Rollenprisma stehen, durch Auslegen des Ganges oder Auskuppeln vom Motor zu trennen (bei automatischem Getriebe Leerlaufstellung einlegen). Der Motor selbst muß weiterlaufen, damit die Bremskraftunterstützung durch das Bremsgerät bei der Prüfung zur Verfügung steht. Außerdem muß bei Haupt- und Zwischenuntersuchungen nach § 29 StVZO bzw. kann bei Prüfungen aus anderen Anlässen zusätzlich ein Meßgerät für die Betätigungskraft (Pedalkraftmesser) angeschlossen werden.

Anschließend wird der Prüfstand eingeschaltet, sofern dies nicht automatisch beim Auffahren geschieht. Evtl. nasse Bremsen sind vor der eigentlichen Prüfung bei mittlerer Bremskraft einige Sekunden trockenzufahren. Zur Prüfung selbst sind das Bremspedal niederzutreten und die Bremskraft gleichmäßig bis an die Grenze des Blockierens der Räder zu steigern. Der nun vom Meßinstrument und/oder von der Schreibeinrichtung für das jeweilige Rollenpaar angezeigte bzw. aufgezeichnete Wert stellt die am betreffenden Rad gemessene Bremskraft dar (Bild 2.25). Auf keinen Fall dürfen die Räder bei der Prüfung blockieren, was allerdings bei Prüfständen mit Schlupfschalter sowie bei Fahrzeugen mit Blockierverhinderer, z.B. ABS, ohnehin automatisch vermieden wird.

Bild 2.24
Bei diesem Rollenbremsenprüfstand sind Bedienung und Anzeige in einem kleinen Handgerät vereinigt.

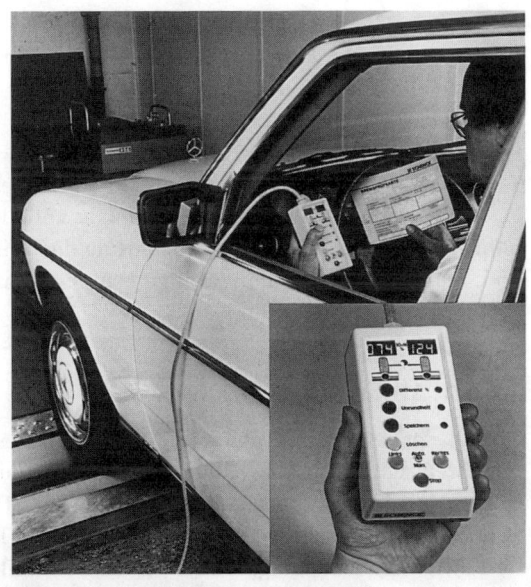

Bild 2.25
Bremsendiagnose via Bildschirm, hier bei einem Bremsenprüfstand von Beissbarth. Eine solche Anlage, z.B. in der Kundendienstannahme, zeigt auch dem Kunden klar und verständlich den Zustand der Fahrzeugbremsen an.

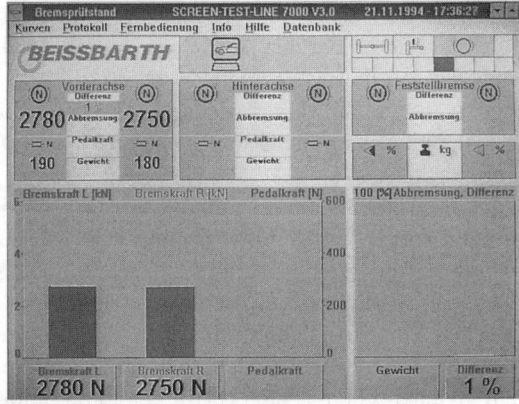

Die Prüfung der Betriebsbremsanlage ist nacheinander an den Rädern jeder Achse vorzunehmen. Dabei ist gleichzeitig, d.h. parallel zur Ermittlung der Bremskräfte, über den Pedalkraftmesser die am Bremspedal aufgebrachte Betätigungskraft zu messen. Sie darf den zulässigen Wert (siehe Abschnitt 2.1.1) nicht überschreiten, was bei Fahrzeugen mit Bremskraftverstärkung durch ein (intaktes!) Bremsgerät auch nicht zu befürchten ist.

Nach der Betriebs- bzw. Fußbremse ist (und zwar getrennt von dieser) die Bremskraft der Feststell- bzw. Handbremse zu ermitteln. Auch dabei ist eine gleichmäßige Steigerung der Bremskraft bis an die Grenze des Blockierens der Räder vorzunehmen, ohne daß es wirklich zum Blockieren kommt.

Ob die diversen Prüfungen manuell geschaltet oder per Fernbedienung gesteuert werden bzw. mehr oder weniger vollautomatisch ablaufen, hängt natürlich von der jeweiligen Ausführung des Prüfstandes ab und auch davon, welchem Zweck die jeweilige Prüfung dient und was man dabei im Detail feststellen will (Bild 2.24).

### 2.4.3.2 Allradfahrzeuge

Gemäß der «Richtlinie für die Anwendung, Beschaffenheit und Prüfung von Bremsenprüfständen» müssen Fahrzeuge mit Allradantrieb bei Zwischen- und Hauptuntersuchungen nach § 29 StVZO auf dafür besonders konzipierten Prüfständen geprüft werden. Diese Forderung ist jedoch insofern etwas unvollständig, als bei Fahrzeugen mit zuschaltbarem Allradantrieb absolut keine Notwendigkeit dazu besteht.

Anders dagegen bei starrem bzw. weitgehend starrem Allradantrieb, also bei Fahrzeugen mit Viscokupplung oder Torsendifferential, bei denen alle vier Räder über den Antriebsstrang miteinander verbunden sind. Nicht nur, daß bei diesen Fahrzeugen bei einer Bremsenprüfung auf einem normalen Rollenbremsenprüfstand das Meßergebnis verfälscht würde, noch gravierender wäre die Gefahr, am Antriebsstrang beträchtliche Schäden zu verursachen.

Eine Möglichkeit zur Prüfung von Fahrzeugen mit starrem Allradantrieb besteht darin, die Kraftübertragungswelle auszubauen, d.h. den Antriebsstrang zu trennen. Das ist natürlich sehr aufwendig und deshalb mehr oder weniger indiskutabel. Eine solche «Trennung» ist aber auch ohne mechanischen Eingriff möglich, und zwar durch sogenannte *gegenseitige Drehrichtungsumkehr*. Dreht sich nämlich von den beiden Rädern einer Achse zur gleichen Zeit das eine vorwärts und das andere mit gleicher Geschwindigkeit (das ist wichtig!) rückwärts, dann werden keinerlei Drehkräfte über den Antriebsstrang übertragen. Also bedarf es lediglich eines Rollenprüfstandes, der diesen Vorgang ermöglicht.

Mittlerweile werden von einigen Herstellern Rollenbremsenprüfstände (teils auch Nachrüstsätze für vorhandene normale Prüfstände) angeboten, bei denen jeweils ein Rollensatz vorwärts drehend und der andere rückwärts drehend geschaltet werden kann, und zwar abwechselnd (Bild 2.26).

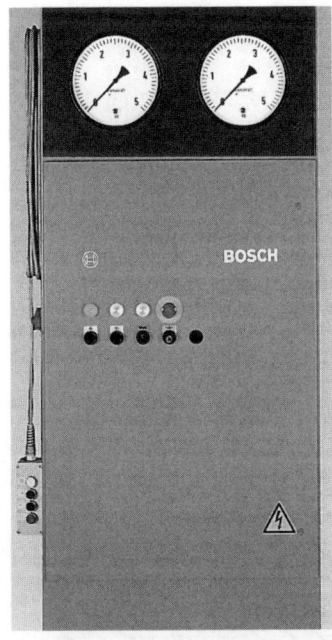 

Bild 2.26
Zwei Rollenbremsenprüfstände von Bosch (hier ohne den zugehörigen Rollensatz) mit Drehrichtungsumkehr, d.h. gegensinnigem Antrieb der beiden Rollensätze zur Prüfung von Fahrzeugen mit permanentem Allradantrieb

Damit kann immer am jeweils vorwärts (wichtig!) drehenden Rad die Bremskraft – und zwar gleichermaßen bei der Betriebs- als auch bei der Feststellbremse – gemessen werden. Dabei muß allerdings grundsätzlich ein Pedalkraftmesser eingesetzt werden, da sonst die beiden Räder einer Achse u.U. mit unterschiedlicher Betätigungskraft abgebremst werden, so daß evtl. ungleiche Voraussetzungen für die beiden Seiten einer Achse vorliegen und die Differenz der Bremskräfte nicht exakt ermittelt werden kann.

Im übrigen läuft die Bremsenprüfung an Fahrzeugen mit Allradantrieb genauso ab wie in vorangegangenem Abschnitt beschrieben.

### 2.4.3.3 Auswertung der Bremsenprüfung

Bei Bremsenprüfungen nach § 29 StVZO geht es um

☐ die Ermittlung der Abbremsung aus der Summe der Bremskräfte an den Rädern,

☐ die Messung der Betätigungskraft,
☐ die Beurteilung der Gleichmäßigkeit.

Die Summe der Bremskräfte an den einzelnen Rädern ist – getrennt für Betriebs- und Feststellbremse – durch einfache Addition zu ermitteln, sofern es nicht automatisch durch den Prüfstand erfolgt. Die Abbremsung errechnet sich dann, wiederum getrennt für Betriebs- und Feststellbremsanlage, aus der Formel

$$z\,(\%) = \frac{\text{Summe der Bremskräfte am Radumfang [N]}}{\text{Gewichtskraft des Fahrzeugs [N]}} \cdot 100$$

$$z\,(\%) = \frac{\text{Summe der Bremskräfte am Radumfang [N]}}{10 \cdot \text{zul. Gesamtgewicht des Fahrzeugs [kg]}} \cdot 100$$

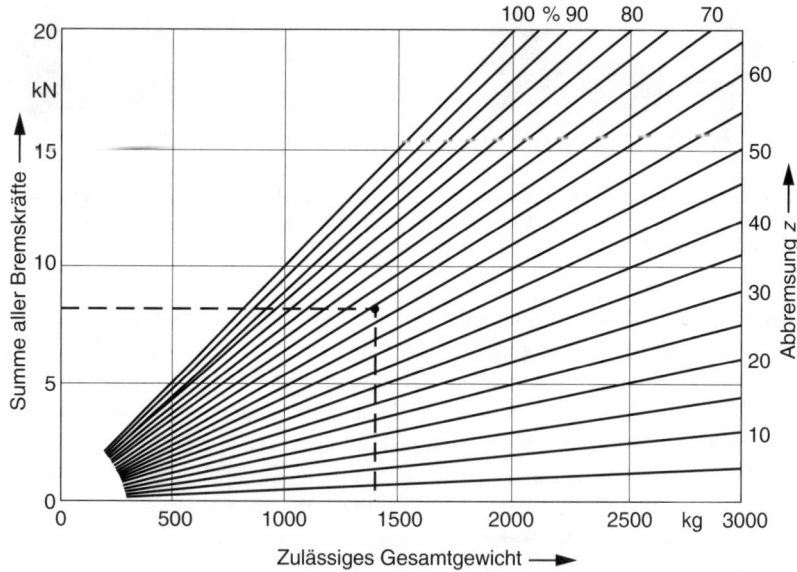

Bild 2.27
Diagramm zur Ermittlung der Abbremsung aus der Summe aller Bremskräfte und dem zulässigen Gesamtgewicht. Im eingezeichneten Beispiel wurde für einen Pkw mit 1400 kg zulässigem Gesamtgewicht eine Bremskraft von insgesamt 8100 N ermittelt; das ergibt gemäß Diagramm eine Abbremsung von 57,5 % (rechnerisches Ergebnis = 57,8 %).

Einfacher als das Ausrechnen ist es, mit Hilfe eines vorgegebenen Diagramms, auf dessen einer Achse das zulässige Gesamtgewicht und auf dessen anderer Achse die Summe der Bremskräfte aufgetragen ist (Bild 2.27), die Abbremsung direkt abzulesen. Aber auch das erübrigt sich, wenn ein moderner mit entsprechender Elektronik ausgestatteter Prüfstand zur Verfügung steht, der dies alles nach Eingabe des zulässigen Gesamtgewichts des Fahrzeugs automatisch erledigt.

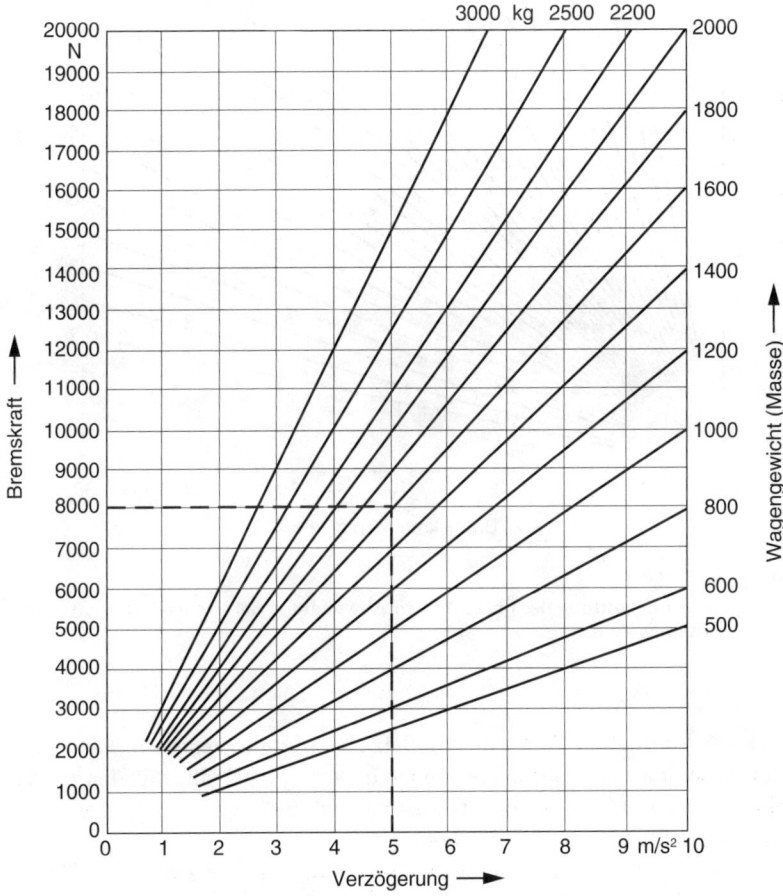

Bild 2.28
Diagramm zur Ermittlung der Verzögerung aus der Bremskraft und dem zulässigen Gesamtgewicht. Dem Diagramm liegt die Formel $F = m \cdot a$ (Kraft = Masse mal Beschleunigung bzw. Verzögerung) zugrunde. Danach erreicht man bei einem 1600 kg schweren Wagen mit einer Bremskraft von 8000 N eine Verzögerung von 5 m/s$^2$.

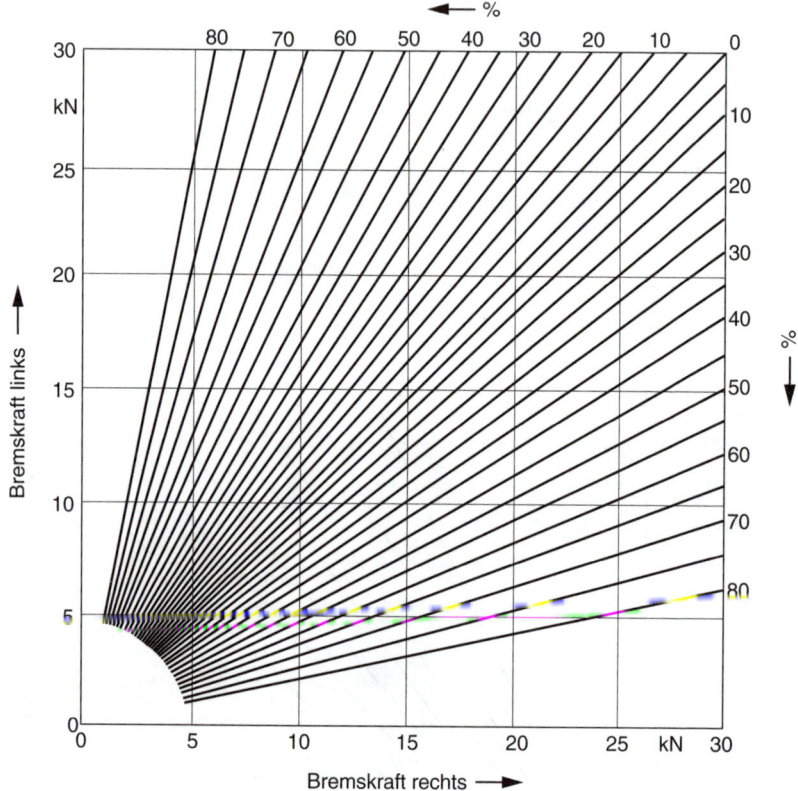

Bild 2.29
Diagramm zur Ermittlung der prozentualen Abweichung der Bremskräfte zwischen den Rädern einer Achse

Die so ermittelten Werte für die Betriebs- und die Feststellbremsanlage sind, zusammen mit der aufgewendeten Betätigungskraft, mit den in Abschnitt 2.1.1 unter «Mindestabbremsung und zulässige Betätigungskräfte» aufgeführten Werten zu vergleichen.

Zur Beurteilung der Gleichmäßigkeit ist die Differenz der Bremskräfte an den Rädern einer Achse zu ermitteln (Bild 2.29). Der Unterschied darf in den oberen $^2/_3$ des Prüfbereichs bei der Betriebsbremsanlage nicht mehr als 25% und bei der Feststellbremsanlage nicht mehr als 30% (bei Duo-Servo-Feststellbremsen 50%) vom jeweils höheren Meßwert betragen. Die

Einhaltung dieser Bedingung ist, getrennt nach Betriebs- und Feststellbremse, nach der folgenden Formel achsweise zu prüfen:

$$\frac{\text{Differenz der Bremskräfte}}{\text{größte Bremskraft}} \cdot 100 = \ldots [\%]$$

Bei vielen modernen Prüfständen wird der Bremskraftunterschied zwischen den beiden Seiten einer Achse direkt in Prozent angezeigt.

Selbstverständlich erfolgt die Ermittlung der Bremskräfte, der Betätigungskraft und der Abbremsung sowie die Beurteilung der Gleichmäßigkeit nicht nur für Haupt- und Zwischenuntersuchungen nach § 29 StVZO, sondern auch aus anderen Gründen, am häufigsten natürlich aus Anlaß einer Beanstandung der Bremsanlage durch den Kunden. Ungenügende Bremswirkung oder auch Schiefziehen des Fahrzeugs beim Bremsen sind dabei die häufigsten Beanstandungen.

Im Falle ungenügender oder auch ungleicher Bremswirkung kann selbstverständlich nicht auf Anhieb auf einen ganz bestimmten Fehler geschlossen werden, sondern es muß zur Einkreisung und endgültigen Feststellung des Fehlers systematisch vorgegangen werden (dies ist dann reine Werkstattarbeit). Vorausgesetzt, daß keine Fehler am Fahrwerk (Räder, Reifen, Radaufhängung, Achseinstellung, Lenkung, Stoßdämpfer, Federelemente) das Ergebnis der Bremsenprüfung beeinflußt haben, ist dabei – vor-

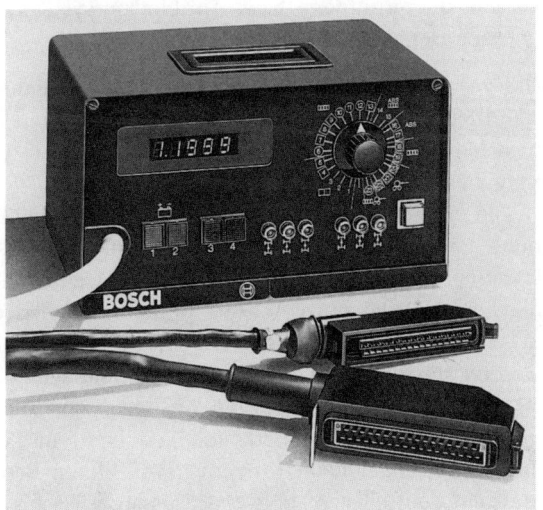

Bild 2.30
ABS-Tester von Bosch

behaltlich konstruktiver (fabrikatabhängiger) Besonderheiten – etwa in folgender Reihenfolge vorzugehen:

1. Bremsflüssigkeitsstand (Dichtheit der hydraulischen Anlage)
2. Bremsbeläge, (falsche Beläge, falsche Größe, nicht freigängig, verschlissen, gerissen oder ausgebrochen, Vernietung/Verklebung gelöst, verglast, verbrannt, schräg oder einseitig abgenutzt, verschmiert, eingeschlossene Fremdkörper, Rückzugfeder defekt, Nachstelleinrichtung defekt)
3. Bremsscheiben bzw. -trommeln (nicht plan bzw. unrund, eingelaufen, schräg abgenutzt, verschlissen, korrodiert, riefig, rissig, verschmiert, verbrannt)
4. Bremsleitungen und -schläuche (falsch verlegt, geknickt oder gequetscht, porös, undicht)
5. Bremssättel (nicht einwandfrei befestigt, Sattelschacht verschmutzt, Kolben schwergängig, Kolbenrückstellung defekt, undicht – Bild 2.31)
6. Radzylinder (nicht einwandfrei befestigt, Manschetten defekt, Kolben schwergängig, Schutzkappen undicht)
7. Hauptbremszylinder (Dichtungen/Manschetten defekt, Leitungsanschlüsse undicht)
8. Bremskraftverstärker/Bremsgerät (Unterdruck mitgenügend, Unterdruckbzw. Hydraulliksystem defekt, Anlage undicht, Dichtungen defekt)
9. Bremskraftregler (Druckmessung am geminderten und ungeminderten Bremskreis erforderlich)
10. Blockierverhinderer bzw. Antiblockiersystem/ABS (Fehlersuche streng nach Herstelleranweisung – Bild 2.30).

Das vorgenannte Schema zur systematischen Fehlersuche kann selbstverständlich keinerlei Anspruch auf Vollständigkeit erheben, da dies in hohem Maße fabrikatabhängig ist und auch nur am Rande zur Aufgabenstellung dieser Service-Fibel zählt.

Die eine oder andere Unregelmäßigkeit ist auch anhand der Aufzeichnung des Bremsvorganges durch eine entsprechende Schreibeinrichtung zu erkennen (Bild 2.32). So ist z.B. bei ungleichem Anstieg der Bremskraft auf den beiden Seiten einer Achse darauf zu schließen, daß die Bremse mit dem «verzögerten» Anstieg aus Gründen, die in der Werkstatt näher untersucht werden müssen, nicht frei ist. Auch ein Radlager, das zu stramm eingestellt ist, führt zu einem verzögerten Ansteigen der Bremskraft. In der Auslaufphase läßt das Diagramm erkennen, ob die Bremse einwandfrei löst. Andere Unregelmäßigkeiten im Kurvenverlauf, oft im Bereich der halben Bremskraft am deutlichsten erkennbar, lassen auf schleifende Bremsbeläge, unrunde Bremstrommeln, schlagende Bremsscheiben und anderes schließen.

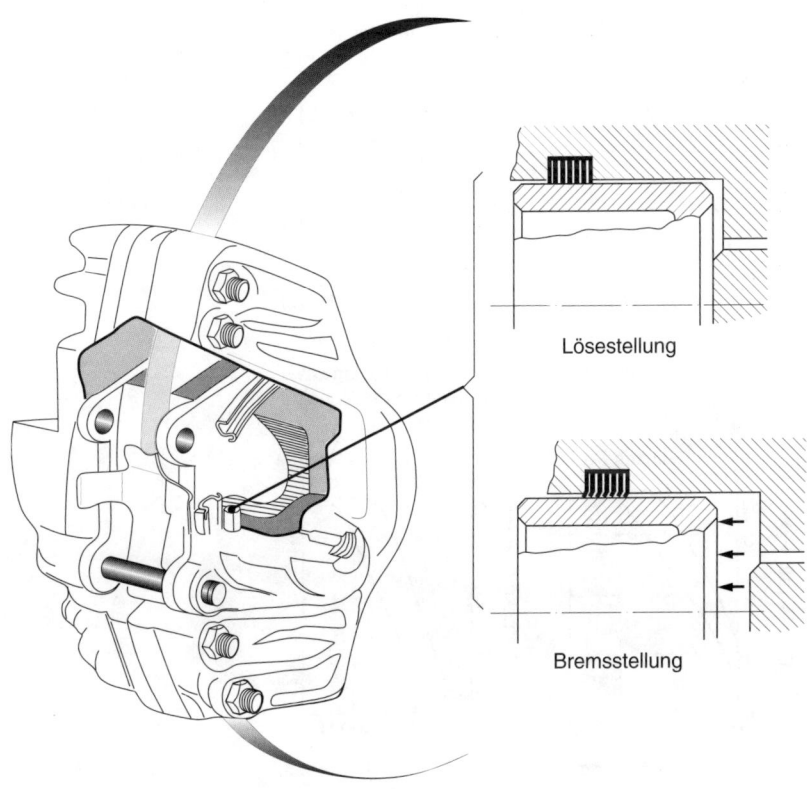

Bild 2.31
Der den Kolben im Bremssattel umspannende Dichtring sorgt für die Rückstellung des Kolbens nach dem Bremsen und damit für das Lüftspiel zwischen Belag und Bremsscheibe. Ist der Dichtring spröde, verhärtet oder anderweitig unbrauchbar geworden, dann schleift der Belag ständig an der Bremsscheibe.

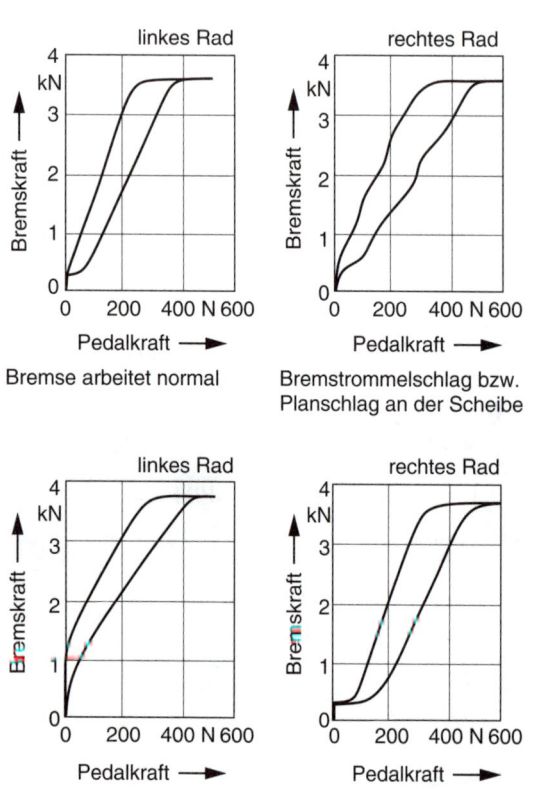

Bild 2.32
Am Beispiel verschiedener Diagramme eines Bremskraftschreibers von Hofmann sind hier einige typische Diagrammverläufe gezeigt und erläutert.

Leider ist es nicht möglich, an dieser Stelle exakt anzugeben, welche Unregelmäßigkeit an der Bremsanlage zu welcher Erscheinungsform im Bremsendiagramm führt, da dafür die Schreibsysteme und die Diagrammform von Fabrikat zu Fabrikat zu unterschiedlich sind. Hier können wirklich nur die jeweilige Bedienungsanleitung und die Erfahrung helfen, letzteres sogar in ganz besonderem Maße. Im übrigen ist das aufgezeichnete Bremsendiagramm nicht nur für die Werkstatt wichtig, es stellt auch ein ausgezeichnetes Marketinginstrument gegenüber dem Kunden dar. Denn dieser, im allgemeinen Laie, läßt sich verständlicherweise von einer Aufzeichnung, die ihm objektiver erscheint als die Worte des Kundendienstberaters, viel leichter von der Notwendigkeit der einen oder anderen Sache überzeugen; er fühlt sich gerechter behandelt und nicht «von einem Besserwisser über den Tisch gezogen» (Bild 2.32).

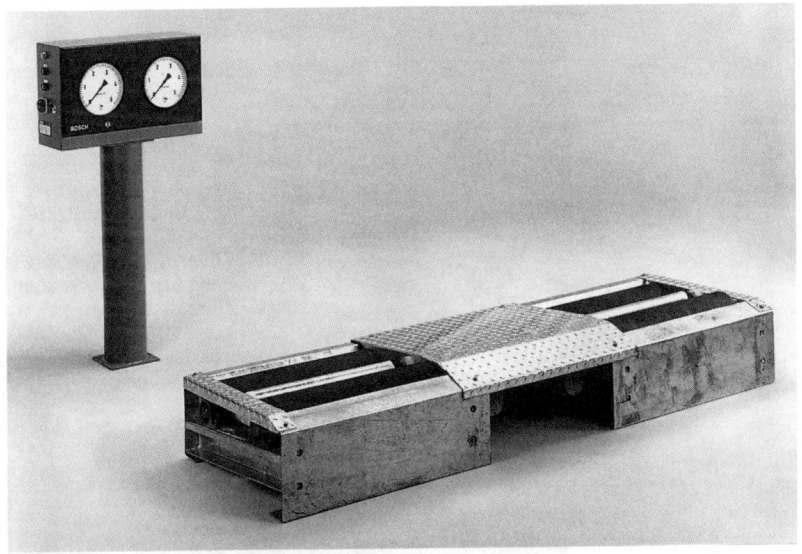

Bild 2.33
Kompletter Bausatz eines Unterflur-Bremsenprüfstandes (Fa. Bosch)

## 2.4.3.4 Bauformen

Die klassische Bauform des Rollenbremsenprüfstandes besitzt zwei voneinander unabhängige, nebeneinander angeordnete Rollenpaare (Bild 2.33). Reine Pkw-Prüfstände sind für Achslasten bis rd. 20 000 N ausgelegt, kombinierte Prüfstände für Pkw und Lkw mit umschaltbaren Meßbereichen für Achslasten bis etwa 130 000 N. Außerdem ist zwischen normalem, flurebenem Einbau (häufigste Ausführung), Überflurausführung (ortsveränderlich) und Einbau über einer Arbeitsgrube zu unterscheiden (Bild 2.34). Welche Ausführung ein Betrieb wählen soll, ist ausschließlich von innerbetrieblichen Gegebenheiten abhängig (Bild 2.35).

Neben dem normalen Rollenbremsenprüfstand mit zwei Rollensätzen gibt es auch Prüfstände mit vier, d.h. je zwei hintereinander angeordneten Rollensätzen. Damit können dann alle vier Räder auf einmal geprüft werden, was zwar nicht sehr viel Zeitersparnis, aber zumindest absolut gleiche Betätigungskraft für alle Räder und damit allerbeste Vergleichbarkeit bedeutet. Natürlich macht diese Ausführung nur dann Sinn, wenn der Abstand zwischen den vorderen und den hinteren Rollensätzen verstellbar ist, um Fahrzeuge mit unterschiedlichem Radstand überhaupt prüfen zu können.

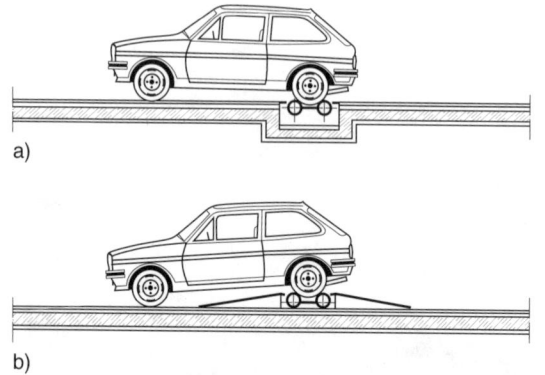

Bild 2.34
Prinzipskizze eines Rollenbremsenprüfstandes
a) fest installierte, ebenerdige Unterflurausführung
b) ortsveränderliche Überflurausführung mit Auffahrrampen

Die Unterflurausführung kann bei geteiltem Bausatz auch über einer Grube eingebaut werden.

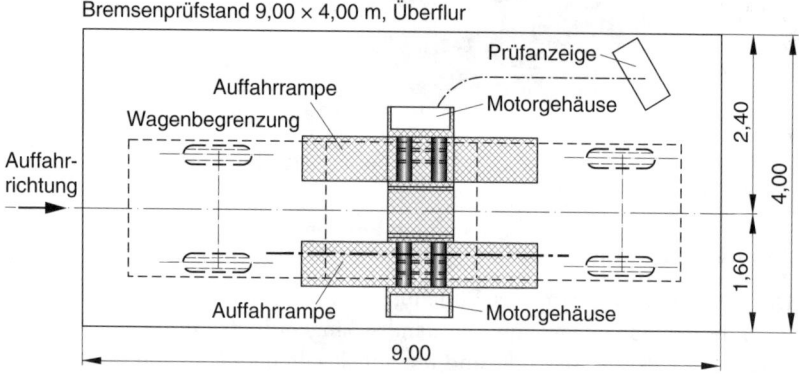

Bild 2.35
Grundriß eines kompletten Bremsenprüfplatzes mit einem Rollenprüfstand in Überflurausführung. Die angegebenen Maße sind Richtwerte.

Eine Bauform früherer Jahre ist der kombinierte Bremsen-/Leistungsrollenprüfstand mit drei hintereinander angeordneten Rollen pro Rollensatz. Bei der Standardausführung dieser Bauweise war die vordere Rolle zusammen mit der mittleren für die Leistungsprüfung, die hintere zusammen mit der mittleren für die Bremsenprüfung vorgesehen. Die theoretischen Vorteile dieser Bauart haben sich in der Praxis nicht sonderlich bewährt, weshalb die Kombination heute wieder vom Markt verschwunden ist.

Bild 2.36
Schematisierte Darstellung eines Plattenbremsenprüfstandes mit vier in der Fahrbahnebene angeordneten Platten

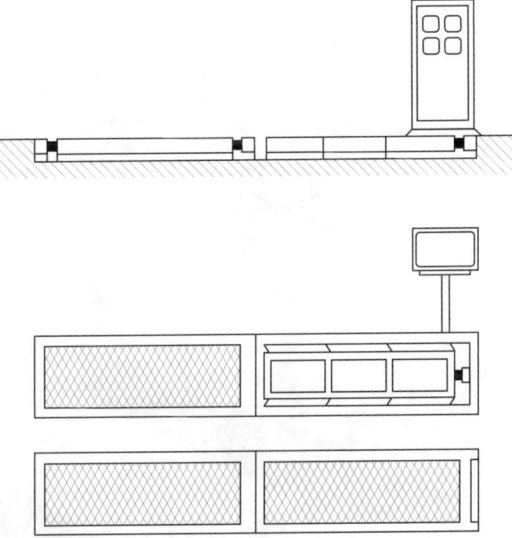

## 2.4.4 Aufbau und Wirkungsweise des Plattenbremsenprüfstandes

Äußeres Kennzeichen sind zwei oder vier in der Fahrbahnebene angeordnete Platten, die auf Kugeln bzw. Rollen gelagert oder in Federn aufgehängt sind, und zwar so, daß sie in Längsrichtung – das entspricht der Auffahrrichtung – verschiebbar sind (Bild 2.36). Am jeweils vorderen Ende stützen sich die Platten gegen eine Druckmeßeinrichtung ab, vergleichbar mit der Druckmeßeinrichtung der pendelnd gelagerten Antriebsmotoren des Rollenbremsenprüfstandes.

Beim Abbremsen eines Rades auf einer Platte schwingt bzw. bewegt sich das Rad nach vorn gegen die Druckmeßeinrichtung, wobei das Maß des Schwingungsausschlags bzw. des auf die Meßeinrichtung ausgeübten Drucks proportional der am Radumfang auftretenden Bremskraft ist.

Der auf die Meßeinrichtung ausgeübte Druck wird auf ein Anzeigeinstrument und/oder eine Schreibeinrichtung übertragen und dort als Bremskraft in N angezeigt und/oder aufgezeichnet (Bild 2.37), wiederum vergleichbar mit dem Rollenbremsenprüfstand. Das mittlerweile bei Plattenbremsenprüfständen am häufigsten angewendete Meßsystem ist das elektronische Dehnmeßstreifensystem, kurz DMS. Und natürlich erweitert die Elektronik auch noch anderweitig die Skala der Möglichkeiten und der Automatisierung.

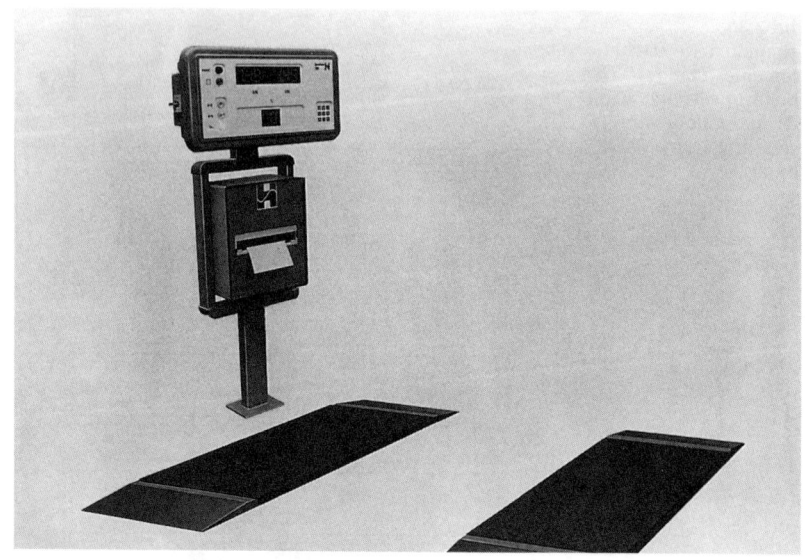

Bild 2.37
Plattenbremsenprüfstand «brekon 20» (Fa. Hofmann)

Wie beim Rollenbremsenprüfstand jedes Rollenpaar, so besitzt beim Plattenbremsenprüfstand jede Platte ihr eigenes Anzeigeinstrument und/oder Schreibeinrichtung, so daß bei einer Bremsenprüfung je nach Anzahl der Platten gleichzeitig die Bremskraft an zwei oder sogar vier Rädern angezeigt bzw. aufgezeichnet wird (Bild 2.38). Und natürlich gehört auch zu einem Plattenbremsenprüfstand, der für Haupt- und Zwischenuntersuchungen nach § 29 StVZO eingesetzt werden soll, ein Pedalkraftmesser zum Messen der Betätigungskraft. Aufbau und Arbeitsweise dieses Gerätes sind im wesentlichen die gleichen wie beim Rollenbremsenprüfstand.

Auch vom Plattenbremsenprüfstand wird verlangt, daß zwischen Rad und Platte ein Reibbeiwert von mindestens 0,7 im trockenen und mindestens 0,5 im nassen Zustand erreicht wird. Andererseits muß eine übermäßige Reifenbeanspruchung vermieden werden. Im allgemeinen werden diese Erfordernisse von einem Streckmetallbelag erfüllt, aber es werden auch andere Belagarten angeboten.

**Anmerkung**: Bei einer Reihe moderner Plattenprüfstände sind die Platten auch zusätzlich seitlich auslenkbar, was der Beurteilung der Radstellung – vornehmlich der Spur – dient (siehe auch Abschnitt 3.6.1.2).

Bild 2.38
Fahrwerkprüfung auf einem HEKA-Plattenprüfstand
oben: Bremsen-, Spur- und Stoßdämpferprüfung an der Vorderachse

Mitte: Bremsen-, Spur- und Stoßdämpferprüfung an der Hinterachse

unten: Handbremsprüfung

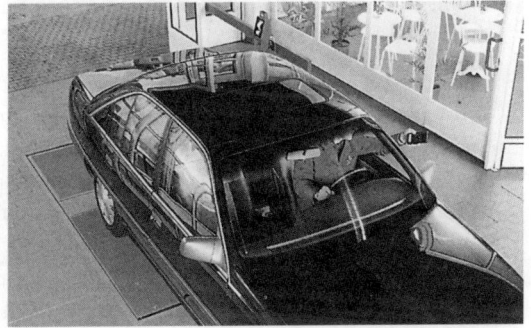

## 2.4.4.1 Praxis der Bremsenprüfung

Selbstverständlich gelten auch für die Bremsenprüfung auf dem Plattenbremsenprüfstand die in Abschnitt 2.2 aufgeführten Voraussetzungen. Und ebenso wie mit dem Rollenbremsenprüfstand geht es bei der Bremsenprüfung auf dem Plattenprüfstand um die Ermittlung der

- Bremskraft der Betriebsbremse an den einzelnen Rädern, u.a. zur Ermittlung der Abbremsung,
- Bremskraft der Feststellbremse an den einzelnen Rädern, u.a. zur Ermittlung der Abbremsung,
- Differenz zwischen den Bremskräften der Betriebs- und der Feststellbremse an den beiden Seiten einer Achse zur Beurteilung der Gleichmäßigkeit,
- Betätigungskraft bei der jeweiligen Bremskraftmessung.

Allerdings: Obwohl die Bremsenprüfung auf dem Plattenprüfstand dem Bremsvorgang im praktischen Fahrbetrieb näherkommt als die Prüfung auf dem Rollenprüfstand (im Gegensatz zum Rollenprüfstand berücksichtigt der Plattenprüfstand z.b. auch die beim Bremsen erfolgende Gewichtsverlagerung nach vorn), lassen sich einige Kriterien wie der Anstieg der Bremskraft oder auch der Zustand der Bremstrommeln und -scheiben weniger deutlich bis gar nicht erkennen (siehe dazu Abschnitt 2.4.5). Höherer bautechnischer Aufwand trägt jedoch auch beim Plattenprüfstand dazu bei, die Meßmöglichkeiten zu verbessern.

Zur Prüfung wird das Fahrzeug, dessen Beladung wiederum beliebig sein kann, mit einer Geschwindigkeit von 10 bis max. 20 km/h rechtwinklig auf die Platten des Prüfstandes aufgefahren (Bild 2.39). Sobald sich alle Räder auf der zugehörigen Platte befinden, wird das Fahrzeug zügig bis zum Stillstand abgebremst. Dabei darf (wie beim Rollenbremsenprüfstand) die Blockiergrenze der Räder nicht überschritten werden, was bei entsprechender Ausstattung des Fahrzeugs mit einem Blockierverhinderer (z.B. ABS) ohnehin ausgeschlossen ist.

Die Prüfung ist natürlich für die Räder jeder Achse vorzunehmen, sofern dies nicht bei einem Prüfstand mit vier Platten auf Anhieb geschieht. Bei der Prüfung ist – wie beim Rollenbremsenprüfstand – gleichzeitig, d.h. parallel zur Ermittlung der Bremskräfte, mittels Pedalkraftmesser die am Bremspedal aufgebrachte Betätigungskraft zu messen. Sie darf den zulässigen Wert (siehe dazu Abschnitt 2.1.1) nicht überschreiten, was bei Fahrzeugen mit Bremskraftverstärkung durch ein (intaktes!) Bremsgerät auch gar nicht erst zu befürchten ist.

**Bild 2.39**
Der mikroprozessorgesteuerte Plattenbremsenprüfstand CARTEC Profi 2005 ist besonders für Allrad- und ABS-Fahrzeuge geeignet.

Anschließend ist, getrennt von der Betriebsbremse, die Handbremse zu prüfen. Auch dabei ist die Bremskraft bis an die Blockiergrenze der Räder zu steigern, ohne daß es wirklich zum Blockieren kommt.

### 2.4.4.2 Auswertung der Bremsenprüfung

Geht es um eine Haupt- oder Zwischenuntersuchung nach § 29 StVZO, so ist die Auswertung der Prüfergebnisse beim Platten- und beim Rollenbremsenprüfstand absolut identisch. Das gilt gleichermaßen für die Ermittlung der Abbremsung wie auch für die Beurteilung der Gleichmäßigkeit (Bilder 2.40/2.41).

Bezüglich der Ermittlung und Beurteilung weiterer Kriterien sind dem Plattenbremsenprüfstand allerdings Grenzen auferlegt. Denn: obwohl die Bremsenprüfung auf den Platten dem Bremsvorgang im praktischen Fahrbetrieb näher kommt als die Prüfung auf dem Rollenbremsenprüfstand (der Plattenprüfstand berücksichtigt z.B. auch die beim Bremsen erfolgende Gewichtsverlagerung nach vorn), läßt die enorm kurze Prüfzeit (die Abbremsung bis zum Stillstand erfolgt über weniger als eine Radumdrehung) kaum weitere Feststellungen zu (siehe dazu folgenden Abschnitt).

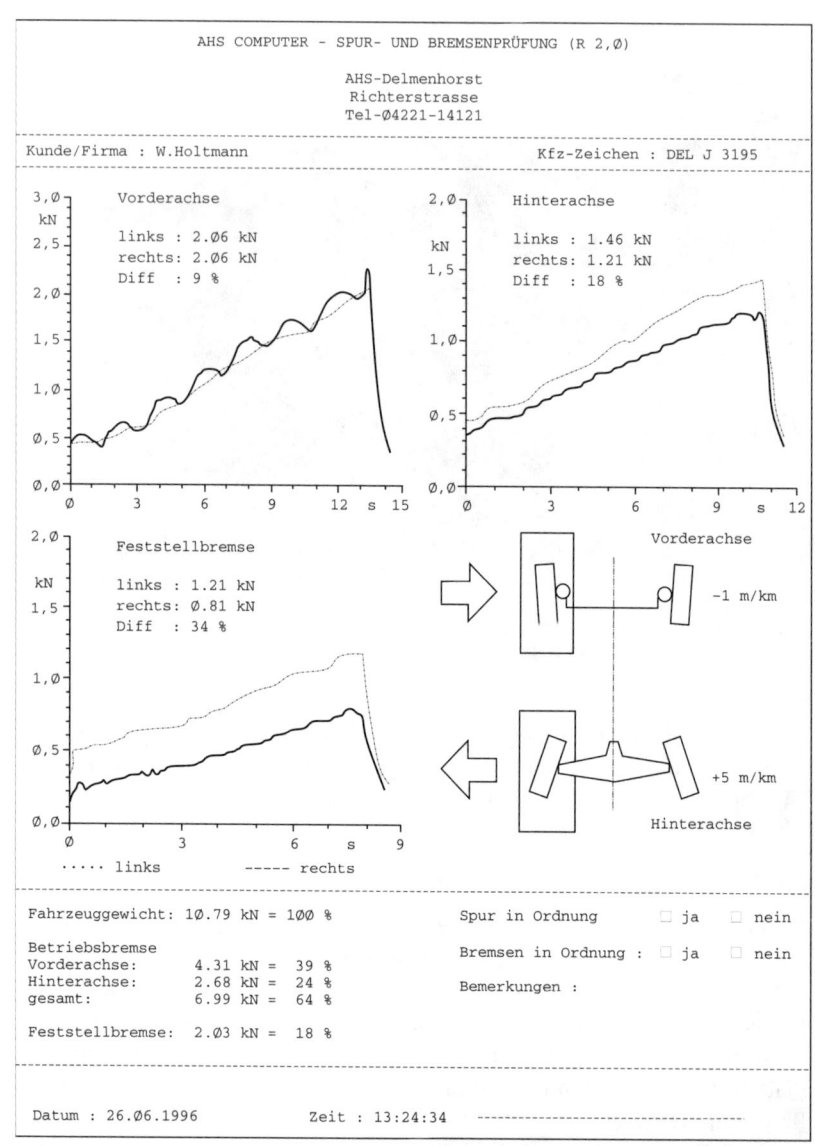

**Bild 2.40**
Protokoll einer Bremsen- und Spurprüfung auf einem VHS-Plattenprüfstand. Das Protokoll spricht zwar für sich selbst, ist aber auch eine hervorragende Grundlage für ein Gespräch zwischen Kundendienstberater und Kunde.

Bild 2.41
Die Bildschirmanzeige beweist, daß diese Bremsen nicht in Ordnung sind:
– Die Bremsverzögerung ist ungenügend;
– die Differenz zwischen links und rechts ist zu groß;
– die linke Vorderradbremse spricht verzögert an und funktioniert nur mit großer Pedalkraft;
– das Verhältnis zwischen vorn und hinten ist nicht korrekt;
– das Bremskraftbegrenzungsventil für die Hinterräder funktioniert nicht;
– die rechte hintere Bremstrommel ist unrund;
– außerdem: Mit 8 m/km Abweichung ist die Vorspur sehr groß.

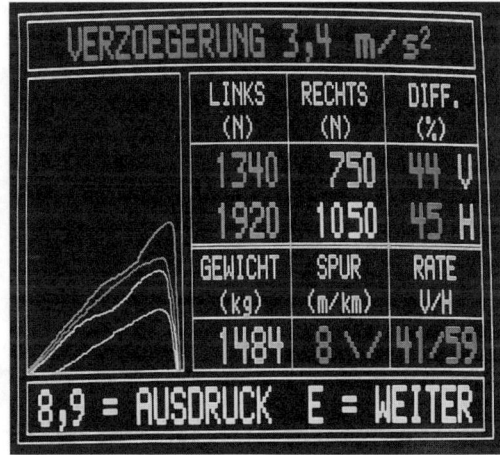

### 2.4.5 Rollen- oder Plattenbremsenprüfstand?

Was die für Kfz-Betriebe geeignetere Ausführung ist, wurde vor wenigen Jahren noch eindeutig zugunsten des Rollenbremsenprüfstandes entschieden. Die in Verbindung mit der Elektronik gewaltig verbesserten Meßmöglichkeiten, vor allem aber die mit dem vermehrten Auftreten von Allradfahrzeugen immer häufiger diskutierten «Schwächen» des Rollenbremsenprüfstandes, haben dessen einstige Vormachtstellung gewaltig ins Wanken gebracht. Denn mit dem Plattenprüfstand kann man nun mal zwei- und vierradangetriebene Fahrzeuge gleich gut prüfen (Bild 2.39), während der Rollenprüfstand dazu bautechnischer Besonderheiten bedarf (siehe Bild 2.26).

In Tabelle 2.3 sind die wichtigsten Besonderheiten der beiden Prüfstandsarten einander gegenübergestellt. Aus dieser Gegenüberstellung ergeben sich in der Summe aller Eigenschaften gewisse Vorteile für den Plattenbremsenprüfstand moderner Prägung. Besser zu erkennende Kriterien wie Ansprechverhalten der Bremsen, Unrundheit von Bremstrommeln bzw. Planlaufabweichung von Bremsscheiben oder auch Bremsenfading – das sind besonders für die Werkstatt wichtige Erkenntnisse – sprechen wiederum für den Rollenbremsenprüfstand. Daraus resultiert, daß erst die Verwendung beider, sich zum Teil gut ergänzender Alternativen ein Optimum an sicherer und zuverlässiger Bremsendiagnose ermöglicht.

Tabelle 2.3

| Kriterium | Rollenprüfstand | Plattenprüfstand |
|---|---|---|
| Meßmethode | statisch, nicht dem Bremsvorgang auf der Straße entsprechend keine Gewichtsverlagerung auf die Vorderachse wie in der Praxis | dynamisch, dem Bremsvorgang auf der Straße entsprechend Gewichtsverlagerung auf die Vorderachse wie in der Praxis |
| Meßgenauigkeit | bei elektron. Meßverfahren 0,5 bis max. 1% Abweichung vom Skalenendwert | bei elektron. Meßverfahren 0,5 bis max. 1% Abweichung vom Skalenendwert |
| Prüfgeschwindigkeit | ca. 5 km/h | 10 bis 20 km/h, je nach Plattenlänge |
| Praxisnähe | etwas praxisfern, da die Beanspruchung der Vorderradbremsen höher und der Hinterradbremsen niedriger ist als in der Praxis | praxisnah, da die Beanspruchung der Vorder- und der Hinterradbremsen bzw. die Lastverteilung der Praxis entspricht |
| Prüfzeit | normalerweise 3 bis 5 Minuten, kann jedoch nur Prüfung von Besonderheiten (z.B. Bremsenfading) beliebig lange durchgeführt werden | 0,2 bis 0,75 Sekunden, je nach Auffahr- bzw. Prüfgeschwindigkeit |
| Bremskraftregler; Bremskraftbegrenzer | Lastabhängiger Bremskraftregler kann nicht arbeiten | Funktion des lastabhängigen Bremskraftreglers kann geprüft werden |
| Reproduzierbarkeit | bei gleichem Pedaldruck beliebig oft reproduzierbar | schwer reproduzierbar, da der Pedaldruck kaum gleichmäßig zu dosieren ist |
| Nasse Bremsen | können auf dem Prüfstand «trockengebremst» werden | müssen vor der Prüfung «trockengebremst» werden |
| Permanenter Allradantrieb | Prüfung nur möglich auf Prüfständen mit gegenseitiger Drehrichtungsumkehr | Prüfung problemlos möglich |
| Unrundheit/Planlaufabweichung bei Bremstrommeln/ -scheiben | bei mittlerer Bremskraft sehr gut feststellbar, am besten anhand einer grafischen Aufzeichnung des Bremsvorgangs | nur bei hoher Meßfrequenz und «langer» Meßdauer (ca. 0,75 s) mit mindestens $^3/_4$ Radumdrehung auf der Platte (erfordert lange Platten) bedingt möglich |

| Kriterium | Rollenprüfstand | Plattenprüfstand |
|---|---|---|
| Ungleichmäßigkeit des Bremskraftanstiegs | sehr gut feststellbar (wie bei Unrundheit/Planlaufabweichung) | bedingt feststellbar (wie bei Unrundheit/Planlaufabweichung) |
| Platzbedarf | gering | höher, u.a. wegen des erforderlichen Anfahrweges |
| Preis | höher als beim Plattenprüfstand | niedriger als beim Rollenprüfstand |
| Montagekosten | bei flurebenem Einbau relativ hoch, bei Überfluranordnung gering | gering |

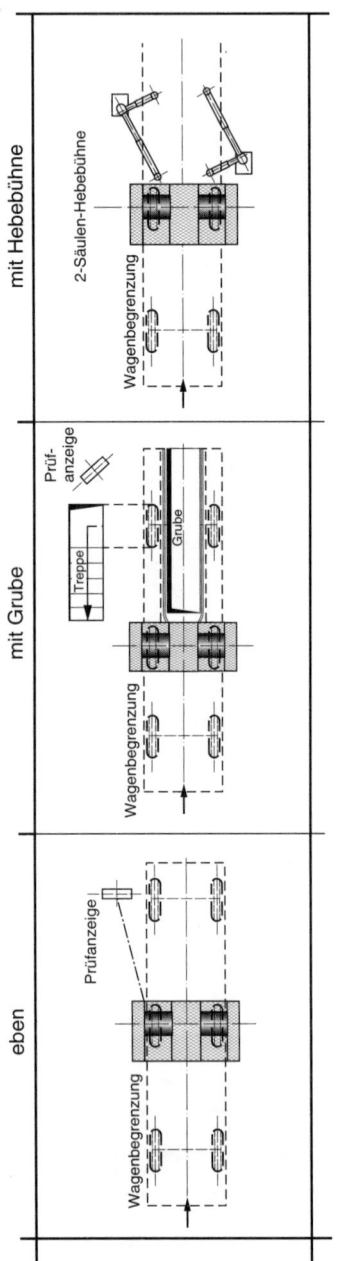

Bild 2.42
Drei Möglichkeiten zur Anordnung eines Rollenbremsenprüfstandes

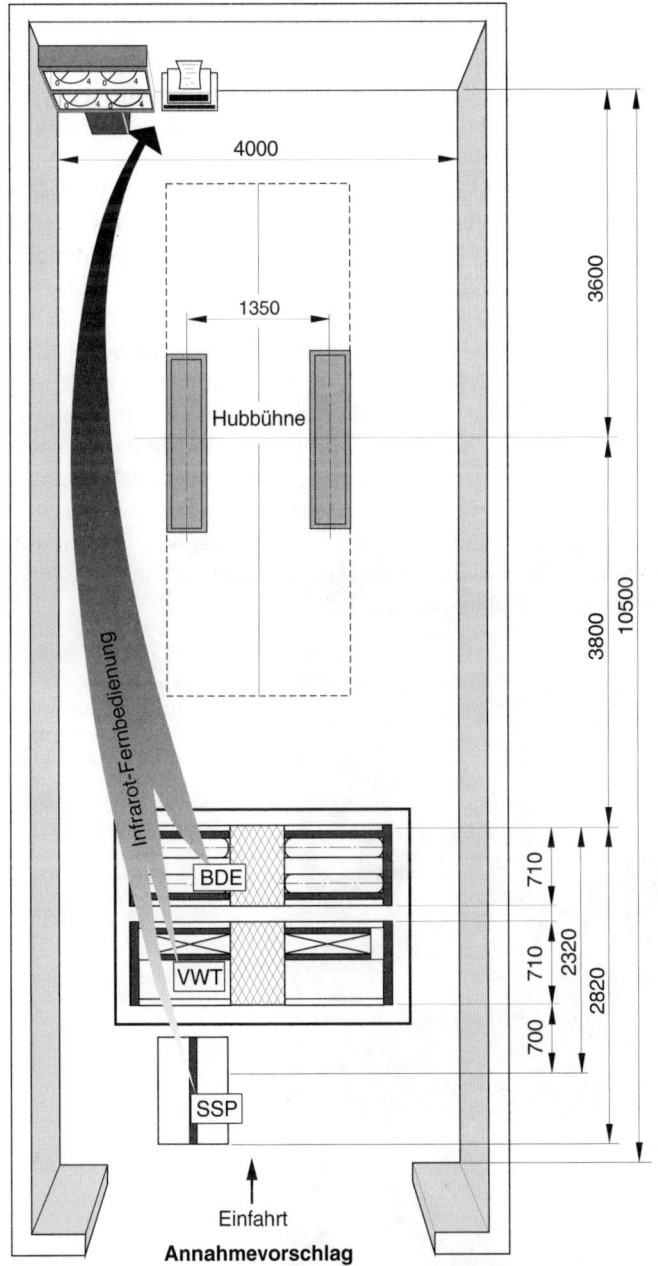

Bild 2.43
Vorschlag von CARTEC für eine komplette Diagnosestraße, zusammengestellt aus diversen Einzelgeräten

## 2.4.6 Der Bremsenprüfstand – ein Marketinginstrument

Ein wichtiges, im Hinblick auf modernes Kundendienstmarketing sogar herausragendes Kriterium ist die Positionierung des Bremsenprüfstandes im Betrieb und seine Eingliederung in das Kundendienstgeschehen (Bilder 2.42 und 2.43).

Der Rollenbremsenprüfstand ist erfahrungsgemäß ein typischer Werkstattprüfstand. Die Hauptgründe dafür: seine besondere Eignung für etwas tiefergehende, mehr Zeit beanspruchende und zudem reproduzierbare Bremsprüfungen mit besonderem Nutzen für die Werkstatt sowie seine bevorzugte Verwendung für Haupt- und Zwischenuntersuchungen nach § 29 StVZO. Vorschläge und Bemühungen der Automobilhersteller und anderer Stellen, die eine Optimierung des Werkstattablaufs in Verbindung mit modernem Kundendienst (-marketing) zum Ziel hatten, den Rollenbremsenprüfstand in der Kundendienstannahme zu installieren und einzusetzen (Bilder 2.44 und 2.45), sind in der Praxis nicht immer 100%ig geglückt. Preis, Installationsaufwand, beachtlicher Zeitaufaufwand für die Bremsprüfung sowie ein u.U. unfallträchtiger Störfaktor an einer Stelle, wo auch Kunden umherlaufen, waren wohl die Hauptgründe, die eine Einbeziehung in die Kundendienstannahme mancherorts zu einem Problem werden ließen.

Bild 2.44
Beissbarth-Kfz-Annahmekonzept mit Bildschirmdiagnose für das gesamte Fahrwerk: Bremsen, Gesamtspur, Radaufhängung mit Stoßdämpfern und Federung

Bild 2.45
CARTEC-Prüfstraße VIDEOline mit Schnellspurtester, Fahrwerktester und Rollenbremsenprüfstand

Anders verhält es sich beim Plattenbremsenprüfstand, mittlerweile der geradezu klassische Bremsenprüfstand für die Kundendienstannahme (Bild 2.46). Die flurebene, niemanden störende Anordnung, die ungemein kurze Prüfzeit in Verbindung mit der Möglichkeit, beim Hineinfahren in die Kundendienstannahme über den Plattenprüfstand so quasi «nebenbei» eine Bremsenprüfung vorzunehmen, waren dafür die Grundvoraussetzungen. Den letzten, entscheidenden Anstoß dafür aber gaben zwei nahezu zeitgleich aufgetretene Faktoren: die Nutzung der Elektronik und die Einführung der Direktannahme (Bild 2.46). Die Elektronik bot die Voraussetzungen für bedeutende Verbesserungen des Plattenprüfstandes und seiner Möglichkeiten, insbesondere der Meßtechnik. Und schließlich gab die von den Automobilherstellern auf breiter Front geförderte Einführung der in besonderer Weise marketingorientierten Direktannahme (Fahrzeugannahme mit umfassender Diagnose im Beisein des Kunden inkl. intensiver Kundenberatung) den äußeren Anlaß. Der mit moderner Technik arbeitende 2- oder auch 4-Platten-Bremsenprüfstand, evtl. durch zusätzlich nach der Seite auslenkbare Platten auch noch für eine ebenso rasche Beurteilung der Radstellungen geeignet, bietet dazu alle Voraussetzungen.

Dieser Vergleich beweist noch einmal die im vorangegangenen Abschnitt aufgestellte Schlußfolgerung, daß erst die Verwendung beider, sich zum Teil gut ergänzender Alternativen ein Optimum an sicherer und zuverlässiger Bremsendiagnose ermöglicht. Das ist natürlich, schon aus finanziellen Gründen, nicht in jedem Betrieb möglich. Die Entscheidung, welcher Art Bremsenprüfstand der Vorzug zu geben ist, wird von Betrieb zu Betrieb verschieden sein und von innerbetrieblichen Schwerpunkten abhängen. Die vorangegangenen Gegenüberstellungen und Vergleiche mögen dabei eine kleine Entscheidungshilfe darstellen.

Bild 2.46
Direktannahme – hier in einem Opel-Betrieb – mit HEKA-Plattenprüfständen für Bremsen und Spur

# 3 Diagnose der Achseinstellung

Die Fahrwerke moderner Pkw und hierbei insbesondere die Radaufhängungen sind aufwendig konstruiert und im Fahrbetrieb sicher und komfortabel. Die Geometrie der Fahrwerke (Lenkungsgeometrie) ist präzise abgestimmt und verleiht den Fahrzeugen außerordentlich gute Fahreigenschaften. Moderne Fahrwerke, aus Gewichtsgründen meist leicht im Aufbau, sind aber auch sehr empfindlich, und die Entwicklung der jüngsten Vergangenheit hat diese Empfindlichkeit nicht gerade gemindert.
Bezüglich der Radaufhängung unterscheidet man zwischen der Starrachse – heute nur noch vereinzelt und praktisch nur noch bei älteren Fahrzeugen als Hinterachse anzutreffen – und der Einzelradaufhängung, bei der sich jedes Rad unabhängig vom anderen bewegt. Die Räder sind dabei schwingend an Quer- oder Längslenkern aufgehängt; dazwischen gibt es diverse Mischbauarten.

## 3.1 Fahrwerksgeometrie

Im Interesse von Fahrverhalten und Fahrsicherheit, Straßenlage, hoher Reifenlebensdauer sowie geringem Lenkaufwand müssen sowohl die gelenkten als auch die ungelenkten Räder eine bestimmte Stellung zur Fahrbahn bzw. zur Fahrtrichtung einnehmen. Diese Stellung, die sogenannte *Radstellung*, ist von vielerlei Faktoren, vor allem aber von der Achskonstruktion und der Radaufhängung abhängig und wird vom Fahrzeughersteller konstruktiv festgelegt. Je moderner Fahrzeug und Fahrwerk sind, desto genauer sind die einzelnen Radstellungen festgelegt, desto enger sind aber auch die zulässigen Toleranzen.

Im Zeitalter massiver Achskörper und Blattfedern hatten kleinere Unstimmigkeiten in der Fahrwerksgeometrie wie auch manche Einstellfehler kaum nennenswerte Auswirkungen auf die Fahreigenschaften des Fahrzeugs; allenfalls außergewöhnlicher Reifenverschleiß wies auf einen Mangel hin. Das hat sich mittlerweile gründlich geändert. Diverse, meist sogar unvermeidliche Einflüsse im Fahrbetrieb, vor allem aber abnorme Krafteinwirkungen durch Anfahren an Bordsteinkanten, einen Unfall und dergleichen mehr führen leicht zu Veränderungen der vorgegebenen Radstellungen. Die Folge davon ist in aller Regel eine Instabilität der Fahreigenschaften, was sich gleichermaßen nachteilig auf den Geradeauslauf, das Kurvenverhalten, den Reifenverschleiß und die allgemeine Fahrsicherheit auswirkt. Und all das um so mehr, je moderner ein Fahrzeug, je hochwertiger sein Fahrwerk und je sensibler seine Radaufhängung ist.

Natürlich hat diese Entwicklung entsprechende Auswirkungen auf das Aufgabengebiet der Kfz-Werkstatt. Das Prüfen der Fahrwerksgeometrie, d.h. die Achsvermessung und die Achseinstellung, sind für die Werkstatt zwar nicht neu, heute aber in bezug auf das, was und wie vermessen werden muß und welche technischen Hilfsmittel und Einrichtungen dazu erforderlich sind, nicht mehr mit früheren Jahren zu vergleichen (Bild 3.1).

Bild 3.1
4-Rad-Achsvermessung mit dem modernen elektronischen Achsmeßcomputer SAC 1800 (Fa. SUN)

## 3.2 Bezugsachse für Radstellungen

Bis vor wenigen Jahren noch ging es bei der Achsvermessung ausschließlich um die gelenkten Vorderräder, und im Zusammenhang mit den verschiedenen Radstellungen sprach man deshalb folgerichtig von der Lenkungsgeometrie. Moderne Fahrwerkskonstruktionen verlangen jedoch auch eine Einbeziehung der Hinterachse bzw. der Hinterräder in die Achsvermessung, und zwar aus folgendem Grund:

Bild 3.2
Die Symmetrieachse verläuft durch die Mitte der Vorder- und Hinterachse. Die geometrische Fahrachse ist die Winkelhalbierende der Hinterrad-Gesamtspur. Wenn – wie hier im Bild – die Einzelspuren der beiden Hinterräder gleich groß sind, dann fallen Symmetrieachse und geometrische Fahrachse zusammen und sind deckungsgleich.

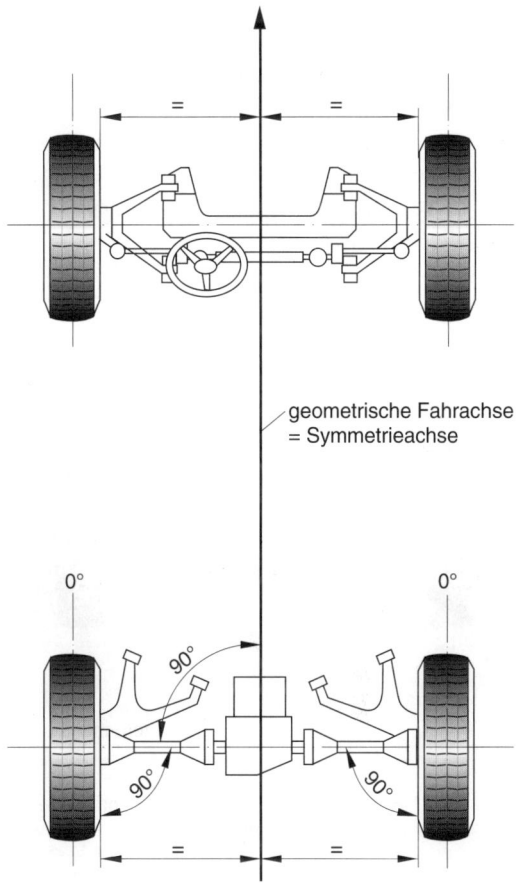

In der Vergangenheit wurde die Stellung der Räder entweder einfach auf die Lenkradmittelstellung oder auf die durch die Mitte der Vorder- und Hinterachse verlaufende Symmetrieachse bezogen (Bild 3.2). Sie waren die Bezugsachsen für die Radstellungen, und nach ihnen wurde das zu vermessende Fahrzeug auf dem Achsmeßstand ausgerichtet. Auch die Meßgeräte waren darauf abgestimmt.

Bei dieser Ausrichtung ließ man jedoch außer acht, daß die Richtung, in die ein Fahrzeug läuft, keineswegs – wie lange Zeit angenommen – nur von der Stellung der Vorderräder, sondern auch von der Stellung der Hinterräder bestimmt wird, und zwar ganz wesentlich. Ein Fahrzeug läuft nämlich bei Lenkradmittelstellung nicht etwa in Richtung der Symmetrieachse, sondern in Richtung der sogenannten «geometrischen Fahrachse» (Bilder 3.3 und 3.4). Darunter versteht man die Winkelhalbierende der Hinterrad-Gesamtspur. Nur dann, wenn die Einzelspuren an beiden Hinterrädern gleich sind, fallen Symmetrieachse und geometrische Fahrachse zusammen und sind deckungsgleich (Bild 3.2). Damit wird deutlich, daß der früher übliche Begriff Lenkungsgeometrie heute nicht mehr so recht ins Schwarze trifft.

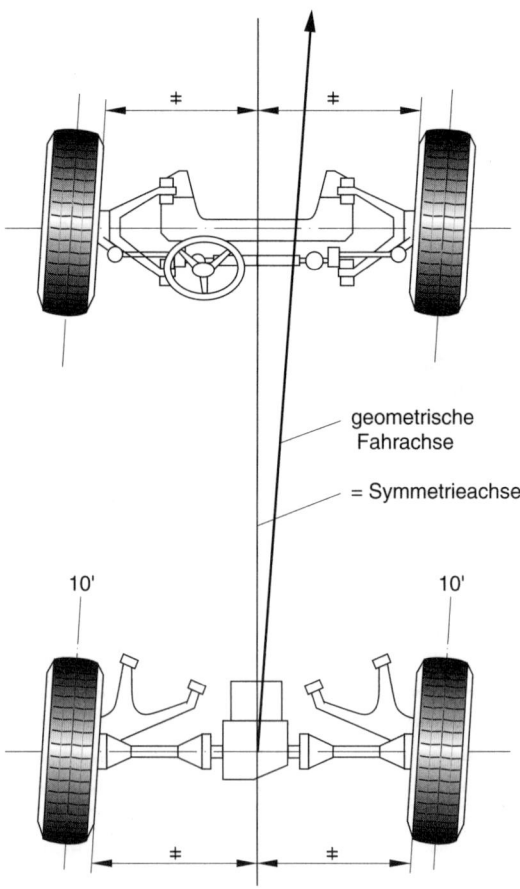

Bild 3.3
Hier sind die Einzelspuren der beiden Hinterräder verschieden groß, so daß die Winkelhalbierende der Gesamtspur, die geometrische Fahrachse also, nicht mit der Symmetrieachse zusammenfällt.

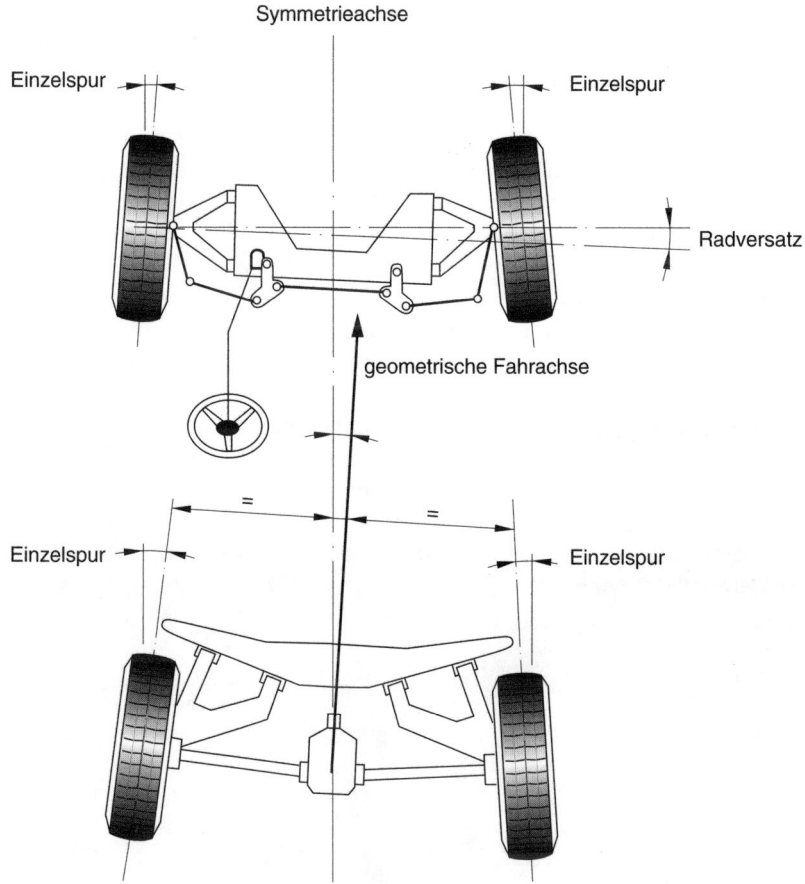

Bild 3.4
Übersichtliche Darstellung der Symmetrieachse, der geometrischen Fahrachse, der Einzelspuren aller vier Räder sowie eines Radversatzes an der Vorderachse

Die Tatsache, daß in der Praxis Symmetrieachse und geometrische Fahrachse relativ selten und dann meist auch nur bei Fahrzeugen mit starrer Hinterachse deckungsgleich sind, hat zur Folge, daß die meisten Fahrzeuge bei Lenkradmittelstellung zu einem gewissen Schräglauf neigen. Zwar gleicht man diesen Schräglauf mit der Lenkung mehr oder weniger unbewußt wieder aus, doch ein gewisses Ziehen nach der einen bzw. anderen Seite bleibt meist erhalten. In bescheidenem Umfang war das schon bei Fahrzeugen mit starrer Hinterachse der Fall, hat aber erst bei einzeln aufgehängten Hinterrädern, wobei jedes Rad quasi ein Eigenleben führt, wirklich ernst zu nehmende Formen angenommen.

Also darf sich eine den Anforderungen moderner Fahrwerke gerecht werdende Achsvermessung – genauer: die Vermessung der Vorderachse bzw. der Vorderradstellungen – nicht auf die Symmetrieachse, sondern muß sich auf die geometrische Fahrachse beziehen. Das gilt (wohlgemerkt!) nur für die Stellung der Vorderräder; die Stellung der Hinterräder muß sich nach wie vor auf die Symmetrieachse beziehen. Sicher wird diese Forderung in Zukunft noch an Bedeutung gewinnen, wenn man bedenkt, daß es heute schon einige Pkw-Typen gibt und in einigen Jahren wohl noch mehr geben wird, bei denen auch die Hinterachse eine (elektronisch) gesteuerte Lenkachse ist.

Von Einfluß auf den Verlauf der Symmetrieachse und der geometrischen Fahrachse ist auch der sogenannte *Radversatz*. Man versteht darunter den Winkel, unter dem ein Rad gegenüber dem anderen Rad der gleichen Achse nach vorn oder hinten versetzt ist (Bild 3.4). Ein solcher Versatz kann z.b. durch die Änderung eines Nachlaufwinkels verursacht werden.

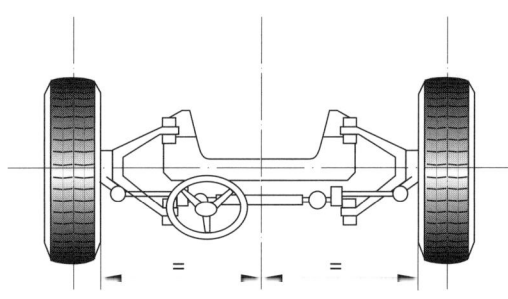

Bild 3.5
«Fahrt geradeaus» ist eine Hilfsstellung der Vorderräder mit gleichem Einzelspurwert zur Symmetrieachse. In dieser Stellung wird die Hinterachse vermessen.

Mit konkretem Bezug auf die Achsvermessung ist allerdings festzuhalten, daß sie sich nicht in allen Fällen, nicht mit allen Meßgeräten und nicht bei allen Meßmethoden auf die geometrische Fahrachse beziehen kann. In der Praxis kommen als Bezugsachsen in Frage:

a) an den Vorderrädern
☐ die bloße «Lenkungsmittelstellung» (keine echte Bezugsachse), wenn eine 2-Rad-Vermessung ohne Referenz zur Hinterachse erfolgt,

□ die «Symmetrieachse», wenn eine 2-Rad-Vermessung mit Referenz zur Hinterachse erfolgt,
□ die «geometrische Fahrachse», wenn eine 4-Rad-Vermessung erfolgt;

b) an den Hinterrädern

□ die bloße «Lenkungsmittelstellung» (keine echte Bezugsachse), wenn eine 2-Rad-Vermessung ohne Referenz zur Vorderachse erfolgt,
□ die «Symmetrieachse», wenn eine 2-Rad-Vermessung mit Referenz zur Vorderachse oder eine 4-Rad-Vermessung erfolgt.

Wenn also in den folgenden Abschnitten von der Bezugsachse die Rede ist, so kann darunter Unterschiedliches zu verstehen sein – je nachdem, ob es sich um Vorder- oder Hinterräder handelt, welche Art Achsvermessung durchgeführt wird und welche Meßgeräte dabei eingesetzt werden.

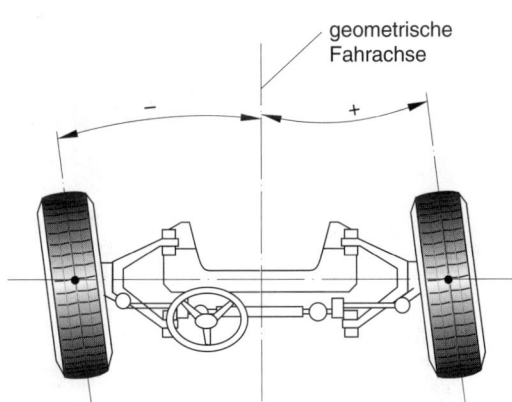

Bild 3.6
Die Einzelspuren der Vorderräder sind der jeweilige Winkel zwischen der Radmittelebene und der geometrischen Fahrachse. Er ist positiv, wenn das Vorderteil des Rades der geometrischen Fahrachse zugekehrt ist; umgekehrt ist er negativ.

## 3.3 Radstellungen

Die Radstellungen, die für das Fahrwerk des jeweiligen Fahrwerks gelten und bei exakter Einstellung optimale Fahreigenschaften garantieren, werden von den Fahrzeugherstellern vorgegeben und sind exakt typgebunden. Es sind dies

*für die Vorderachse bzw. Vorderräder:*
□ Gesamtspur sowie Einzelspur des linken und des rechten Rades,
□ Spurdifferenzwinkel,
□ Radsturz,

- Spreizung,
- Lenkrollhalbmesser,
- Nachlauf;

*für die Hinterachse:*
- Gesamtspur und Einzelspur des linken und des rechten Rades,
- Radsturz.

Während jede dieser Radstellungen ihre besondere Aufgabe hat, stehen alle in einer ganz bestimmten Beziehung zueinander. Die Größenwerte werden von den Kfz-Herstellern für jeden Typ separat festgelegt, und zwar so, daß bei Geradeausfahrt des Fahrzeugs die Vorderräder parallel zueinander laufen.

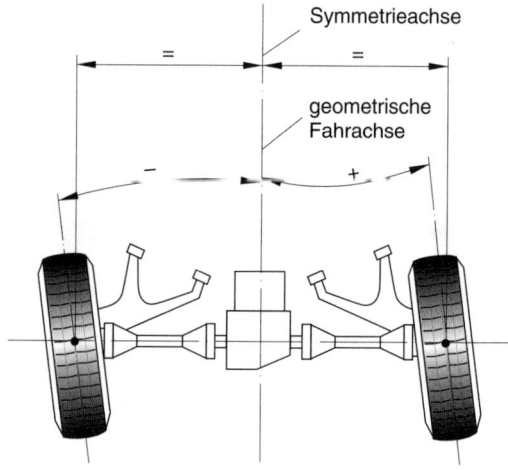

Bild 3.7
Die Einzelspuren der Hinterräder sind der jeweilige Winkel zwischen der Radmittelebene und der Symmetrieachse. Er ist positiv, wenn das Vorderteil des Rades der Symmetrieachse zugekehrt ist; umgekehrt ist er negativ.

Will man Sinn und Zweck einer Achsvermessung verstehen und in der Kfz-Werkstatt nicht rein mechanisch nach «Gebrauchsanweisung» vorgehen, muß man die Definition der Radstellungen, ihre Aufgaben sowie die positiven und die (im Falle falscher Einstellung) negativen Auswirkungen kennen. Und man muß wissen, daß jede dieser Radstellungen nur dann die erwarteten positiven Auswirkungen haben kann, wenn sie sich auf eine feste Basis, die Bezugsachse, bezieht und nach ihr ausgerichtet ist. Zwar sind alle Radstellungen in DIN 70 020 als lenkgeometrische Begriffe festgelegt, definiert und zeichnerisch erläutert, doch sind diese Definitionen und

Bild 3.8
Übertriebene Darstellung
der positiven Spur
(Vorspur) und der
negativen Spur (Nachspur)

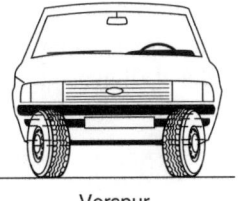
Vorspur

Nachspur
(negative Vorspur)

zeichnerischen Darstellungen mittlerweile «in die Jahre gekommen» und muten etwas antiquiert an. Es ist deshalb zu empfehlen, sich anhand neuerer Definitionen und Darstellungen in der einschlägigen Literatur (z.B. in dieser Service-Fibel) zu orientieren.

### 3.3.1 Spur

**Definition und Meßgrößen**
Ganz allgemein versteht man unter der Spur die Abweichung der Radstellung von der Geradeausposition (Bild 3.8). In DIN 70 020 wird hierzu eine Meßgröße festgelegt. Die Spur ist demzufolge die Differenz zwischen dem Abstand der vorderen und der hinteren Felgenhörner der Räder einer Achse. Gemessen wird dies in Höhe der Radmitte bei Geradeausstellung der Räder und – so die DIN-Vorschrift – bei voll beladenem Fahrzeug.

Als diese Norm aufgestellt wurde, ermittelte bzw. stellte man die Spur noch mit einer Meßlatte ein. Von seiten der Automobilhersteller wurde dazu die Größe der vorgeschriebenen Spur in mm angegeben (Bild 3.9). Natürlich versteht man auch heute noch unter der Spur die Abweichung der Radstellungen von der Geradeausposition, doch wird in Anpassung an mo-

Bild 3.9
Unter «Spur» versteht
man die Differenz
zwischen dem Abstand
der vorderen und der
hinteren Felgenhörner
(oder der Radmittel-
ebenen vorn und hinten)
der beiden Räder einer
Achse.

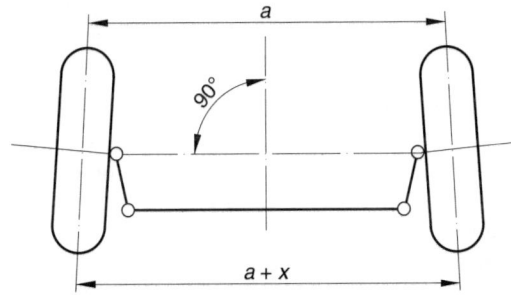

derne, erheblich genauere Meßmethoden und -geräte die Meßgröße dazu nicht mehr in mm, sondern in Winkelgraden und -minuten angegeben.
Unabhängig davon, in welcher Dimension die Spur angegeben bzw. gemessen wird, bedeuten (Bild 3.10)

- ☐ Stellung der Räder vorn nach innen: Vorspur bzw. Plusspur, positive Spur oder Spur plus (+);
- ☐ Stellung der Räder vorn nach außen: Nachspur bzw. Minusspur, negative Spur oder Spur minus (-);
- ☐ Stellung der Räder parallel zueinander: Nullspur oder Spur Null (0).

Man unterscheidet zwischen Einzelspur und Gesamtspur. Unter *Einzelspur* versteht man den Winkel, den die jeweilige Radmittelebene zur Bezugsachse bildet. Bezugsachse ist bei den Vorderrädern die geometrische Fahrachse, bei den Hinterräder die Symmetrieachse (Bilder 3.6 und 3.7). Die *Gesamtspur* bezieht sich auf die Stellung der beiden Räder einer Achse zueinander bei Geradeausstellung der Lenkung (Bild 3.9), d.h., man versteht darunter die Summe der Einzelspuren der beiden Räder einer Achse. Nach der früher gebräuchlichen Definition ist sie die Differenz zwischen dem Abstand der vorderen und der hinteren Felgenhörner der Räder einer Achse bei Geradeausstellung der Lenkung.

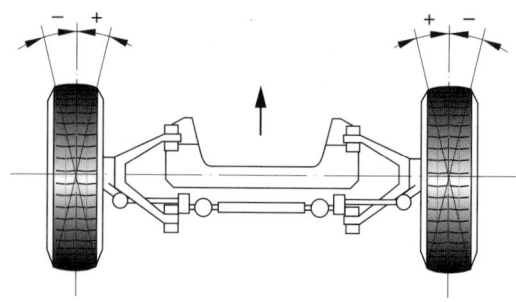

Bild 3.10
Diese Darstellung macht den Unterschied zwischen positiver und negativer Spur deutlich.

Wenn der Kfz-Hersteller die Spur in einer Dimension angegeben hat, die nicht dem verwendeten Achsmeßgerät entspricht, kann natürlich eine Umrechnung erfolgen. Doch dies ist umständlich, zeitraubend und führt leicht zu Fehlern, weshalb es einfacher und sicherer ist, den gesuchten Wert der Tabelle 3.1 zu entnehmen.

Tabelle 3.1

Umrechnungstabelle von Grad (°) und Minuten (') in Millimeter

| Grade und Minuten | Werte in mm bei Felgendurchmesser von | | | | | | | | |
|---|---|---|---|---|---|---|---|---|---|
| | 10" | 12" | 13" | 14" | 15" | 16" | 17" | 18" | 20" |
| 0°05' | 0,41 | 0,49 | 0,52 | 0,56 | 0,62 | 0,65 | 0,70 | 0,73 | 0,80 |
| 0°10' | 0,83 | 0,97 | 1,05 | 1,12 | 1,25 | 1,30 | 1,40 | 1,45 | 1,60 |
| 0°15' | 1,24 | 1,46 | 1,51 | 1,68 | 1,87 | 1,95 | 2,10 | 2,18 | 2,40 |
| 0°20' | 1,65 | 1,95 | 2,10 | 2,25 | 2,50 | 2,60 | 2,80 | 2,91 | 3,20 |
| 0°25' | 2,06 | 2,43 | 2,65 | 2,82 | 3,12 | 3,25 | 3,45 | 3,63 | 4,00 |
| 0°30' | 2,48 | 2,92 | 3,15 | 3,40 | 3,75 | 3,90 | 4,10 | 4,36 | 4,80 |
| 0°35' | 2,89 | 3,41 | 3,67 | 3,97 | 4,37 | 4,55 | 4,80 | 5,09 | 5,60 |
| 0°40' | 3,20 | 3,89 | 4,20 | 4,55 | 5,00 | 5,20 | 5,50 | 5,82 | 6,40 |
| 0°45' | 3,71 | 4,38 | 4,72 | 5,12 | 5,60 | 5,85 | 6,20 | 6,54 | 7,20 |
| 0°50' | 4,12 | 4,87 | 5,25 | 5,70 | 6,20 | 6,50 | 6,90 | 7,27 | 8,00 |
| 0°55' | 4,54 | 5,35 | 5,77 | 6,25 | 6,85 | 7,15 | 7,60 | 8,00 | 8,80 |
| 1°00' | 4,95 | 5,84 | 6,30 | 6,80 | 7,50 | 7,80 | 8,30 | 8,72 | 9,60 |
| 1°05' | 5,36 | 6,33 | 6,82 | 7,37 | 8,10 | 8,45 | 9,00 | 9,45 | 10,40 |
| 1°10' | 5,78 | 6,81 | 7,35 | 7,95 | 8,70 | 9,10 | 9,70 | 10,17 | 11,20 |
| 1°15' | 6,19 | 7,30 | 7,87 | 8,52 | 9,30 | 9,57 | 10,35 | 10,90 | 12,00 |
| 1°20' | 6,60 | 7,79 | 8,40 | 9,10 | 9,90 | 10,40 | 11,00 | 11,63 | 12,80 |
| 1°25' | 7,01 | 8,27 | 8,92 | 9,65 | 10,55 | 11,05 | 11,70 | 12,36 | 13,60 |
| 1°30' | 7,42 | 8,76 | 9,45 | 10,20 | 11,20 | 11,70 | 12,40 | 13,10 | 14,40 |
| 1°35' | 7,84 | 9,25 | 9,97 | 10,80 | 11,80 | 12,35 | 13,10 | 13,83 | 15,20 |
| 1°40' | 8,25 | 9,73 | 10,50 | 11,40 | 12,40 | 13,00 | 13,80 | 14,55 | 16,00 |
| 1°45' | 8,66 | 10,22 | 11,02 | 11,95 | 13,00 | 13,65 | 14,50 | 15,27 | 16,80 |
| 1°50' | 9,07 | 10,71 | 11,55 | 12,50 | 13,60 | 14,30 | 15,20 | 16,00 | 17,60 |
| 1°55' | 9,49 | 11,19 | 12,07 | 13,05 | 14,20 | 14,95 | 15,90 | 16,27 | 18,40 |
| 2°00' | 9,90 | 11,68 | 12,60 | 13,60 | 14,80 | 15,60 | 16,60 | 17,45 | 19,20 |

**Aufgaben und Auswirkungen**

Die Radstellung «Spur» soll eine Verspannung der Reifenaufstandsfläche sowie eine Aufhebung des Spiels in der Radaufhängung und in den Spurstangengelenken bewirken und dadurch einen stabilen, parallelen Geradeauslauf der Räder garantieren. Ohne Spur würden vornehmlich infolge des Radsturzes, aber auch aufgrund der Reibungskräfte zwischen Reifen und Straße, der Elastizität der Reifen, der Radaufhängung und der Spurstangengelenke sowie anderer Dinge mehr:

☐ nicht angetriebene Räder im Fahrbetrieb bestrebt sein, vorn auseinanderzulaufen,

- angetriebene Vorderräder wegen der Antriebsreaktionskräfte bestrebt sein, vorn aufeinander zuzulaufen.
- Außerdem wäre die Straßenlage schlecht, die Räder würden flattern, die Reifen radieren und rasch verschleißen und die Radaufhängung, das Lenkgestänge sowie die Gelenke über Gebühr beansprucht werden.

Aufgrund dieses u.a. von der Antriebsart abhängigen Bestrebens der Räder erhalten

- nichtangetriebene Vorderräder nahezu ausnahmslos Vorspur bzw. positive Spur,
- angetriebene Vorderräder oft Nullspur oder sogar Nachspur bzw. negative Spur,
- angetriebene Hinterräder bei Fahrzeugen mit Heckmotor in der Regel Nachspur bzw. negative Spur.

Die Einschränkung «in der Regel» muß deshalb sein, weil unabhängig vom allgemeingültigen Bestreben der Räder die Achskonstruktion, die Art der Radaufhängung sowie Räder und Reifen eine wichtige Rolle spielen. Deshalb dürfen grundsätzlich bei der Diagnose wie auch bei der Einstellung der Spur nur die vom Fahrzeughersteller genannten, typbezogenen Werte angewendet werden.

**Messung der Gesamt- und der Einzelspur**

Grundsätzlich ist die Spur der Vorderräder bei allen Pkw einstellbar. Bei den Hinterrädern ist das nur bei Einzelradaufhängung möglich und auch dann nur, wenn es konstruktiv ausdrücklich dafür vorgesehen ist. Die von den Fahrzeugherstellern für die Vorderräder vorgegebenen Meß- und Einstellwerte der Gesamtspur liegen im allgemeinen zwischen −30' und +1°. Die genauen Werte sind jedoch von vielen fahrzeugspezifischen Faktoren abhängig, weshalb beim Messen und Einstellen unbedingt exakt die Herstellerangaben zu befolgen sind. Diese Forderung wird noch unterstrichen durch die Tatsache, daß die Spur die insofern wichtigste aller Radstellungen ist, als sie am meisten den Reifenverschleiß beeinflußt.

Natürlich sind für die Spurmessung die in Abschnitt 3.5 genannten allgemeinen wie auch fahrzeugspezifischen Voraussetzungen zu erfüllen. Manche Kfz-Hersteller schreiben ergänzend vor, bei der Spurmessung die Räder vorn (in Fahrtrichtung gesehen) mit einem sogenannten *Raddrücker* auseinanderzudrücken. Damit soll vermieden werden, daß das Gelenkspiel in der Radaufhängung und im Lenkgestänge in die Spurmessung eingeht (Bild 3.11).

Bild 3.11
Manche Automobilhersteller schreiben vor, bei der Spurmessung einen sogenannten Rad- oder Spurdrücker zu verwenden, um das Gelenkspiel auszuschalten.

Das Auseinanderdrücken der Räder bietet gleichzeitig die Möglichkeit, das Gelenkspiel zu messen, denn es stellt die Differenz dar zwischen der Spur in «gedrücktem» und in «ungedrücktem» Zustand. Allgemein werden bei Pkw max. 40' als zulässiges Gelenkspiel angesehen. Bei frontangetriebenen Fahrzeugen wird als Gelenkspiel zuweilen auch die Differenz zwischen zwei Spurmessungen in gedrücktem Zustand gewertet, wobei das eine Mal die Räder vorn (in Fahrtrichtung gesehen) und das andere Mal hinten auseinandergedrückt werden. Dabei werden allgemein 60' als zulässiges Gelenkspiel angesehen.

Für die Messung der Einzelspuren sind die Räder in Abhängigkeit vom Meßverfahren und der verwendeten Meßtechnik auf die entsprechende Bezugsachse auszurichten, wie dies in Abschnitt 3.2 ausführlich beschrieben ist.

Etwas anders ist beim Messen der Gesamtspur zu verfahren, und zwar ist dabei nach dem Ausrichten der Räder auf die Bezugsachse

- die Lenkung in Mittelstellung zu bringen, wenn bei den Vorder- und/oder Hinterrädern der Abstand zwischen den Felgenhörnern vorn und hinten zwecks Ermittlung der Differenz gemessen werden soll, bzw.
- das linke oder rechte Rad der zu vermessenden Vorder- und/oder Hinterachse auf den Spurwert Null zu stellen (Bild 3.12). Der dann am gegenüberliegenden Rad gemessene Spurwinkel entspricht der Summe der beiden Einzelspurwinkel (= Gesamtspur).

Da die Gesamtspur nichts darüber aussagt, wie groß die Einzelspurwinkel der beiden zur Achse gehörigen Räder sind, ob diese also gleich oder unterschiedlich sind, ist sie – für sich allein betrachtet – im Grunde genommen wertlos. Wichtig und aussagefähig sind lediglich die Einzelspurwinkel. Grundsätzlich sollen diese auf beiden Seiten einer Achse gleich sein und in der Addition der vom Hersteller vorgeschriebenen Gesamtspur entsprechen.

Eine einfache 2-Rad-Vermessung ohne Referenz zur anderen Achse wird, obwohl nicht mehr ganz zeitgemäß, auch heute noch praktiziert, und zwar vornehmlich als *Schnellvermessung* (z.B. anläßlich einer routinemäßigen Fahrzeuginspektion), und dabei in aller Regel auf die Vorderräder beschränkt. Damit besteht, da die Fahrtrichtung von der Stellung der Hinterräder bestimmt wird, trotz Vorderradeinstellung die Möglichkeit, daß das Fahrzeug leicht schrägläuft. Ein besonders hohes Maß an Genauigkeit ist also bei dieser Meßmethode nicht gegeben, weshalb sie auch nur bei Fahrzeugen mit starrer Hinterachskonstruktion, bei denen noch am ehesten die Symmetrieachse einigermaßen mit der geometrischen Fahrachse übereinstimmt, angewendet werden sollte.

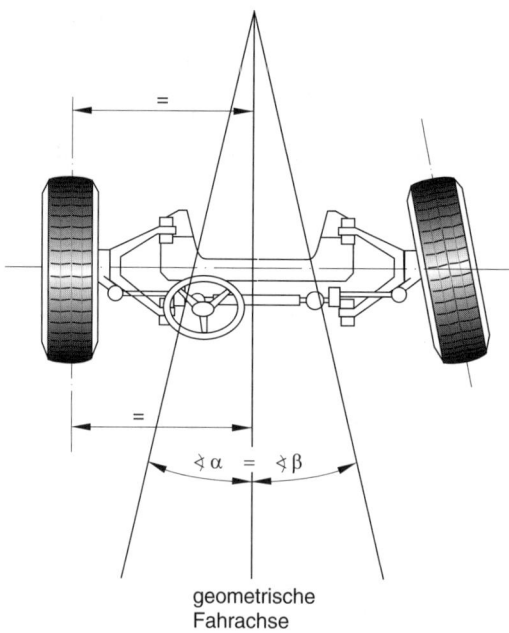

Bild 3.12
Unter dem Spurwert Null (Spur 0) versteht man die Parallelstellung des betreffenden Vorderrades zur geometrischen Fahrachse.

Die 2-Rad-Vermessung mit Referenz zur anderen Fahrzeugachse wird ebenfalls vornehmlich bei den Vorderrädern angewendet, obwohl diese Meßart auch bei den Hinterrädern anwendbar ist. Da dabei die Einzelspurwinkel exakt auf die Symmetrieachse bezogen werden können, ist die Messung entsprechend genauer. Allerdings werden dabei die Räder der Hinterachse (auch wenn dies möglich wäre) nicht verstellt, so daß ein durch deren Stellung evtl. möglicher Schräglauf erhalten bleibt. Also ist auch dabei ein wirklich zufriedenstellendes Ergebnis nur dann möglich, wenn die Symmetrieachse und die geometrische Fahrachse übereinstimmen, was noch am ehesten bei Fahrzeugen mit starrer Hinterachskonstruktion der Fall ist.

Die 4-Rad-Vermessung ist die korrekteste Methode und wird modernen Fahrwerken mit Einzelradaufhängung am optimalsten gerecht, denn nur auf diese Weise läßt sich erreichen, daß alle 4 Räder genau geradeauslaufen und die Lenkung dabei zentriert ist. Bei der Vermessung bzw. Einstellung werden grundsätzlich zuerst (siehe Abschnitt 3.4) die Einzelspurwinkel der Hinterräder mit Bezug auf die Symmetrieachse gemessen (s. Bild 3.5) und auf den gleichen Wert eingestellt (sofern technisch möglich), so daß die Symmetrieachse und die geometrische Fahrachse zusammenfallen. Danach können die Einzelspurwinkel der Vorderräder mit Bezug auf die Symmetrieachse bzw. die nunmehr deckungsgleiche geometrische Fahrachse eingestellt und damit 4 parallel- und geradeauslaufende Räder mit dem Lenkrad in Mittelstellung erreicht werden.

Bei Fahrzeugen mit nicht einstellbaren Hinterrädern sind zuerst mit Bezug auf die Symmetrieachse die Einzelspuren der Hinterräder zu messen, der Hinterrad-Gesamtspurwinkel (= Summe der Einzelspurwinkel) zu errechnen und über die Winkelhalbierende (= halber Gesamtspurwinkel) die geometrische Fahrachse zu ermitteln. Danach können die Einzelspurwinkel der beiden Vorderräder mit Bezug auf die geometrische Fahrachse gemessen und, sofern erforderlich, auf die vorgeschriebene Größe eingestellt werden. Wiederum sind das Ergebnis 4 parallel- und geradeauslaufende Räder mit dem Lenkrad in Mittelstellung.

### 3.3.2  Spurdifferenzwinkel

**Definition und Meßgröße**
Der Spurdifferenzwinkel bezieht sich auf die gelenkten Vorderräder. Ganz allgemein ausgedrückt ist er der Betrag, um den beim Befahren einer Kurve das eine Rad mehr einschlägt als das andere.

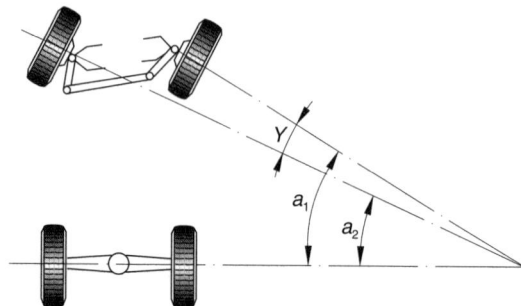

Bild 3.13
Unter «Spurdifferenzwinkel» versteht man den Winkel, um den bei 20° Radeinschlag des kurveninneren Rades das kurvenäußere weniger einschlägt als das kurveninnere.

Genauer: Der Spurdifferenzwinkel ist der Winkel, um den bei Fahrzeugen mit Achsschenkellenkung bei 20° Radeinschlag des kurveninneren Rades das kurvenäußere Rad weniger einschlägt als das kurveninnere (Bild 3.13). Grafisch werden die Spurwinkel als Winkel zwischen der Verlängerung der jeweiligen Vorderradachse mit der Verlängerung der Hinterachse, die sich im gemeinsamen Kurvenmittelpunkt treffen, dargestellt.

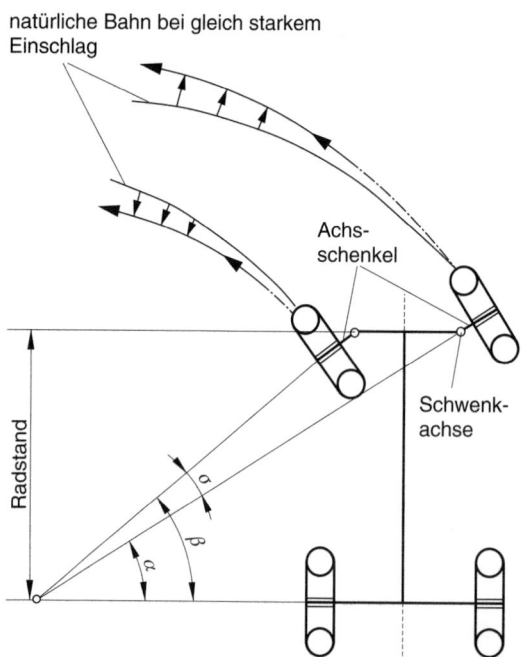

Bild 3.14
Prinzip der Achsschenkellenkung mit dem unterschiedlich großen Einschlag der Vorderräder bei Kurvenfahrt und dem daraus resultierenden Spurdifferenzwinkel

Bild 3.15
«Verzerrte» Form des Lenktrapezes bei Kurvenfahrt und die unterschiedlich großen Einschlagwinkel des kurveninneren (20) und des kurvenäußeren Rades (1830'), d.h., der Spurdifferenzwinkel beträgt 130'

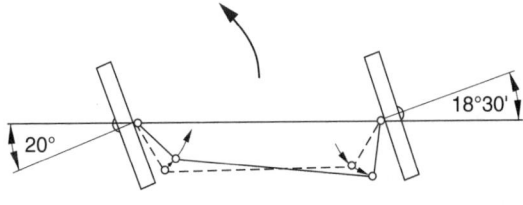

Bild 3.16
Einschlag- und Spurdifferenzwinkel erscheinen auch zwischen der jeweiligen Radmittelebene und der Radstellung «Fahrt geradeaus».

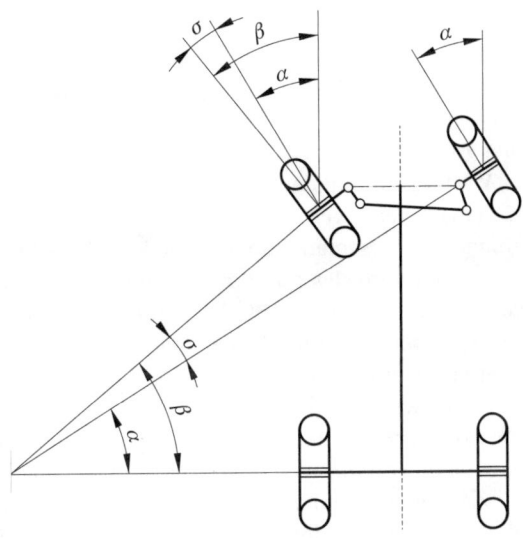

## Aufgaben und Auswirkungen

Beim Fahren in der Kurve drehen sich alle Räder eines Kraftfahrzeugs, also auch die gelenkten Vorderräder, um einen gemeinsamen Kurvenmittelpunkt, der auf der Verlängerung der Hinterachse liegt. Dann und nur dann können alle Räder normal abrollen, ohne zu gleiten, zu radieren oder in der Kurve zu quietschen.

Um das zu ermöglichen, muß bei der Achsschenkellenkung jedes der beiden Vorderräder um einen anderen, vom jeweiligen Kurvenradius abhängigen Winkel eingeschlagen werden (Bilder 3.14 bis 3.16). Kennzeichnend für die Achsschenkellenkung ist nämlich, daß sich der Abstand zwischen Vorder- und Hinterachse auch in der Kurve nicht ändert, so daß das kurvenäußere Rad – wenn es nicht auf der Fahrbahn seitlich gleiten und radieren soll – um einen bestimmten Betrag weniger eingeschlagen werden muß, als das kurveninnere bzw. der Spurwinkel des kurvenäußeren Rades kleiner sein muß als der des kurveninneren (Bild 3.16). Die Differenz ist der Spurdifferenzwinkel.

Bei Geradeausfahrt ist der Schnittpunkt zwischen den Verlängerungen der beiden Vorderradachsen und der Verlängerung der Hinterachse unendlich weit entfernt und folglich der Spurdifferenzwinkel gleich Null. Sobald jedoch Lenkung bzw. die Räder eingeschlagen werden, entsteht ein zunächst weit entfernter und mit zunehmendem Lenkungseinschlag bzw. enger werdender Kurve immer näher heranrückender Schnittpunkt. Gleichzeitig werden die beiden Spurwinkel immer unterschiedlicher bzw. der Spurdifferenzwinkel immer größer. Nebenbei bemerkt: Aus der Vorspur bei Geradeausfahrt wird mit zunehmendem Lenkungseinschlag eine immer größer werdende Nachspur.

Wichtig ist nun, daß sich die beiden Vorderachsverlängerungen und die Hinterachsverlängerung, also die Verlängerungen aller Achsen, immer in einem gemeinsamen Punkt, dem jeweiligen Kurvenmittelpunkt, treffen. Technisch wird das durch die Gestaltung und Anordnung des Lenktrapezes ermöglicht (Bild 3.15), das natürlich den konstruktiven Voraussetzungen entsprechen muß, d.h., es darf auf keinen Fall beschädigt, verbogen oder falsch eingestellt sein.

Damit wird deutlich, daß der Spurdifferenzwinkel einerseits ein Indiz für den Zustand und die Einstellung des Lenkgestänges und zum anderen eine wichtige Einflußgröße für die Reifenlebensdauer ist. Da der Spurdifferenzwinkel auf beiden Seiten gleich sein muß, erweist er sich gleichzeitig als gute Kontrolle für die Spureinstellung der Vorderräder, ob diese auf beiden Seiten gleich ist.

Im übrigen wird der Zusammenhang zwischen Spur und Spurdifferenzwinkel auch dadurch deutlich, daß eine Veränderung der Spureinstellung zwangsläufig eine Änderung der Spurdifferenzwinkel zur Folge hat.

**Messung**

Grundsätzlich ist der Spurdifferenzwinkel wie die Spur bei allen Pkw einstellbar. Da – wie zuvor bereits festgestellt – ein Zusammenhang zwischen Spur und Spurdifferenzwinkel besteht, muß letzterem die gleiche Ausrichtung wie der Spur der Vorderräder zugrunde liegen, d.h., der Spurdifferenzwinkel darf erst nach der Spureinstellung gemessen werden. Damit wird die zuvor erfolgte Ausrichtung der Räder auf die vom Meßverfahren und der verwendeten Meßtechnik abhängige Bezugsachse einfach übernommen.

Die eigentliche Spurdifferenzwinkelmessung geht dann allerdings von der Spurstellung Null aus, d.h., nach Ausrichtung auf die Bezugsachse ist das kurveninnere Rad exakt auf den Spurwert Null einzustellen (s. Bild 3.12). Erst dann erfolgen der Einschlag um 20° und die Messung des Spurdifferenzwinkels. Selbstverständlich muß auf der anderen Seite in gleicher Weise verfahren werden.

Im weiteren sind, um Fehlmessungen auszuschließen, die gleichen Vorbereitungen notwendig wie bei der Spurmessung (siehe dazu Abschnitte 3.3.1 und 3.5). Sind all diese Voraussetzungen erfüllt, gibt die Spurwinkelmessung in erster Linie Auskunft darüber, ob das Lenkgestänge in Ordnung ist. Allgemein gilt, daß das Lenktrapez dann als in Ordnung befunden werden kann, wenn die Spurwinkeldifferenzen auf beiden Seiten gleich groß sind bzw. die Abweichung voneinander ±20' nicht überschreitet.

Bild 3.17
Neben der geometrischen Fahrachse sind die Radmittelebene und der Radaufstandspunkt wichtige Bezugsgrößen. Radmittelebene ist die zur Raddrehachse senkrechte Mittelebene des Reifens, Radaufstandspunkt der Schnittpunkt der Radmittelebene mit der Raddrehachse auf der Fahrbahnebene.

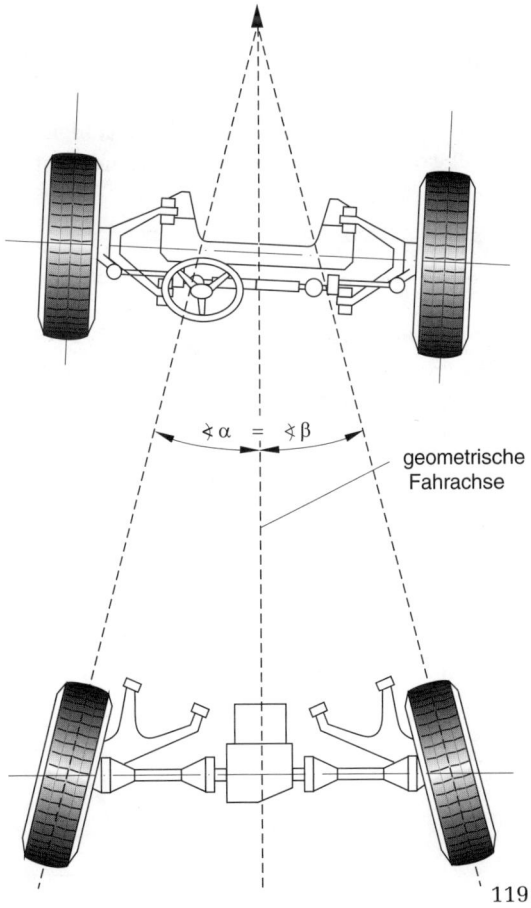

∢α = ∢β

geometrische Fahrachse

### 3.3.3 Radsturz

**Definition und Meßgröße**

Ganz allgemein versteht man unter dem Radsturz die Neigung eines Rades gegenüber der Senkrechten zur Fahrbahn. Professioneller ausgedrückt ist damit der Winkel gemeint, den die Mittelebene eines Rades (Bild 3.17) mit der Senkrechten zur Fahrbahn bildet.

Je nachdem, nach welcher Seite ein Rad geneigt ist, unterscheidet man (Bilder 3.18 und 3.19) zwischen

- positivem Sturz bzw. Plussturz oder +-Sturz, wenn ein Rad oben nach außen (vom Fahrzeug weg) geneigt ist,
- negativem Sturz bzw. Minussturz oder --Sturz, wenn ein Rad oben nach innen (zum Fahrzeug hin) geneigt ist,
- Nullsturz oder 0-Sturz, wenn die Radmittelebene senkrecht auf der Fahrbahn steht.

Der Radsturz ist eine schon lange vor der Erfindung des Automobils im Kutschen- und Wagenbau angewendete Radstellung. Hinsichtlich seiner Definition und der Messung in Winkelgraden ist auch im Verlauf der Entwicklung moderner Fahrwerke keine Änderung erfolgt.

negativer Sturz

positiver Sturz

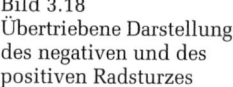
Bild 3.18
Übertriebene Darstellung des negativen und des positiven Radsturzes

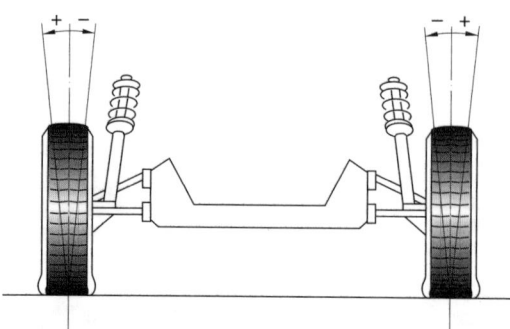

Bild 3.19
Unter «Radsturz» versteht man die Neigung eines Rades gegenüber der Senkrechten zur Fahrbahn. Je nachdem, nach welcher Seite das Rad geneigt ist, unterscheidet man zwischen positivem und negativem Sturz.

Bild 3.20
Vorspur und Radsturz
ergänzen einander und
sorgen für einen stabilen
Geradeauslauf.

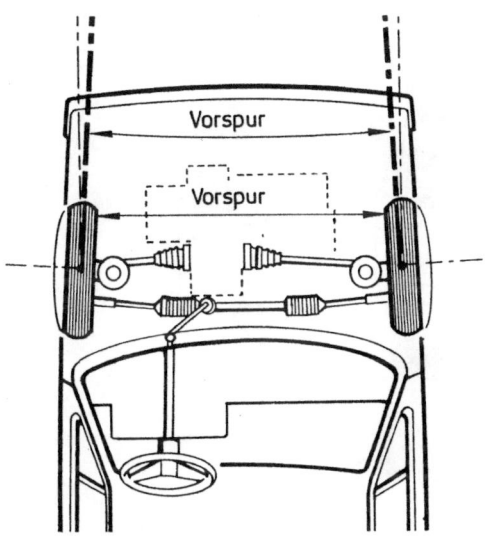

### Aufgaben und Auswirkungen

Ein auf Sturz gestelltes Rad gleicht einem Kegel, der beim Drehen um seine Spitze abrollt. Ein Rad mit positivem Sturz bzw. Plussturz ist z.B. bestrebt, nach außen, d.h. vom Fahrzeug wegzulaufen. Dem wirkt allerdings entgegen, daß das Rad bei Vor- bzw. Plusspur bestrebt ist, nach innen zu laufen. Durch diesen Zug in zwei Richtungen entsteht eine Art «Verspannung», die dem Rad Richtungsstabilität verleiht und die Neigung zum Flattern unterbindet.

Spur und Sturz stehen demzufolge in einer wichtigen Beziehung zueinander, die mitbestimmend ist für die Fahrstabilität eines Fahrzeugs und für möglichst geringen Reifenverschleiß (Bild 3.20). Vorderräder erhalten deshalb in aller Regel positiven Sturz, wobei die Spur der Vorderräder (mit) über die Größe des Sturzwinkels entscheidet. Vorspur bedingt deshalb meist relativ großen positiven Sturz, Nullspur oder Nachspur entsprechend kleineren positiven Sturz (Bild 3.21).

Positiver Sturz hat außerdem zur Folge, daß das Rad bestrebt ist, nach innen auf das innere Radlager aufzulaufen. Das stärkere Innenlager übernimmt damit die Hauptlast, während das schwächere Außenlager und die Radmuttern entlastet werden und das Radlagerspiel verringert wird.

Außerdem beeinflußt der Radsturz die Größe des Lenkrollhalbmessers, der u.a. für die Leichtgängigkeit der Lenkung verantwortlich ist. Durch po-

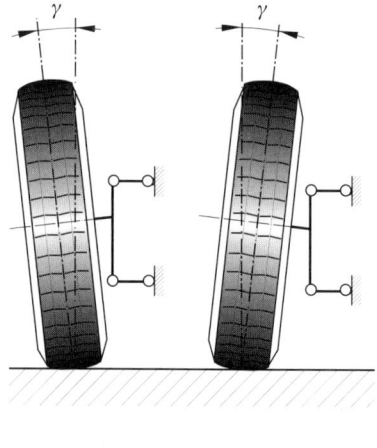

Bild 3.21
Diese Darstellung macht den Unterschied zwischen positivem und negativem Sturz deutlich. Positiver Sturz sorgt in Verbindung mit der Vorspur für stabilen Geradeauslauf; negativer Sturz erhöht die Seitenführungskraft und verbessert die Kurvenstabilität.

positiv   negativ
   +         −

sitiven Radsturz wird der Lenkrollhalbmesser verkleinert, d.h. der Drehkreis kleiner, auf dem das Rad beim Einschlagen abrollt, und dadurch die Lenkung leichtgängiger.

Negativer Sturz erhöht die Seitenführungskraft eines Rades und verbessert die Kurvenstabilität. Hinterräder erhalten daher oft negativen Sturz, bei reinen Sportfahrzeugen auch die Vorderräder. Nachteilig ist jedoch der dabei zwangsläufig etwas größere Reifenverschleiß an der Innenseite der Lauffläche sowie bei negativem Sturz an den Vorderrädern die Erhöhung der benötigten Lenkkraft. Negativer Sturz darf deshalb keinesfalls zu groß sein (Bild 3.21).

Zu großer positiver Sturz hat eine Verringerung der Seitenführungskraft in der Kurve zur Folge. Dies ist besonders bei Fahrzeugen mit Einzelradaufhängung von Bedeutung, da sich aufgrund des Sich-Neigens der Karosserie in der Kurve an den kurvenäußeren Rädern der positive Sturz noch erhöht (abhängig von der Achskonstruktion) und damit die Seitenführungskraft abnimmt. Bei Einzelradaufhängung wird deshalb oft durch konstruktive Maßnahmen vorgesehen, daß die Räder beim Einfedern negativen Sturz annehmen, was die Seitenführung verbessert (Bild 3.22).

Grundsätzlich tritt als Folge falsch eingestellten Radsturzes erhöhter Reifenverschleiß ein, und zwar vornehmlich außerhalb der Laufflächenmitte (Bild 3.23). Das gilt sowohl für positiven als auch für negativen Sturz und betrifft vor allem die Außenkanten moderner Breitreifen.

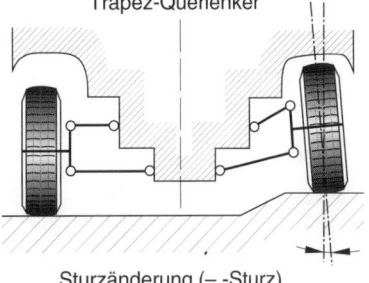
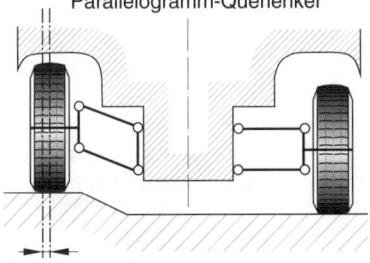

**Bild 3.22**
Die Kombination von Achse und Radaufhängung bedingt beim Einfedern Sturz- und/oder Spuränderungen.

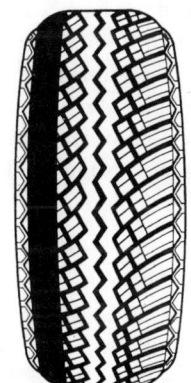

**Bild 3.23**
Falsche Einstellung von Spur und/oder Sturz führt zu dem hier gezeigten einseitigen Reifenverschleiß.

Sehr große Bedeutung kommt der Gleichheit der Sturzwerte an beiden Rädern einer Achse zu, vor allem an den Vorderrädern. Nur unter dieser Voraussetzung (richtige Spur ebenfalls vorausgesetzt) laufen die Räder geradeaus. Bei unterschiedlichem Sturz der gelenkten Vorderräder wird das Fahrzeug immer das Bestreben haben, nach der Seite des größeren Sturzwertes auszuscheren. Hat ein Rad positiven und das andere negativen Sturz, so zieht das Fahrzeug immer nach der Seite mit dem positiven Sturz. Evtl. Unterschiede sollten deshalb max. 20' nicht übersteigen.

**Messung**
Der Radsturz ist an den Vorderrädern bei den weitaus meisten, aber nicht bei allen Fahrzeugen einstellbar. An den Hinterrädern dagegen ist der Radsturz seltener und auch dann in der Regel nur bei Fahrzeugen mit Einzelradaufhängung einstellbar. Die von den Fahrzeugherstellern für Serienfahrzeuge vorgegebenen Meß- und Einstellwerte liegen im allgemeinen

*an den Vorderrädern*
☐ bei positivem Sturz zwischen +0°20' und +1°30',
☐ bei negativem Sturz bis max. −1°;

*an den Hinterrädern*
☐ bei positivem Sturz bis max. +0°20',
☐ bei negativem Sturz zwischen −0°30' und -2°.
Als Toleranz werden ±20', seltener ±30' zugelassen.

Auch der Radsturz darf erst nach der Spureinstellung gemessen und − falls notwendig − eingestellt werden. Damit liegt auch der Sturzmessung die bereits für die Spurmessung erfolgte Ausrichtung auf die vom Meßverfahren und von der verwendeten Meßtechnik abhängige Bezugsachse zugrunde. Zur Sturzmessung selbst ist dann das jeweilige Rad auf den Spurwert Null einzustellen (s. Bild 3.12). Erst in dieser Stellung darf der Radsturz gemessen werden. Selbstverständlich gilt das für jedes Rad.

Im weiteren sind, um Fehlmessungen und -einstellungen zu vermeiden, die in Abschnitt 3.5 ausführlich beschriebenen Vorbereitungen zu treffen, wie dies schon bei der Spurmessung erfolgt ist. Darüber hinausgehende oder davon abweichende Herstellerangaben sind selbstverständlich zu berücksichtigen.

### 3.3.4 Spreizung

**Definition und Meßgröße**

Nach DIN 70 020 versteht man unter der Spreizung die Neigung oder Schrägstellung des Achsschenkelbolzens gegenüber der Senkrechten zur Fahrbahn, und zwar «oben nach innen», also zur Fahrzeugmitte hin. Nun gibt es im Pkw-Bau schon lange keine Achsschenkel im ursprünglichen Sinne mehr, auch wenn der Name Achsschenkellenkung geblieben ist. Bei Pkw-Vorderachsen erfolgt die Radaufhängung heute in Kugelgelenken, und die Spreizachse verläuft durch die Mitte der Gelenke der oberen und unteren (äußeren) Radaufhängung. Moderner und genauer definiert ist daher unter der Spreizung die Neigung der Schwenk-, Lenk- oder auch Lenkungsdrehachse quer zur Fahrzeuglängsachse (oben nach innen) gegenüber der Senkrechten zur Fahrbahn zu verstehen (Bild 3.24).

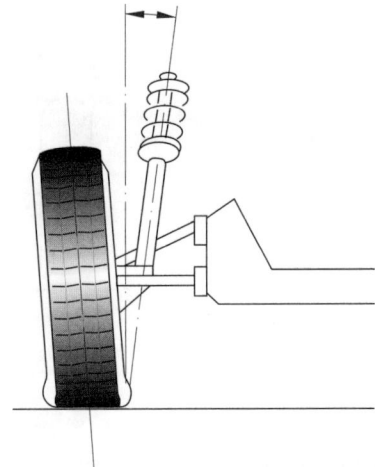

Bild 3.24
Unter «Spreizung» versteht man die Neigung der Schwenk-, Lenk- oder auch Lenkungsdrehachse quer zur Fahrzeuglängsachse (d.h. oben nach innen) gegenüber der Senkrechten zur Fahrbahn.

Aus dieser Definition heraus wird bereits deutlich, daß sich die Spreizung ausschließlich auf die gelenkten Räder der Vorderachse bezieht. Sie wird wie der Radsturz in Winkelgraden gemessen und ist immer positiv. Spreizungslinie und Sturzlinie bilden zusammen einen Winkel, dessen Größe unveränderlich ist (Bild 3.25). Veränderlich ist lediglich die Position dieses Winkels gegenüber der Senkrechten zur Fahrbahn, d.h., veränderlich sind zwar die Einzelwinkel von Sturz und Spreizung, nicht aber die beiden in ihrer Gesamtheit (Bild 3.26).

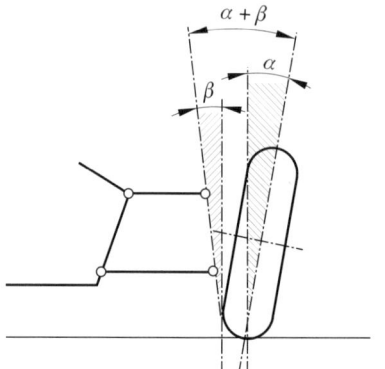

Bild 3.25
Sturz- und Spreizungslinie bilden zusammen einen Gesamtwinkel, dessen Größe unveränderlich ist.

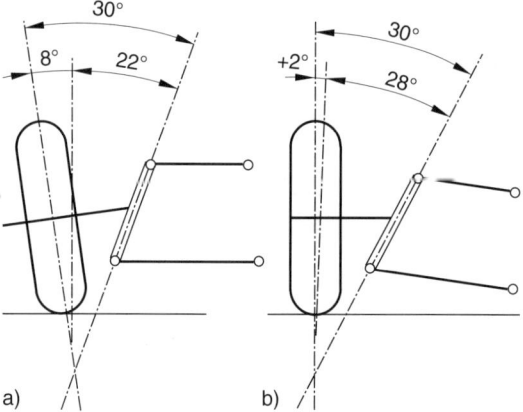

Bild 3.26
Das Bild zeigt, daß zwar die Einzelwinkel von Sturz und Spreizung und damit die Stellung des Gesamtwinkels gegenüber der Senkrechten zur Fahrbahn veränderlich sind, nicht aber die Größe des Gesamtwinkels.

## Aufgaben und Auswirkungen

Sturz und Spreizung der Vorderräder werden von den Fahrzeugherstellern so aufeinander abgestimmt, daß an jedem Rad ein (positiver oder negativer) Lenkrollradius auf der Fahrbahn entsteht, der mitverantwortlich ist für die Leichtgängigkeit der Lenkung. Beim Einschlagen der Lenkung rollen die Räder auf dem Lenkrollradius ab. Die Spreizung bewirkt, daß sie dabei gleichzeitig etwas angehoben werden, und zwar um so mehr, je weiter sie eingeschlagen werden. Dabei wird den Rädern eine Rückstellkraft verliehen, die bestrebt ist, sie nach der Kurvenfahrt, d.h. nach dem Loslassen des Lenkrades, automatisch wieder in Geradeausstellung zu bringen und in Laufrichtung zu stabilisieren.

Solange sich die Vorderräder geradeaus bewegen, ist die Spreizung wirkungslos. Aber schon der kleinste Lenkeinschlag setzt die Spreizung in Aktion. Zwar nimmt das gleichzeitig damit erfolgende Anheben der Vorderräder der Lenkung wieder etwas von ihrer Leichtgängigkeit, dient aber insgesamt in hohem Maße der Fahrsicherheit.

Im übrigen sind der Größe der Spreizung Grenzen gesetzt, denn eine zu große Spreizung erhöht nicht nur die benötigte Lenkkraft, sondern hat auch eine Verschlechterung des Bremsverhaltens zur Folge, was auf keinen Fall hingenommen werden darf. Andererseits: Würde das Rückstellmoment für die Lenkung fehlen, wäre zwar der Kraftaufwand für das Lenken minimiert, doch müßten dann die Räder nach jeder Kurvenfahrt wieder von Hand in Geradeausstellung gebracht werden. Unsicheres Fahrverhalten, vor allem in Kurven und beim Übergang von der Kurve zur Geraden, wäre die Folge. Besonders Fahrzeuge mit Hinterradantrieb benötigen ein hohes Rückstellmoment für den Geradeauslauf, da ihr Fahrverhalten etwas instabiler ist als das von Fahrzeugen mit Vorderradantrieb.

Wie bei der Definition bereits angeführt, stellen Sturz und Spreizung zusammengenommen einen Winkel unveränderlicher Größe dar, der sich lediglich gegenüber der Senkrechten auf der Fahrbahn verschieben kann (Bild 3.26). Ein derartiges Verschieben geschieht z.B. beim Aus- und Einfedern des jeweiligen Rades, wobei im allgemeinen der Sturzwinkel beim Einfedern ab- und der Spreizungswinkel zunimmt. Umgekehrt verhält es sich beim Ausfedern.

**Messung**

Da der aus Radsturz und Spreizung gebildete Gesamtwinkel eine unveränderliche Größe darstellt, gibt es nach der Sturzmessung und -einstellung in der Regel keinen Grund, überhaupt eine Messung der Spreizung vorzunehmen. Ist der Sturz richtig eingestellt, dann stimmt auch die Spreizung; ist der Sturz falsch, dann trifft das auch für die Spreizung zu. Darüber hinaus gibt es im allgemeinen auch gar keine Möglichkeit, die Spreizung separat einzustellen, denn das hätte ja automatisch wieder eine Veränderung des Sturzwinkels zur Folge. Ausnahmen sind aber auch hierbei vorhanden und den einschlägigen Herstelleranweisungen zu entnehmen.

Ein Anlaß zum Messen der Spreizung ist allerdings dann gegeben, wenn die vorangegangene Sturzmessung deutliche Abweichungen von den Sollwerten ergeben hat, was evtl. auf verbogene Gestängeteile oder anderweitige Schäden im Bereich der Radaufhängung zurückzuführen ist. In diesem Fall kann es sein, daß der Gesamtwinkel von Sturz und Spreizung nicht mehr stimmt, was sich nach der Sturzmessung durch zusätzliches Messen der Spreizung nachweisen läßt. Ob allerdings ein Messen der Spreizung überhaupt möglich ist, hängt von dem verwendeten Achsmeßgerät ab; viele, vor allem ältere Geräte sind dafür ungeeignet.

Die von den Fahrzeugherstellern für die Spreizung vorgegebenen Sollwerte liegen im allgemeinen

☐ bei Fahrzeugen mit Hinterradantrieb zwischen 5 und 8°,
☐ bei Fahrzeugen mit Vorderradantrieb teilweise über 8° bis etwa 10°.

Selbstverständlich haben evtl. davon abweichende Herstellerangaben Vorrang. Die Messung selbst erfolgt, getrennt für jedes Rad, bei einem Radeinschlag von 20°. Beim Radeinschlag ist vom Spurwert Null auszugehen, der (wie bei der Sturzmessung) für das jeweilige Vorderrad vorher einzustellen ist (s. Bild 3.12).

Aufgrund des Zusammenhangs zwischen Sturz und Spreizung darf selbstverständlich die Spreizung erst nach der Messung und evtl. Einstellung des Radsturzes gemessen werden. Ebenso selbstverständlich ist, daß dabei die gleichen Voraussetzungen erfüllt sein müssen wie bei der Sturzmessung.

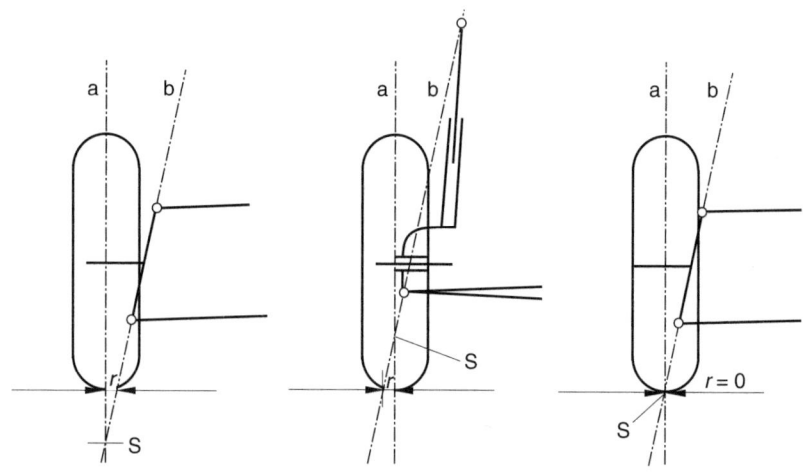

Bild 3.27
Unter «Lenkrollradius» versteht man den Abstand zwischen dem Radaufstandspunkt und dem Punkt, in dem die Verlängerung der Spreizachse auf die Fahrbahn trifft.

### 3.3.5 Lenkrollradius

**Definition und Meßgröße**

Der Lenkrollradius betrifft die gelenkten Vorderräder. Man versteht darunter den Abstand zwischen dem Radaufstandspunkt (s. Bild 3.17) und dem Punkt, in dem die verlängerte Spreizachse (= Schwenk-, Lenk- oder auch Lenkungsdrehachse) auf die Fahrbahn trifft, gemessen in mm auf der Fahrbahn (Bild 3.27).

Der Lenkrollradius kann positiv, negativ oder Null sein, wobei die Definition hierfür recht unterschiedlich formuliert wird, ohne daß jeweils etwas anderes gemeint wäre. Zum Beweis die folgenden Formulierungen. Demnach ist der Lenkrollradius

*positiv (+),*
- wenn er innerhalb der Spurweite der Vorderräder liegt bzw.
- wenn der Schnittpunkt der verlängerten Spreizachse mit der verlängerten Radmittelebene unterhalb der Fahrbahn liegt bzw.
- wenn er vom Radaufstandspunkt ausgehend zum Fahrzeug hin verläuft;

*negativ (-),*
- wenn er außerhalb der Spurweite der Vorderräder liegt bzw.
- wenn der Schnittpunkt der verlängerten Spreizachse mit der Radmittelebene oberhalb der Fahrbahn liegt bzw.
- wenn er vom Radaufstandspunkt ausgehend vom Fahrzeug weg verläuft;

*Null (0),*
- wenn er jeweils im Endpunkt der Spurweite der Vorderräder liegt bzw.
- wenn der Schnittpunkt der verlängerten Spreizachse mit der Radmittelebene in der Fahrbahn bzw.
- wenn er im Radaufstandspunkt liegt.

**Anmerkung**: Unter *Spurweite* ist der Abstand zwischen den Radaufstandspunkten der beiden Räder einer Achse zu verstehen.

Damit wird deutlich, daß der Lenkrollradius eigentlich keine eigenständige Größe ist, sondern von der Spreizung und damit auch vom Radsturz abhängig ist bzw. von diesen gebildet wird (Bild 3.28).

### Aufgaben und Auswirkungen

Der Lenkkrollradius beeinflußt die Größe des am Lenkrad beim Einschlagen der Räder aufzubringenden Drehmomentes, d.h., er ist mitbestimmend für die Leichtgängigkeit der Lenkung. Je kleiner der Lenkrollradius ist, desto kleiner ist auch die Rollstrecke des Rades beim Lenkeinschlag und de-

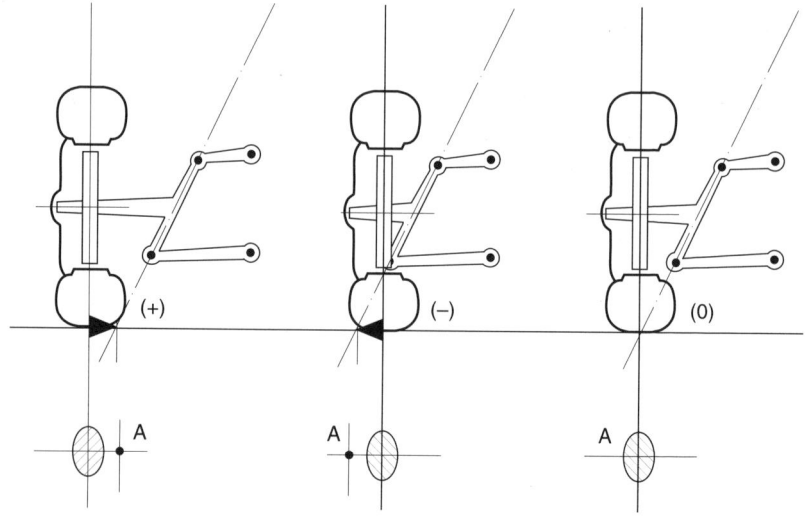

Bild 3.28
Positiver Lenkrollradius unterstützt die Rückstellkraft der Lenkung nach einer Kurvenfahrt, während negativer Lenkrollradius die Fahrstabilität beim Bremsen fördert.

sto leichtgängiger ist die Lenkung. Der Annahme, daß er dann am besten Null wäre, steht jedoch entgegen, daß einmal die Räder in diesem Fall beim Lenkeinschlag radieren und die Reifen dabei stärker abgenutzt würden und daß zum anderen die Rückstellkraft der Lenkung nach einer Kurvenfahrt nicht unterstützt würde (Bild 3.28).

Die Hauptaufgabe des Lenkrollradius besteht nämlich darin, nach einer Kurvenfahrt die Rückstellkraft der Lenkung zu unterstützen und die Räder in Geradeausstellung zu stabilisieren. In Abschnitt 3.3.4 wurde bereits unter «Aufgaben und Auswirkungen» darauf eingegangen. Andererseits darf der Lenkrollradius nicht zu groß sein, da ansonsten die Räder wie auch die Radaufhängung im Fahrbetrieb starken Störkräften durch unsymmetrische Fahr- und Rollwiderstände, einseitige Bremskräfte, Radunwucht, Antriebskräfte bei Frontantrieb und anderes mehr ausgesetzt sind, was die Fahrstabilität und Fahrsicherheit negativ beeinflußt. Ein kleiner Lenkrollradius schafft daher noch am ehesten ein ausgewogenes Verhältnis zwischen den diversen Vor- und Nachteilen.

Den genannten Störkräften begegnet man in jüngster Zeit sehr oft durch einen negativen Lenkrollradius, während bis vor wenigen Jahren noch nahezu ausschließlich ein positiver Lenkrollradius üblich war. Neigt ein

Fahrzeug z.B. dazu, beim Bremsen in Richtung des stärker gebremsten Rades (das kann durch die Bremsen, die Reifen oder die Fahrbahn verursacht sein) zu ziehen, so wird diese Reaktion durch einen negativen Lenkrollradius ins Gegenteil verkehrt. Ein negativer Lenkrollradius fördert also die Fahrstabilität beim Bremsen, wobei dies wiederum mit von der Fahrwerkskonstruktion bestimmt wird.

Als Resümee ist festzuhalten, daß die Größe des vom Fahrzeughersteller gewählten Lenkrollradius in aller Regel ein Kompromiß zwischen positiven und negativen Folgeerscheinungen ist und in hohem Maße von der jeweiligen Fahrwerkskonstruktion bestimmt wird.

**Messungen**

Die Definition hat bereits deutlich gemacht, daß der Lenkrollradius keine eigenständige Größe darstellt, sondern von der Spreizung und dem Radsturz abhängt bzw. durch diese sogar gebildet wird. Damit ist auch bereits ausgedrückt, daß das Messen von Sturz und Spreizung den Lenkrollradius mit umfaßt, weshalb im Rahmen einer Achsvermessung auch gar nicht erst ein gesondertes Messen des Lenkrollradius vorgesehen ist.

Der von den Kfz-Herstellern angegebene Lenkrollradius ist selbstverständlich typgebunden; er liegt im allgemeinen in einem Größenbereich zwischen −20 und +70 mm.

### 3.3.6  Nachlauf

**Definition und Meßgröße**

Nach DIN 70 020 versteht man unter dem Nachlauf die Neigung des Achsschenkelbolzens gegenüber der Senkrechten zur Fahrbahn «oben nach hinten». Da es im modernen Automobilbau keine Achsschenkel im ursprünglichen Sinne mehr gibt, sondern die Radaufhängung in Kugelgelenken erfolgt und die Nachlaufachse damit (vergleichbar mit der Spreizung) durch die Mitte der Gelenke der oberen und unteren (äußeren) Radaufhängung verläuft, wird der Nachlauf heute zutreffender als Neigung der Schwenk-, Lenk- oder auch Lenkungsdrehachse gegenüber der Senkrechten zur Fahrbahn oben nach hinten definiert (Bild 3.29).

Gemäß dieser Definition liegt der Schnittpunkt der verlängerten Nachlaufachse mit der Fahrbahnebene vor (in Fahrtrichtung gesehen) dem Aufstandpunkt des Rades, und der so gebildete Nachlauf wird als positiv (+) bezeichnet. Lange Zeit war auch keine andere Form des Nachlaufs denkbar. Erst in jüngster Zeit haben neue Erkenntnisse gezeigt, daß es bei Fahrzeugen mit Vorderradantrieb auch von Vorteil sein kann, wenn die Nach-

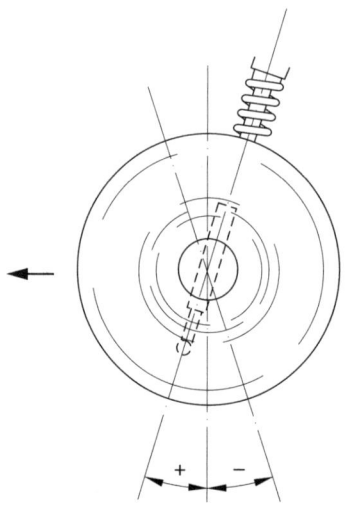

Bild 3.29
Unter «Nachlauf» versteht man die Neigung der Schwenk-, Lenk- oder auch Lenkungsdrehachse gegenüber der Senkrechten zur Fahrbahn, und zwar oben nach hinten. Die Darstellung macht gleichzeitig den Unterschied zwischen positivem und negativem Nachlauf deutlich.

laufachse gegenüber der Senkrechten zur Fahrbahn oben nach vorn geneigt ist. Diese Konstellation wird als negativer (-) Nachlauf bzw. Vorlauf bezeichnet (Bild 3.29).

Nachlauf, ob positiv oder negativ, muß nicht unbedingt durch Schrägstellen, sondern kann auch durch Versetzen der Schwenkachse erreicht werden. Anders ausgedrückt: Nachlauf läßt sich auch durch Verschieben der Schwenkachse vor oder hinter die Radmitte erreichen. Dabei kann dieses Verschieben parallel zur Senkrechten durch die Radmitte geschehen, so daß überhaupt kein Nachlaufwinkel zustande kommt, wie auch diverse Zwischenlösungen denkbar sind. Da die Auswirkungen des Nachlaufs, ob positiv oder negativ, nur von der Länge der Nachlaufstrecke vor oder hinter dem Radaufstandspunkt abhängen, spielt es überhaupt keine Rolle, durch welche konstruktiven Maßnahmen der Nachlauf geschaffen wird (Bild 3.30).

Theoretisch ist natürlich auch die Nachlaufstellung Null möglich, doch wird diese Konstellation in der Praxis nicht angewendet.

Wie die Definition bereits deutlich macht, bezieht sich der Nachlauf ausschließlich auf die Räder der Vorderachse. Er wird bei den meisten Fahrzeugen durch entsprechendes Schrägstellen der Schwenkachse erzielt und deshalb in Winkelgraden angegeben und gemessen. Er kann jedoch, da er – auf die Fahrbahn bezogen – eine meßbare Strecke darstellt, auch in mm angegeben werden. Dies ist sogar unumgänglich, wenn der Nachlauf durch Verschieben der Schwenkachse und nicht durch Schrägstellen erzeugt wird (Bild 3.31).

**Aufgaben und Auswirkungen**

Der Begriff Nachlauf leitet sich von der Wirkungsweise dieser Radstellung ab, denn ein Rad mit positivem Nachlauf läuft hinter der Stelle her bzw. läuft der Stelle nach, an der die verlängerte Lenk- bzw. Nachlaufachse auf die Fahrbahn trifft.

Das Rad wird also gezogen und nicht geschoben. Während ein geschobenes Rad labil ist und zum Flattern neigt, wird durch ein gezogenes Rad, das sich – ähnlich dem Schwenkrad eines Teewagens – stets nach hinten ausrichtet, die Radführung stabil. Das Rad läuft dabei hinter seiner Drehachse her und richtet sich nach der Zugrichtung aus (Bild 3.30).

In Verbindung mit den durch die Spreizung hervorgerufenen Kräften unterstützt der Nachlauf die Rückstellkraft der Lenkung, die das ausgelenkte Rad nach einer Kurvenfahrt automatisch wieder in die Geradeausstellung zurückführt. Negativer Nachlauf, also Vorlauf, führt demzufolge zu einer Verringerung der Lenkungsrückstellkraft. Bei Fahrzeugen mit Vor-

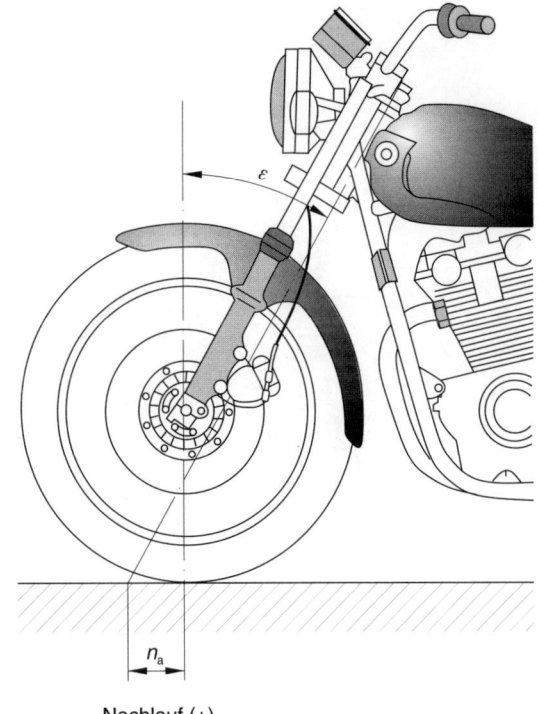

Bild 3.30
Am Beispiel eines Motorrad-Vorderrades wird besonders gut deutlich, daß bei positiv eingestelltem Nachlauf das Rad quasi «gezogen» wird, d.h., es läuft hinter seiner Drehachse her.

Nachlauf (+)

derradantrieb kann ein negativer Nachlauf dennoch von Vorteil sein, da durch den Antrieb bereits eine starke Antriebsrückstellung für die Lenkung erzeugt wird und ein positiver Nachlauf einfach zu viel des Guten wäre. In diesem Fall läßt sich vielmehr ein anderes Charakteristikum des negativen Nachlaufs nutzen, nämlich die Verminderung der Seitenwindempfindlichkeit.

Daraus läßt sich folgerichtig ableiten, daß positiver Nachlauf die Seitenwindempfindlichkeit erhöht. Zu großer positiver Nachlauf macht außerdem höhere Lenkkräfte erforderlich, weshalb man von seiten der Fahrzeughersteller bestrebt ist, positiven Nachlauf trotz vieler Vorteile relativ klein zu halten.

Eine interessante Auswirkung des Nachlaufs macht sich beim Rückwärtsfahren bemerkbar. Da dabei aus positivem Nachlauf negativer Nachlauf bzw. Vorlauf wird, versuchen die Räder mit zunehmendem Lenkeinschlag immer mehr, die Lenkung noch weiter einzuschlagen und so die Fahrspur noch mehr zu krümmen. Fährt man dabei mit reichlich Gas, dann können die einwirkenden Kräfte dem Fahrer durchaus das Lenkrad unter der Hand wegdrehen.

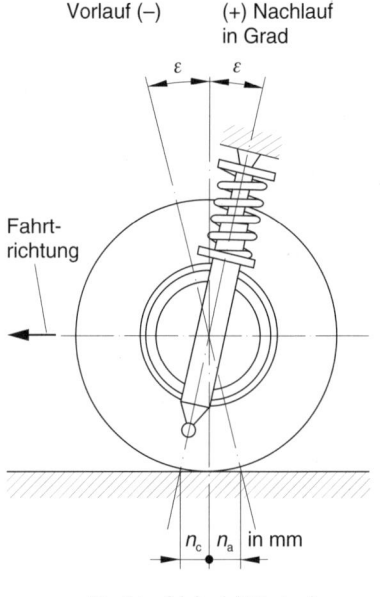

Bild 3.31
Diese Darstellung macht deutlich, daß der Nachlauf sowohl in Grad als auch in mm angegeben werden kann.

## Messung

Grundsätzlich gehört zu einer kompletten Achsvermessung auch eine Nachlaufmessung. Meßtechnisch versteht man unter dem Nachlauf den Sturzunterschied zwischen 20° Linkseinschlag und 20° Rechtseinschlag eines Rades. Also ist der Nachlauf durch Messen des Sturzes bei 20° Links- und 20° Rechtseinschlag mit anschließendem Errechnen der Differenz zu ermitteln.

Ein Beispiel macht das deutlich. Wird der Sturz eines Rades bei 20° Linkseinschlag mit +3° und bei 20° Rechtseinschlag mit −1° ermittelt, dann beträgt der Sturzunterschied und folglich auch der Nachlauf 4°. Der absolute Wert ist damit ermittelt, nicht aber, ob dieser nun positiv oder negativ ist. Dazu ist folgende Faustregel anzuwenden:

Der Nachlauf ist

☐ positiv, wenn der Sturzwinkel bei Kurveninneneinschlag größer ist als bei Kurvenaußeneinschlag,
☐ negativ, wenn der Sturzwinkel bei Kurvenaußeneinschlag größer ist als bei Kurveninneneinschlag.

Mehr ins Detail gehend, heißt das:

☐ Das rechte Vorderrad hat positiven Nachlauf, wenn sein Sturz bei 20° Rechtseinschlag größer ist als bei 20° Linkseinschlag;
☐ das rechte Vorderrad hat negativen Nachlauf (Vorlauf), wenn sein Sturz bei 20° Rechtseinschlag kleiner ist als bei 20° Linkseinschlag;
☐ das linke Vorderrad hat positiven Nachlauf, wenn sein Sturz bei 20° Linkseinschlag größer ist als bei 20° Rechtseinschlag;
☐ das linke Vorderrad hat negativen Nachlauf (Vorlauf), wenn sein Sturz bei 20° Linkseinschlag kleiner ist als bei 20° Rechtseinschlag.

Der Zusammenhang zwischen Sturz und Nachlauf macht klar, daß der Nachlaufmessung die gleiche Ausrichtung der Vorderräder auf die vom Meßverfahren und von der verwendeten Meßtechnik abhängige Bezugsachse zugrunde liegen muß wie der Sturzmessung, d.h., sie wird von der vorangegangenen Sturzmessung übernommen. Ausgangspunkt für den Radeinschlag ist wiederum der Spurwert Null, der vorher einzustellen ist (s. Bild 3.12). Im weiteren sind, um Fehlmessungen und -einstellungen zu vermeiden, die in Abschnitt 3.5 beschriebenen Vorbereitungen zu treffen. Darüber hinausgehende oder davon abweichende Herstellerangaben sind selbstverständlich zu berücksichtigen.

Die von den Fahrzeugherstellern für den Nachlauf vorgegebenen Sollwerte liegen im allgemeinen

- bei positivem Nachlauf zwischen +1° und +5°, reichen aber bei manchen Fahrzeugen bis zu etwa +10°;
- bei negativem Nachlauf –5' bis –40'.

Dies können natürlich nur Richtwerte sein, d.h., die vom jeweiligen Fahrzeughersteller vorgegebenen typgebundenen Sollwerte haben selbstverständlich Vorrang.

Beim Nachlauf kommt der Gleichheit der Meß- und der Einstellwerte an beiden Vorderrädern große Bedeutung zu, da zu große Differenzen zu unsicherer Lenkung und deutlichen Einbußen bei der Fahrsicherheit führen, vor allem beim Bremsen und auf schlechter Fahrbahn. Es ist daher ratsam, die von den Herstellern genannten Toleranzen nicht bis zum äußersten auszunutzen.

Die Nachlaufeinstellung, ohnehin je nach Achskonstruktion verschieden, ist nicht bei allen Fahrzeugen möglich. So ist z.B. bei Fahrzeugen mit McPherson-Federbeinen der Nachlauf meist konstruktiv fixiert und nicht einstellbar. Messungen macht das allerdings nicht überflüssig, denn es können Deformierungen und Schäden sonstiger Art im Bereich der Radaufhängung vorliegen, die zu nachteiligen Veränderungen des Nachlaufs führen und u.U. ein Auswechseln defekter Teile notwendig machen.

## 3.4  Reihenfolgen bei der Achsvermessung

In Abschnitt 3.2 wurde herausgestellt, daß die Fahrtrichtung eines Fahrzeugs ganz wesentlich von der Stellung der Hinterräder abhängt und nicht in Richtung der Symmetrieachse, sondern in Richtung der geometrischen Fahrachse verläuft. Diese wiederum ist die Winkelhalbierende der Hinterrad-Gesamtspur. Nur dann, wenn die Einzelspuren der Hinterräder, die sich im übrigen auf die Symmetrieachse beziehen, gleich sind, fallen geometrische Fahrachse und Symmetrieachse zusammen.

Damit ist klar, daß es bei einer 4-Rad-Achsvermessung, bei der sich die Stellung der Vorderräder auf die geometrische Fahrachse beziehen soll, falsch wäre, in der früher gewohnten Weise mit der Spurmessung an den Vorderrädern zu beginnen. Zuerst – und das ist erfahrungsgemäß für viele Kfz-Betriebe noch gewöhnungsbedürftig – sind mit Bezug auf die Symmetrieachse die Einzelspuren der Hinterräder zu messen. Sind diese unterschiedlich groß und (wie bei den meisten Fahrzeugen) auch nicht einstellbar, so bedeutet das, daß die geometrische Fahrachse nicht mit der Symmetrieachse in Übereinstimmung zu bringen ist. Also sind aus den Einzelspuren die Hinterrad-Gesamtspur zu errechnen, die Winkelhalbierende zu bilden und so die geometrische Fahrachse zu ermitteln.

Jetzt erst, nachdem die geometrische Fahrachse ermittelt ist, kann mit der Spurmessung an den Vorderrädern unter Bezug auf die geometrische Fahrachse begonnen werden.

## 3.5 Fahrzeugbezogene Vorbedingungen für die Achsvermessung

Nach DIN 70 020 ist die Achsvermessung bei vollbeladenem Fahrzeug vorzunehmen. Dies geschieht in der Praxis heute überhaupt nicht mehr. Dennoch wird dabei nicht überall einheitlich vorgegangen, weshalb auch hierbei die Vorschriften der Fahrzeughersteller zu beachten sind, denn diese haben die von ihnen vorgegebenen Sollwerte auf eine bestimmte Vermessungsart und Belastung abgestimmt.

Allgemein ist heute die Achsvermessung in unbeladenem Zustand üblich, also bei Leergewicht. Da dies eine sehr statische Angelegenheit ist und leicht zu irrigen Meßergebnissen, falscher Interpretation und Fehleinstellungen führen kann, sollten vor der Vermessung zumindest solche Kleinigkeiten wie

- Durchwippen des Fahrzeugs,
- Durchdrehen der Räder und
- Durchdrehen der Lenkung

erfolgen, um das Fahrzeug wenigstens einigermaßen an den dynamischen Fahrzustand anzupassen. Wichtig und von Einfluß auf das Meßergebnis ist außerdem, daß

- alle Achsgelenke in Ordnung sind,
- keine Spurstangen und Gestängeteile verbogen sind,
- das Radlagerspiel stimmt,
- die Fahrzeugfederung in Ordnung ist,
- die Felgen- und Reifengröße sowie der Reifenluftdruck stimmen,
- der Seitenschlag der Felgen bei Pkw-Rädern max. 1,5 mm nicht überschreitet.

Natürlich werden die zur Feststellung dieser Dinge notwendigen Prüfungen nicht vor jeder Achsvermessung mit akribischer Sorgfalt durchgeführt, doch man muß wissen, was im Falle negativer Prüfergebnisse die Ursachen dafür sein können.

Manche Fahrzeughersteller geben für die Achsvermessung auch eine Prüflast an und simulieren damit einen dynamischen Prüfzustand. Die Belastung führt dabei zu einer je nach Achskonstruktion mehr oder weniger großen Veränderung einzelner Radstellungen, ähnlich wie beim Ein- und Ausfedern. Als Prüflast kann z.b. eine Person von etwa 75 kg auf dem Fahrersitz oder mittig auf dem Hintersitz gemeint sein. Meist sind von dieser Vorgabe ältere Baujahre betroffen, und da die für diese Fahrzeuge geltenden Achsmeßwerte auf die angegebene Prüflast abgestimmt sind, tut man gut daran, bei der Vermessung auch danach zu verfahren.

Andere Hersteller schreiben vor, die Achsvermessung bei einem bestimmten Bodenabstand vorzunehmen. Dieser Abstand, der eine bestimmte Belastung simulieren soll, wird durch Herunterziehen des Fahrzeugs mittels geeigneter Spannvorrichtungen erreicht. In der Praxis geschieht das zweckmäßigerweise durch Herunterziehen auf untergestellte Holzklötze, deren Höhe dem vorgeschriebenen Bodenabstand entspricht.

Von manchen Fahrzeugherstellern werden einzelne Radstellungen, besonders die Spur, sowohl für unbelasteten als auch für belasteten Zustand angegeben. Dabei sind die «unbelasteten» Werte für eine Art Schnelldiagnose gedacht, etwa anläßlich einer normalen Fahrzeuginspektion, während die «belasteten» Werte bei einer kompletten Achsvermessung auf dem Achsmeßstand anzuwenden sind.

## 3.6 Technik der Achsvermessung

Selbstverständlich ist nicht nur bei der Automobiltechnik im allgemeinen und der Fahrwerktechnik im besonderen eine enorme Weiterentwicklung erfolgt, in deren Gefolge heute auch an die Achsvermessung erheblich höhere Anforderungen gestellt werden als in früheren Jahren, sondern auch bei der Technik der Achsvermessung selbst.

Und wie auf nahezu allen Gebieten der Diagnosetechnik führte auch hier der Weg von rein mechanischen Meßmethoden über diverse Zwischenstufen zur elektronischen Prüftechnik. Daß damit eine gewaltige Steigerung an Genauigkeit, Zuverlässigkeit und anderes mehr verbunden war, liegt auf der Hand (Bilder 3.32 und 3.33).

Auch die Kostenentwicklung ist mit anderen Gebieten der Diagnosetechnik vergleichbar: Am billigsten waren die Geräte zur mechanischen, am teuersten sind die Einrichtungen zur elektronischen Achsvermessung. Wen wundert's daher, daß in vielen, vor allem kleinen deutschen, europäischen und erst recht außereuropäischen Kraftfahrzeugwerkstätten auch

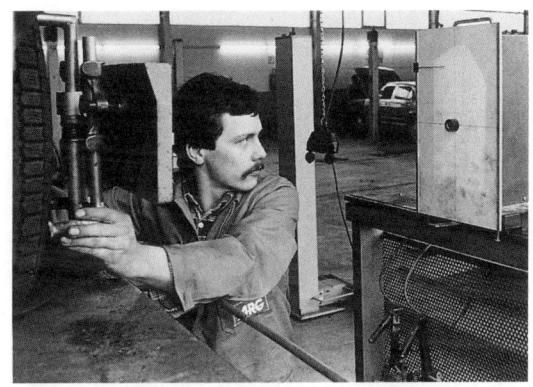

Bild 3.32
Monteur bei der Achsvermessung unter Verwendung einer optischen Achsmeßanlage mit Radspiegeln

heute noch viele alte, teils sogar total antiquierte Achsmeßgeräte im Einsatz sind. Und weil es gerade diese kleinen Betriebe bzw. die darin Beschäftigten sind, die nicht von den Automobilherstellern das nötige Knowhow für ihre tägliche Arbeit bekommen, sondern auf Informations- und Fortbildungsquellen wie z.B. diese Service-Fibel angewiesen sind, kann man auch an dieser Stelle die Achsmeßtechnik früherer Jahre nicht einfach außen vor lassen.

Bild 3.33
Bei dieser Fahrwerkanalyse mit einem modernen elektronischen Achsmeßgerät von Bosch erfolgt die Bedienung per Fernsteuerung vom Lenkrad aus.

Nach Art des Meßverfahrens unterscheidet man drei verschiedene Grundtypen von Meßsystemen:

- mechanische Meßsysteme,
- optische Meßsysteme und
- elektronische Meßsysteme.

Diese Unterscheidung ist allerdings insofern etwas grob, als die Übergänge vom einen zum anderen Meßsystem vielfach nicht starr, sondern fließend sind, also Kombinationen wie z.b. optisch-mechanisch oder elektronisch-mechanisch darstellen.

### 3.6.1 Mechanische Meßsysteme und Meßgeräte

Es waren rein mechanische Systeme und Geräte, mit denen die Achsvermessung begann. Sie waren auf die Fahrwerkstechnik früherer Jahre zugeschnitten und genügten voll und ganz den an sie gestellten Anforderungen. Wenn sie, obwohl eigentlich ein Relikt aus vergangener Zeit, dennoch in dieser Service-Fibel recht ausführlich behandelt werden, so aus folgenden Gründen:

- Auch mechanische Meßgeräte sind nicht auf dem Entwicklungsstand der Anfangsjahre stehengeblieben, sondern wurden weiterentwickelt.
- Mechanische Meßgeräte sind – zumindest für manche Aufgabengebiete und hier vor allem in Kombination mit optischen und elektronischen Meßgeräten – nach wie vor weitverbreitet.
- Optische und elektronische Meßsysteme bauen auf den Basisfunktionen der mechanischen Meßtechnik auf, d.h., man muß die mechanische Meßtechnik kennen, will man die optischen und elektronischen Meßsysteme verstehen.

Festzuhalten ist, daß im folgenden zwar die einzelnen Meßsysteme und allgemeine Vorgehensweisen beschrieben, aber keine Bedienungsanleitungen wiedergegeben werden, was bei der Vielzahl der existierenden Geräte auch gar nicht möglich wäre. Die folgenden Darstellungen sollen lediglich dazu dienen, die einzelnen Systeme kennenlernen und beurteilen zu können, und sie mögen im ein oder anderen konkreten Fall auch eine brauchbare Hilfe bei der Entscheidungsfindung sein. Wenn ein Meßprinzip bzw. ein Gerätetyp geeignet ist, für Prüfungen von Achsparallelität, Radversatz, Achsversatz usw. verwendet zu werden, was über das bloße Messen der Radstellungen hinausgeht, so muß auch das der großen Vielfalt wegen hier ausgespart und der jeweiligen Bedienungsanleitung überlassen werden.

Insgesamt wurden im Laufe der Jahre sehr viele mechanische Systeme und Geräte für die Achsvermessung bzw. Einzelbereiche daraus entwickelt. Diejenigen davon, die sich nicht bewährt haben, sind bald wieder vom Markt verschwunden. Andere erfreuten sich großer Beliebtheit und weiter Verbreitung. Viele davon sind noch heute im Einsatz, insbesondere diejenigen, die erst in Verbindung mit optischen oder gar elektronischen Meßgeräten ihre Vorteile ausspielen konnten (Bild 3.34).

Tabelle 3.2 enthält die wichtigsten, zum Teil bis in die heutige Zeit hinein verwendeten mechanischen Achsmeßgeräte sowie die jeweiligen Anwendungsgebiete.

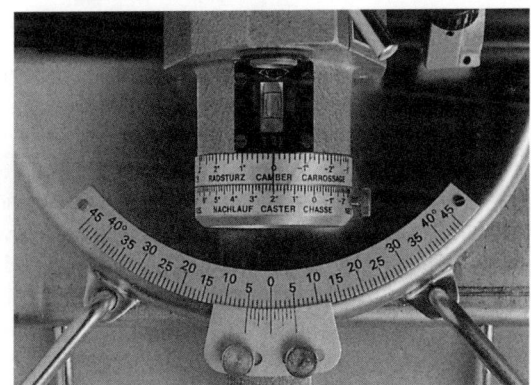

Bild 3.34
Auch mit viel Mechanik ist eine exakte Achsvermessung möglich. Im gezeigten Beispiel erfolgt die Messung der Radeinschlagwinkel und des Spurdifferenzwinkels über einen Drehplattenteller, die Einstellung von Sturz und Nachlauf über ein Wasserwaagenmeßgerät.

Tabelle 3.2

| Meßgerät | Anwendungsgebiet |
| --- | --- |
| Spurmeßstangen | Spurmessung |
| Spurmeßplatten | Spurkontrolle |
| Winkelmesser | Spurmessung, Spurwinkel- und Spurdifferenzwinkelmessung, Sturz- und Nachlaufmessung |
| Drehplattenteller | Spannungsfreies Einschlagen der Räder; Spurwinkel- und Spurdifferenzwinkelmessung, Spreizungs- und Nachlaufmessung |
| Pendelmeßgeräte | Sturz- und Nachlaufmessung |
| Wasserwaagenmeßgeräte | Sturz-, Spreizungs- und Nachlaufmessung |

### 3.6.1.1 Spurmeßstangen

Spurmeßstangen sind grundsätzlich nur für eine Messung der Gesamtspur der Vorder- und/oder der Hinterräder geeignet. Eine Referenz zur jeweils anderen Fahrzeugachse erfolgt dabei nicht, so daß – da keine echte Bezugsachse vorhanden ist – nur ein Ausrichten der Lenkung in Mittelstellung nach Augenmaß möglich ist. Da als Meßergebnis nur die Gesamtspur vorliegt, kann erst durch zusätzliches Messen der Spurdifferenzwinkel, was aber wieder ein anderes Meßgerät erforderlich macht, festgestellt werden, ob auch die Einzelspuren stimmen.

Man unterscheidet

- Spurmeßstangen für Innenmessung und
- Spurmeßstangen für Außenmessung.

Spurmeßstangen für die Innenmessung dienen zur Abstandsmessung zwischen den beiden Rädern einer Achse in Höhe der Radmitte, und zwar einmal vorn und einmal hinten. Der Unterschied zwischen den beiden Meßergebnissen ergibt die Spur in mm.

Die Meßstangen bestehen aus ineinandergeschobenen Rohren, deren Enden durch Federdruck gegen die Reifeninnenwand oder (besser!) gegen das Felgenhorn der beiden Räder einer Achse gedrückt werden. Dabei werden die Räder einmal vorn und einmal hinten auseinandergedrückt, wodurch ein beachtlicher Teil des Gelenkspiels mit in die Messung eingeht. Entsprechend ungenau ist das Meßergebnis. Innenmeßgeräte sind daher nur selten anzutreffen.

Spurmeßstangen für die Außenmessung (Bild 3.35) dienen ebenfalls zur Abstandsmessung, werden aber außen am Felgenhorn in Höhe der Radmitte angesetzt. Auch hierbei wird einmal vorn und einmal hinten gemessen, so daß der Unterschied im Meßergebnis die Spur in mm ergibt.

Bei den Spurmeßstangen wird für die Außenmessung nur ein Taststift angelegt und folglich kein besonderer Druck auf die Räder ausgeübt; dadurch wird das Meßergebnis weniger vom Gelenkspiel beeinflußt und ist dementsprechend genauer. Neuere Geräte verfügen außerdem meist über eine Meßuhr, was die Ablesegenauigkeit erhöht. All dies, der günstige Preis und die Möglichkeit, das Gerät an jedem beliebigen Ort einzusetzen, haben zu einer beachtlichen Verbreitung von Spurmeßstangen für die Außenmessung geführt, die bis heute erhalten geblieben ist.

Bild 3.35
Spurmeßstangen zählen zu den heute noch häufig verwendeten mechanischen Achsmeßgeräten. Außenmeßgeräte mit Meßuhr gehören dabei zu den genauest arbeitenden Geräten.

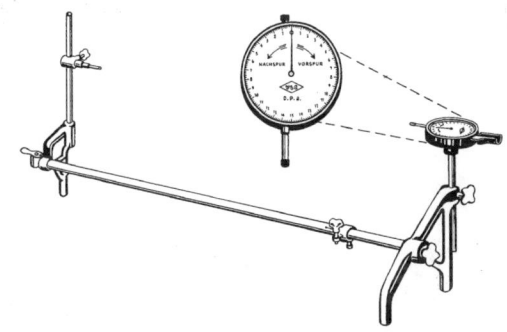

### 3.6.1.2 Spurmeßplatten

Spurmeßplatten gehören eigentlich nur bedingt zur Gruppe der mechanischen Spurmeßgeräte, denn sie sind – trotz ihres Namens – keine reinen Spurmeßgeräte, sondern dienen mehr der schnellen, etwas groben Allgemeinbeurteilung der Fahrwerksgeometrie in ihrer Gesamtheit.

Bei den Geräten handelt es sich um eine Anordnung von ein oder zwei flureben installierten Platten, die mit den Vorder- oder Hinterrädern überfahren werden (Bild 3.36). Die Platten sind quer zur Fahrtrichtung schwimmend gelagert, so daß sie unter der Einwirkung einer nach der Sei-

Bild 3.36
Plattenprüfstand «Ripometer» zur Schnellkontrolle der Lenkgeometrie – ein idealer «Verkäufer» für eine komplette Achsvermessung

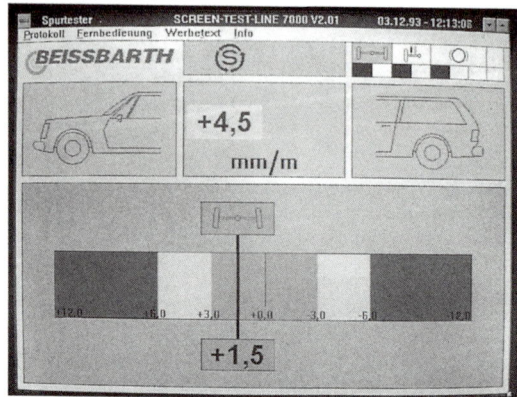

Bild 3.37
Bei diesem Plattenprüfstand mit Bildschirmanalyse wird der gemessene Spurwert durch eine Balkengrafik unterstützt: grün ist o.k., gelb im Grenzbereich und rot außerhalb der Toleranz.

te wirkenden und damit von der Längsachse bzw. Fahrtrichtung weg gerichteten Kraft ausweichen können. Diese seitliche Auslenkung der Platten wird von einer Meßeinrichtung erfaßt und als Abweichung von der Geradeausrichtung in mm/m oder m/km angezeigt (Bild 3.37).

Die Kraft, die die seitliche Auslenkung der Platten bewirkt, wird vornehmlich von der Spur ausgelöst, aber auch vom Radsturz und den anderen Radstellungen beeinflußt. Also kann die Anzeige des Meßwertes auch nie ein Maß allein für die Spur, sondern allenfalls ein Indikator für die gesamte Fahrwerksgeometrie sein. Aber was auch immer die Ursache für die Abweichung von der Geradeausrichtung und damit für die Auslenkung der Platten ist, sie darf ein bestimmtes Maß, das auf den Anzeigegeräten meist farblich gekennzeichnet ist, nicht überschreiten. Ist das dennoch der Fall, so ist damit bewiesen, daß etwas im Bereich der Fahrwerksgeometrie nicht in Ordnung ist und einer genaueren Untersuchung in Form einer kompletten, exakten Achsvermessung bedarf.

Das Maß der Abweichung von der Geradeausrichtung bzw. der Auslenkung der Platten ist verständlicherweise mit den bekannten Einstellgrößen der Fahrwerksgeometrie nicht vergleichbar und wird daher von den Fahrzeugherstellern auch nicht als Meßgröße angegeben. Von seiten der Gerätehersteller und der Anwender in der Werkstatt kann deshalb eine Beurteilung der Fahrwerksgeometrie mit Spurmeßplatten auch nur auf der Basis von praktischen Erfahrungen erfolgen. Dies allerdings geschieht derzeit mit wachsendem Erfolg.

Die einfache Handhabung, die schnelle Diagnose und die selbst für Laien verständliche Darstellung des Meßergebnisses, aus dem sich eine evtl.

Bild 3.38
Anzeigetableau des kombinierten Plattenprüfstandes für Bremsen und Spur (Fa. HEKA)

notwendige komplette Achsvermessung deutlich und überzeugend ableiten läßt, der geringe und nicht störende Platzbedarf und anderes mehr machen die Spurmeßplatte besonders für die Kundendienstannahme und hier wiederum vor allem für deren moderne Form, die Direktannahme, geeignet. Mehr noch: Die Spurmeßplatte – ganz besonders in Kombination mit einem Platten-Bremsenprüfstand (Bild 3.38) – ist heute zu einem Marketinginstrument erster Güte geworden und erfreut sich gegenwärtig einer geradezu boomartigen Verbreitung (siehe hierzu auch Abschnitt 2.4.6).

### 3.6.1.3 Winkelmesser

Winkelmesser sind transportable, in Ausnahmefällen auch stationäre Geräte mit breitem Anwendungsgebiet, denn sie sind für die Messung der Gesamtspur der Vorder- und Hinterräder (mit Einschränkungen auch der Einzelspuren) sowie für die Spur- und Spurdifferenzwinkel-, die Sturz- und die Nachlaufmessung geeignet. Damit ist eine weitgehend komplette Diagnose der Fahrwerksgeometrie möglich, wenn auch – da keine Referenz zur jeweils anderen Fahrzeugachse erfolgt – ohne Ausrichtung auf eine echte Bezugsachse. Da das Meßprinzip des Winkelmessers auf die Standfläche des Fahrzeugs bezogen ist, muß das Fahrzeug auf einer absolut ebenen Fläche stehen.

Beim Winkelmesser wird ein zunächst exakt geradeaus (in Fahrtrichtung gesehen) und senkrecht ausgerichteter Meßschenkel an die Felge oder Reifenseitenwand (letzteres ist allenfalls bei waagerechtem Anlegen einigermaßen akzeptabel, bei senkrechtem Anlegen dagegen wegen der Ausbauchung des Reifens im Bereich der Aufstandsfläche völlig indiskutabel) angelegt und so die Abweichung von der Geradeausrichtung bzw. der Senkrechten ermittelt. Die Abweichung wird auf einer Winkelskala in Grad und Minuten angezeigt.

Zur Spurmessung wird zunächst der Meßschenkel des Winkelmessers waagerecht an die Felge (oder den Reifen) des linken oder rechten Rades der zu vermessenden Vorder- oder Hinterachse angelegt und das Rad auf den Spurwert Null gestellt (Bild 3.39). Anschließend wird an der gegenüberliegenden Achsseite der Meßschenkel des Gerätes waagerecht an die Felge (oder den Reifen) angelegt. Die nun an dieser Achsseite auf der Winkelskala des Gerätes in Grad und Minuten angezeigte Abweichung von der Geradeausrichtung stellt die Gesamtspur dar. Wegen evtl. Deformierungen der Felge bzw. der Reifenseitenwand sollten mindestens zwei Messungen bei unterschiedlichen Radstellungen vorgenommen werden.

Natürlich ist es auch möglich, die Lenkung in Mittelstellung zu bringen und anschließend getrennt für das linke und rechte Vorder- und Hinterrad die Abweichung von der Geradeausrichtung, die Einzelspuren also, zu ermitteln. Diese Messung ist jedoch recht ungenau, da die per Augenmaß in Mittelstellung gebrachte Lenkung keine echte Bezugsachse darstellt. Vorteilhafter und genauer ist es da schon, nach der Spurmessung mit dem gleichen Meßgerät auch die Spurdifferenzwinkel zu messen, woraus sich ableiten läßt, ob neben der Gesamtspur auch die Einzelspuren den Sollwerten entsprechen.

Der Vollständigkeit halber ist festzuhalten, daß das auf dem deutschen Markt am meisten verbreitete Winkelmeßgerät, die sogenannte Achsmeßbrücke der Firma Koch (Bild 3.40), mittlerweile durch ein Lasersystem ergänzt wurde und damit sogar nachrüstbar ist. Das Lasersystem ermöglicht die Herstellung einer Referenz zur jeweils anderen Fahrzeugachse, so daß an allen Rädern eine Vermessung mit Bezug auf die Symmetrieachse möglich ist.

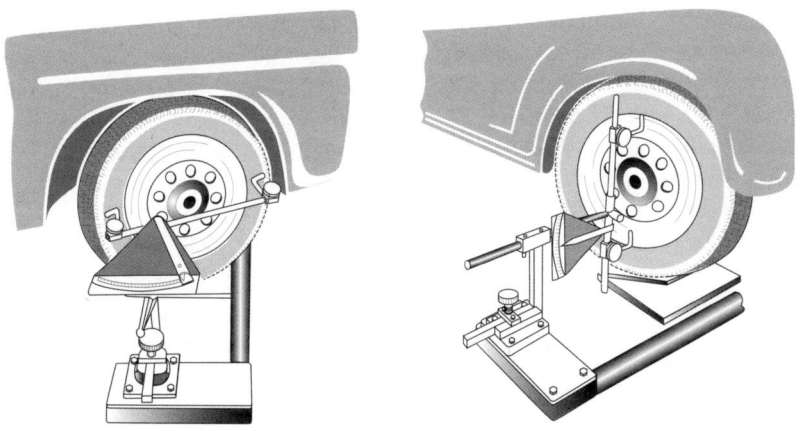

Bild 3.39
Mechanisches Winkelmeßgerät. Im linken Bild ist der Meßbügel für die Spur- und Spurdifferenzwinkelmessung waagerecht, im rechten Bild für die Sturz- und Nachlaufmessung senkrecht angesetzt.

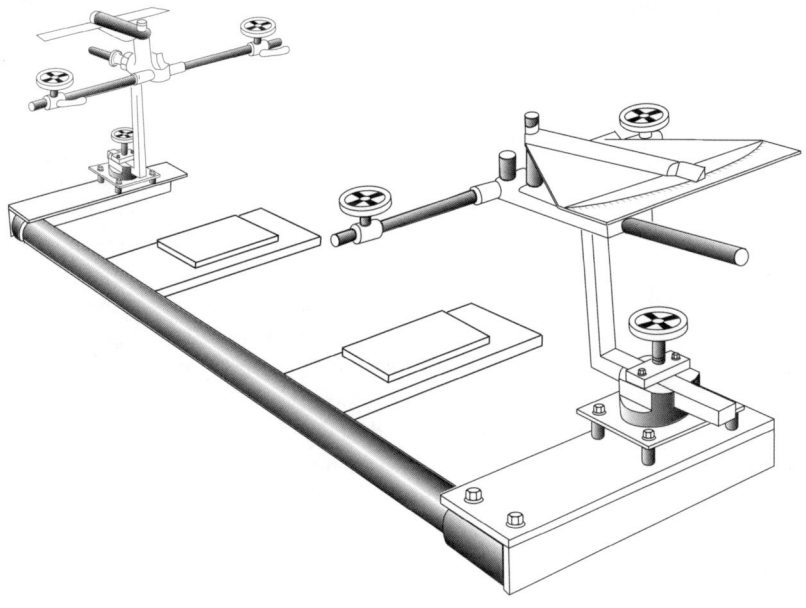

Bild 3.40
Das auf dem deutschen Markt meistverbreitete mechanische Winkelmeßgerät ist die Achsmeßbrücke von Koch.

Auch für die Spurdifferenzwinkelmessung wird der Meßschenkel des Gerätes waagerecht an der Felge (oder Reifenseitenwand) angelegt. Als Winkel, die zu messen sind, kommen dabei in Frage: 0° für die Spurstellung Null (Ausgangsstellung für das kurveninnere Rad) sowie die Einschlagwinkel für das kurveninnere (20°) und das kurvenäußere Rad. Die Differenz zwischen den Einschlagwinkeln des jeweiligen kurveninneren und kurvenäußeren Rades ist der Spurdifferenzwinkel.

Wegen evtl. Deformierungen der Felge bzw. der Reifenseitenwand sollten – wie bei der Spurmessung – mindestens zwei Messungen bei unterschiedlichen Radstellungen vorgenommen werden. Außerdem müssen die Vorderräder auf Drehtellern stehen, weil nur so ein spannungsfreies Einschlagen der Räder möglich ist und Meßfehler durch Gelenkspielveränderungen vermieden werden können.

Die Sturzmessung an den Vorder- und Hinterrädern ist bei Spurstellung Null des jeweiligen Rades vorzunehmen – eine Einstellung, die bei waagerecht angesetztem Meßschenkel leicht und genau vorzunehmen ist. Für die Sturzmessung wird dann der Meßschenkel des Gerätes senkrecht an der Felge des jeweiligen Rades angelegt (s. Bild 3.39) und der dabei vorliegende Winkel (der Sturzwinkel ist bekanntlich der gegenüber der Senkrechten abweichende Neigungswinkel) abgelesen. Ein Anlegen des Meßschenkels an die Reifenseitenwand verbietet sich wegen der Auswölbung des Reifens im Bereich der Aufstandsfläche.

Der Nachlauf ist mit dem Winkelmesser indirekt zu ermitteln. Bekanntlich versteht man unter dem Nachlauf meßtechnisch den Sturzunterschied zwischen 20° Linkseinschlag und 20° Rechtseinschlag eines Vorderrades. Also ist der Nachlauf durch Messen des Radsturzes bei 20° Links- und 20° Rechtseinschlag mit anschließendem Errechnen der Differenz zu ermitteln.

Die 20° Links- und Rechtseinschlag sind mit dem Winkelmesser durch waagerechtes Anlegen des Meßschenkels exakt meß- und einstellbar. Anschließend werden jeweils bei eingeschlagenem Rad die Sturzwinkel durch senkrechtes Anlegen des Meßschenkels gemessen und aus den beiden Winkeln die Differenz und damit der Nachlauf ermittelt (siehe dazu Abschnitt 3.3.6). Selbstverständlich müssen die beiden Vorderräder zum spannungsfreien Einschlagen (wie bei der Spurdifferenzwinkelmessung) auf Drehtellern stehen.

### 3.6.1.4 Drehplattenteller

Drehplattenteller (andere Bezeichnungen sind Drehteller, Drehplatten, Drehuntersätze) bestehen aus einer feststehenden Grundplatte mit einem drehbar darauf gelagerten Drehteller mit Winkelskala. Auf solchen Dreh-

Bild 3.41
Drehplattenteller mit Gradeinteilung zur Messung des Radeinschlags. Außerdem dienen die Drehplattenteller dem leichten und spannungsfreien Einschlagen der Vorderräder.

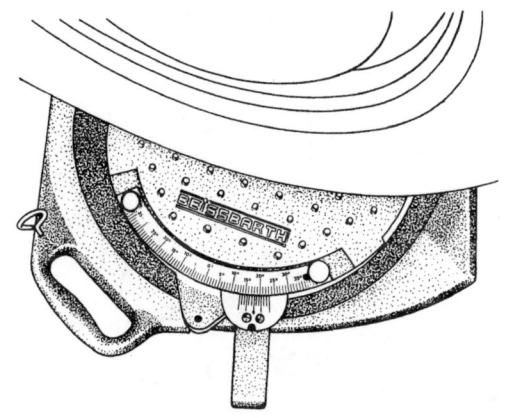

plattentellern stehend, lassen sich die Vorderräder leicht und vor allem spannungsfrei einschlagen und der Einschlagwinkel genau ablesen, so daß Spur- und Spurdifferenzwinkel einfach und genau abgelesen werden können (Bild 3.41).

Als mechanische Achsmeßgeräte eignen sich Drehplattenteller sowohl für die Spurwinkel- und Spurdifferenzwinkelmessung als auch für das Messen der Einschlagwinkel bei der Spreizungs- und Nachlaufmessung. Mit Drehplattentellern allein ist es allerdings nicht möglich, ein Rad exakt auf den Spurwert Null, der genauen Ausgangsstellung für den 20°-Einschlag der Räder, einzustellen. Drehplattenteller sind demzufolge auch nur in Verbindung mit einem Spurmeßgerät, das eine genaue Nullstellung der Spur ermöglicht, für eine 100%ig einwandfreie Messung des Spurdifferenzwinkels sowie des 20°-Einschlags der Räder geeignet.

In der Praxis kommen mechanisch arbeitende Drehplattenteller heute vor allem in Verbindung mit optischen bzw. optisch-mechanischen Achsmeßgeräten zum Einsatz (Bild 3.42), und zwar

☐ weil sie ein leichtes und zuverlässiges Ablesen des Einschlagwinkels sowie der Spur- und der Spurdifferenzwinkel ermöglichen und
☐ weil sie zum leichten, verspannungsfreien Einschlagen der Reifen, ohne daß die Reifen dabei radieren, ohnehin benötigt werden.

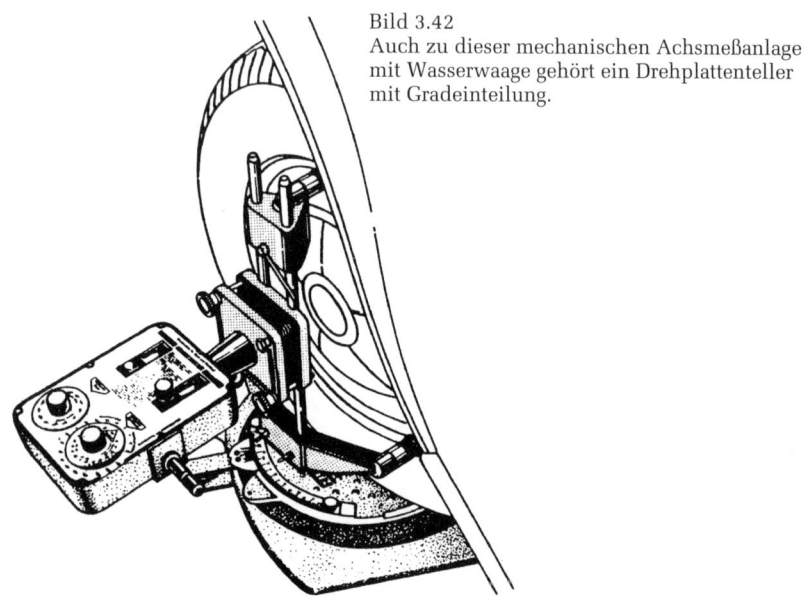

Bild 3.42
Auch zu dieser mechanischen Achsmeßanlage mit Wasserwaage gehört ein Drehplattenteller mit Gradeinteilung.

### 3.6.1.5 Pendelmeßgeräte

Pendelmeßgeräte eignen sich für ein mechanisches Messen des Radsturzes und des Nachlaufs. Da mit den Geräten kein Bezug zur Symmetrieachse oder zur geometrischen Fahrachse hergestellt werden kann, müssen die Vorderräder nach Augenmaß auf den Spurwert Null, der Grundstellung bei der Sturzmessung und der Ausgangsstellung bei der Nachlaufmessung, eingestellt werden. Außerdem ist zu beachten, daß das Fahrzeug bei der Messung auf einer absolut ebenen Fläche steht, da das Meßprinzip der Pendelmeßgeräte auf die Standfläche des Fahrzeugs bezogen ist.

Bei Pendelmeßgeräten dient die Radmittelebene, die Reifenseitenwand oder die Felge als Meßbasis. Die Radmittelebene verlangt umfangreiche Vorarbeiten und wird daher in der Praxis kaum als Meßbasis genutzt. Die Reifenseitenwand wiederum hat den Nachteil, daß die unter dem Fahrzeuggewicht erfolgende Auswölbung der Reifenseitenwand an der Aufstandsseite das Meßergebnis bis zur völligen Unbrauchbarkeit verfälschen kann. Bleibt zur Anlage für das Meßgerät also nur die Felge, und auch dabei sollten pro Rad mindestens zwei Messungen durchgeführt werden, um eine Verfälschung der Meßwerte durch evtl. Deformierungen zu vermeiden.

Der Radsturz der Vorder- und Hinterräder wird mit dem Pendelmeßgerät (vergleichbar mit dem Winkelmesser) direkt, der Nachlauf der Vorderräder indirekt über den Sturzunterschied zwischen 20° Links- und 20° Rechtseinschlag des jeweiligen Rades gemessen. Zur Sturzmessung wird demzufolge das Meßgerät bei der Spurstellung Null, zur Nachlaufmessung einmal bei 20° Links- und zum anderen bei 20° Rechtseinschlag angesetzt und der jeweilige Neigungswinkel gegenüber der Senkrechten gemessen. Die weitere Ermittlung des Nachlaufs geschieht in gleicher Weise wie in Abschnitt 3.3.6 unter «Messung» ausführlich beschrieben.

Zum Messen des jeweiligen Radeinschlagwinkels ist ein Drehteller mit Winkelskala erforderlich, der gleichzeitig ein leichtes und spannungsfreies Einschlagen der Räder garantiert.

Die Pendelmessung enthält viele Unabwägbarkeiten und wird deshalb allgemein als unzuverlässig eingestuft.

### 3.6.1.6 Wasserwaagenmeßgeräte

Wasserwaagenmeßgeräte werden zur Sturz- und Nachlaufmessung, etwas seltener auch zur Spreizungsmessung verwendet. Da auch mit diesen Geräten kein Bezug zur Symmetrieachse oder zur geometrischen Fahrachse möglich ist, müssen die Vorderräder nach Augenmaß auf den Spurwert Null, der Grundstellung bei der Sturzmessung und der Ausgangsstellung bei der Nachlauf- und der Spreizungsmessung, eingestellt werden. Außerdem ist auch bei Wasserwaagenmeßgeräten zu beachten, daß das Fahrzeug auf einer absolut ebenen Fläche stehen muß, da sich das Meßprinzip auf die Standfläche des Fahrzeugs bezieht.

Das Wasserwaagenmeßgerät wird zur Messung an der Radnabe angesetzt oder mit einem Halter an der Felge befestigt (Bild 3.43). Die Wasserwaage (Libellenträger) ist mit einer Winkelskala versehen, auf der die Winkelabweichung gegenüber der von der Libelle angezeigten Waagerechten abgelesen werden kann.

Wenn es sich beim Wasserwaagenmeßgerät nicht um eine gar zu alte Ausführung handelt, dann besitzt das Gerät eine Vorrichtung, mit der es rechtwinklig zur Radachse ausgerichtet werden kann. Bei alten Geräten, bei denen dies nicht möglich ist, müssen stets zwei Messungen erfolgen und das jeweilige Rad dazu um 180° gedreht werden. Der Mittelwert aus den beiden Messungen ist dann das endgültige Meßergebnis. Wichtig ist, daß das Fahrzeug beim Verschieben um die erforderliche halbe Radumdrehung nicht durchgefedert wird, denn das würde für die zweite Messung andere Bedingungen schaffen und ein irreguläres Ergebnis zur Folge haben.

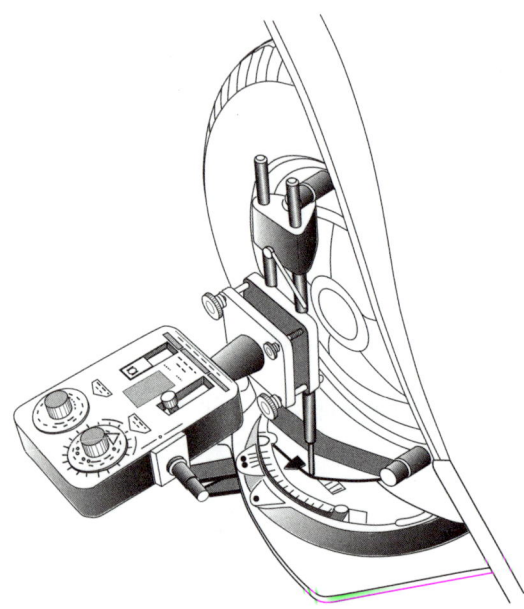

Bild 3.43
Winkelmeßgerät von Beissbarth, das nach dem Wasserwaagenprinzip arbeitet

Die Sturzmessung erfolgt beim Spurwert Null des jeweiligen Rades. Da die Radachse und damit das rechtwinklig zu ihr ausgerichtete Meßgerät gegenüber der Waagerechten um den gleichen Winkel geneigt ist wie die Radmittelebene gegenüber der Senkrechten und diese Neigung wiederum mit dem Sturzwinkel identisch ist, kann mit Hilfe der Libelle und der Winkelskala die Neigung und damit der Sturzwinkel abgelesen werden. Dieser Vorgang ist an jedem Rad zu wiederholen.

Der Nachlauf der Vorderräder wird auch mit dem Wasserwaagenmeßgerät indirekt über den Sturzunterschied zwischen 20° Links- und 20° Rechtseinschlag des jeweiligen Rades gemessen. Demzufolge ist einmal der Sturz bei 20° Links- und zum anderen bei 20° Rechtseinschlag zu messen. Die weitere Ermittlung des Nachlaufs geschieht in gleicher Weise wie in Abschnitt 3.3.6 unter «Messung» ausführlich beschrieben.

Auch die Spreizung kann mit dem Wasserwaagenmeßgerät gemessen werden. Die Messung, die außen am Rad nur indirekt über den Sturz erfolgen kann, ist allerdings recht problematisch und wird auch nur selten durchgeführt. Da die Spreizung zusammen mit dem Radsturz einen Gesamtwinkel unveränderlicher Größe bildet und darüber hinaus in den meisten Fällen nicht separat einstellbar ist, wird sie – wie in Abschnitt 3.3.4 beschrieben – auch aus diesem Grund meist erst gar nicht gemessen.

Der Meßvorgang der Spreizungsmessung entspricht weitgehend dem der Nachlaufmessung, d.h., es erfolgt eine erste Messung bei 20° Linkseinschlag und eine zweite Messung bei 20° Rechtseinschlag des jeweiligen Vorderrades. Das Wasserwaagenmeßgerät muß dazu allerdings in einer anderen Ebene messen, weshalb zur Spreizungsmessung entweder nicht das gleiche Gerät wie zur Sturz- und Nachlaufmessung verwendet werden kann oder eine entsprechende Zusatzeinrichtung vorhanden bzw. eingebaut sein muß. Bezüglich weiterer Details zur Spreizungsmessung muß auf die Bedienungsanleitung der zur Messung vorgesehenen Geräte hingewiesen werden.

Da auch die Spreizungsmessung ein Einschlagen der Räder erforderlich macht, müssen beide Vorderräder zum spannungsfreien und winkelgenauen Einschlagen auf Drehplattentellern mit Winkelskala stehen.

Wasserwaagenmeßgeräte zur Sturz-, Nachlauf- und Spreizungsmessung arbeiten bei richtiger Handhabung recht genau. Sie werden deshalb auch sehr oft in Verbindung mit optischen Lichtstrahl- und Projektionsmeßgeräten verwendet, indem das Gerät einfach anstelle des zuvor für die Spurmessung verwendeten Projektors am Projektorhalter angebracht wird. Der besondere Vorteil gegenüber der rein mechanischen Achsvermessung liegt darin, daß der Projektor und damit dessen Halter, an dem das Wasserwaagenmeßgerät angebracht wird, zuvor zur Symmetrieachse des Fahrzeugs ausgerichtet wurde. Infolgedessen kann nun auch bei allen Messungen mit dem Wasserwaagenmeßgerät genau von der Spurstellung Null ausgegangen werden, was ein zuverlässiges Meßergebnis garantiert.

Projektoren jüngster Herstellung sind sogar bereits mit einem eingebauten Wasserwaagenmeßgerät versehen, was den Meßvorgang erleichtert und die Sicherheit erhöht.

### 3.6.2 Optische Meßsysteme und Meßgeräte

Die Automobiltechnik im allgemeinen und die Fahrwerktechnik im besonderen haben sich in den vergangenen Jahren rasant weiterentwickelt und an ihr Umfeld gestiegene Anforderungen gestellt. Dazu zählt auch die Werkstattechnik und hier u.a. die Achsvermessung.

Um neuen Konstruktionen und Materialien, einer verbesserten Produktionstechnik mit engeren Fertigungs-, Prüf- und Einstelltoleranzen, dichterem Verkehr, höheren Fahrgeschwindigkeiten, einem gestiegenen Sicherheitsbedürfnis und nicht zuletzt zunehmenden gesetzlichen Verordnungen gerecht werden zu können, genügte eine rein mechanische Achsvermessung bald nicht mehr den an sie gestellten Anforderungen. Insbe-

Bild 3.44
Zu den Topgeräten unter den optischen Achsmeßgeräten zählt eine solche optische Anlage mit Radspiegeln.

sondere die mechanische Spurmessung, die Grundlage der gesamten Achsvermessung, war ohne Ausrichtung auf eine echte Bezugsachse zu einem Sorgenkind geworden.

Die Symmetrieachse, das forderten u.a. die Automobilhersteller, sollte diese Bezugsachse sein. Sie sollte die Mitte eines «optischen Rechtecks» darstellen, innerhalb dessen Grenzen eine klare Ausrichtung der Radstellungen möglich war. Und da man in der Zeit der (damals noch) starren Hinterachsen davon ausging, daß – richtige Stellung der Vorderräder vorausgesetzt – die Richtung der Symmetrieachse mit der Fahrtrichtung bei Lenkungsmittelstellung übereinstimmt, war dies völlig gerechtfertigt.

Die Hersteller von Achsmeßgeräten sahen die Lösung in der Optik. Sie bot die Grundlage für Meßtechniken und -geräte, die eine Referenz von einer zur anderen Achse und damit die Festlegung eines optischen Rechtecks und den Bezug zur Symmetrieachse ermöglichten. Selbstverständlich erfolgte auch bei den optischen Achsmeßgeräten, die zum Teil noch auf die Unterstützung durch besonders bewährte Elemente der mechanischen Achsmeßtechnik angewiesen war, eine ständige Weiterentwicklung in teils unterschiedliche, teils auch nur der steten Verbesserung dienende Richtungen.

Auch bei den optischen Meßsystemen und -geräten werden nur die einzelnen Systeme und allgemein wichtigen Merkmale behandelt, aber keine

Bedienungsanleitungen wiedergegeben. In Abschnitt 3.6.1 wurde diese Vorgehensweise ausführlich begründet.

Tabelle 3.3 enthält die wichtigsten optischen bzw. optisch-mechanischen Achsmeßgeräte sowie die jeweiligen Anwendungsgebiete.

Tabelle 3.3

| Meßgerät | Anwendungsgebiet |
|---|---|
| Lichtstrahlmeßgeräte | Spurmessung, seltener Spurdifferenzwinkel-, Sturz-, Nachlauf- und Spreizungsmessung |
| Optische Achsmeßgeräte mit Meßsystem am Rad | Sturz- und Nachlaufmessung, Spurmessung nach der Lichtstrahlmethode |
| Optische Achsmeßgeräte mit Radspiegeln | Spur- und Spurdifferenzwinkel-, Sturz-, Nachlauf- und (mit Zusatzgerät) Spreizungsmessung |

## 3.6.2.1 Lichtstrahlmeßgeräte

Zu dieser Gruppe zählen diejenigen optischen Achsmeßgeräte, die einen mit einer Markierung versehenen Lichtstrahl auf Meßtafeln werfen, die ihrerseits mit einer Skaleneinteilung versehen sind. Der Lichtstrahl geht von einem Projektor aus, der am Rad befestigt und rechtwinklig zur Radachse (sehr wichtig!) ausgerichtet wird.

Um von vornherein eine falsche Beurteilung der im folgenden dargestellten Meßgeräte und Meßmethoden zu vermeiden, ist festzuhalten, daß es unter den auf dem Markt befindlichen Lichtstrahlmeßgeräten viele kleine und große Unterschiede sowie zum Teil erheblich voneinander abweichende Anwendungsweisen gibt. Und selbstverständlich ist auch die Entwicklung nicht bei der jeweiligen Basisausführung stehengeblieben. Im folgenden kann deshalb nur von einer Grundversion zur Verdeutlichung der Meßprinzipien ausgegangen werden, während Details in Aufbau und Anwendung den einschlägigen Bedienungsanweisungen vorbehalten bleiben müssen.

Grundstellung für die gesamte Achsvermessung ist die Einstellung der Räder auf «Fahrt geradeaus». Das wird erreicht, indem der von den Projektoren an den beiden Vorderrädern ausgehende Lichtstrahl auf an den Hinterrädern angebrachte Skalentafeln gerichtet und die Vorderräder durch Drehen den Lenkrades so eingestellt werden, daß an den beiden hinten angebrachten Skalentafeln der gleiche Wert angezeigt wird (Bilder 3.45 und 3.46).

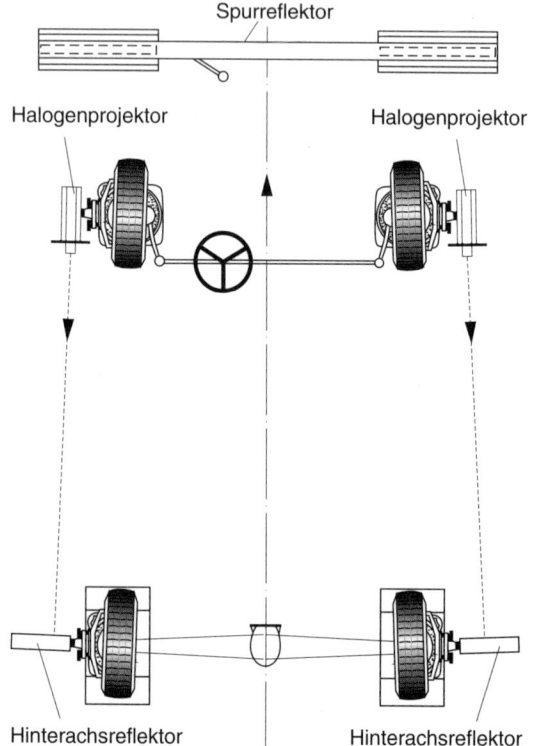

Bild 3.45
Zum Ausrichten der Vorderräder in der Stellung «Fahrt geradeaus» werden bei Lichtstrahlmeßgeräten die Projektoren an den Vorderrädern auf Skalentafeln an den Hinterrädern gerichtet und die Vorderräder so eingestellt, daß auf beiden Skalentafeln der gleiche Wert angezeigt wird.

Selbstverständlich müssen die Skalentafeln an den beiden Hinterrädern genau gleichen Abstand vom jeweiligen Hinterrad bzw. von der Hinterrad-Mittelebene haben. Der dazu erforderliche Einstellungsvorgang ist natürlich von der Konstruktionsart der Skalentafeln abhängig und erfolgt bei älteren Auführungen meist etwas ungenau durch äußeres Anlegen, bei jüngeren Geräten genauer durch Befestigen an der Radnabe oder Felge (Bild 3.47). An die Stelle der Skalentafeln können auch Spiegelreflektoren treten, die den Lichtstrahl auf eine am Projektor angebrachte Skalentafel zurückwerfen. Die weitere Verfahrensweise ist dann sinngemäß.

Mit dieser Referenz von der einen zur anderen Fahrzeugachse und der entsprechenden Einstellung der Räder auf «Fahrt geradeaus» sind beide Projektoren bzw. die Halter, mit denen die Projektoren am Rad angebracht sind, gleichmäßig zur Symmetrieachse ausgerichtet. Damit ist die Grundlage geschaffen, die nachfolgenden Messungen der Radstellungen auf die Symmetrieachse zu beziehen.

Bild 3.46
Ausrichten der Vorderräder in Geradeausstellung mit einem Lichtstrahl-Meßgerät (Fa. Beissbarth)

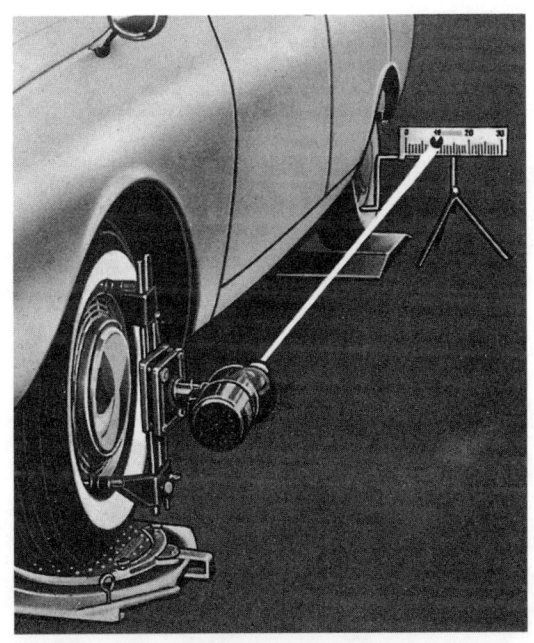

Bild 3.47
Halter mit Skalentafel an einem Hinterrad (Fa. Loewener)

Das Messen der Gesamtspur wie auch der Einzelspuren mit Lichtstrahlmeßgeräten erfolgt im Prinzip wie folgt:

- An beiden Rädern der zu vermessenden Vorder- oder Hinterachse Projektoren anbringen.
- Vor und hinter der zu vermessenden Achse je eine exakt rechtwinklig zur Symmetrieachse ausgerichtete Skalentafel aufstellen.

Die Vorgehensweise beim Anbringen der Projektoren sowie beim Aufstellen und Ausrichten der Tafeln richtet sich natürlich wieder nach der Konstruktionsart und ist den Angaben in der Bedienungsanleitung entsprechend vorzunehmen. Das gleiche gilt bezüglich diverser Unterschiede, die zwischen dem Vermessen der Vorder- und der Hinterräder bestehen und beachtet werden müssen.

Die Messung der Gesamtspur geschieht im Prinzip folgendermaßen (Bilder 3.48 und 3.49):

- Lichtstrahl eines der beiden Projektoren der zu vermessenden Achse auf die vor ihm positionierte Skalentafel richten und angezeigten Wert ablesen;

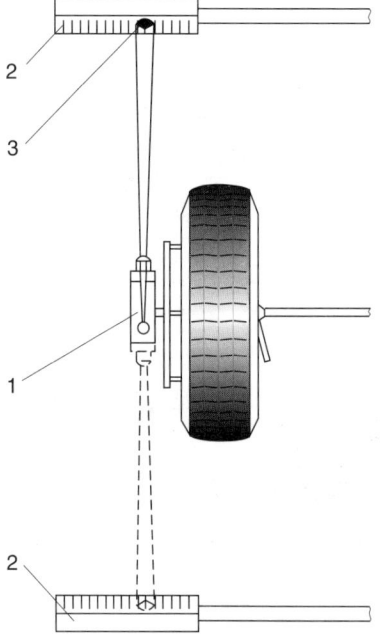

Bild 3.48
Lichtstrahlmeßgerät bei der Spurmessung
1 Projektor
2 Skalentafeln
3 Lichtpunkt mit Markierung

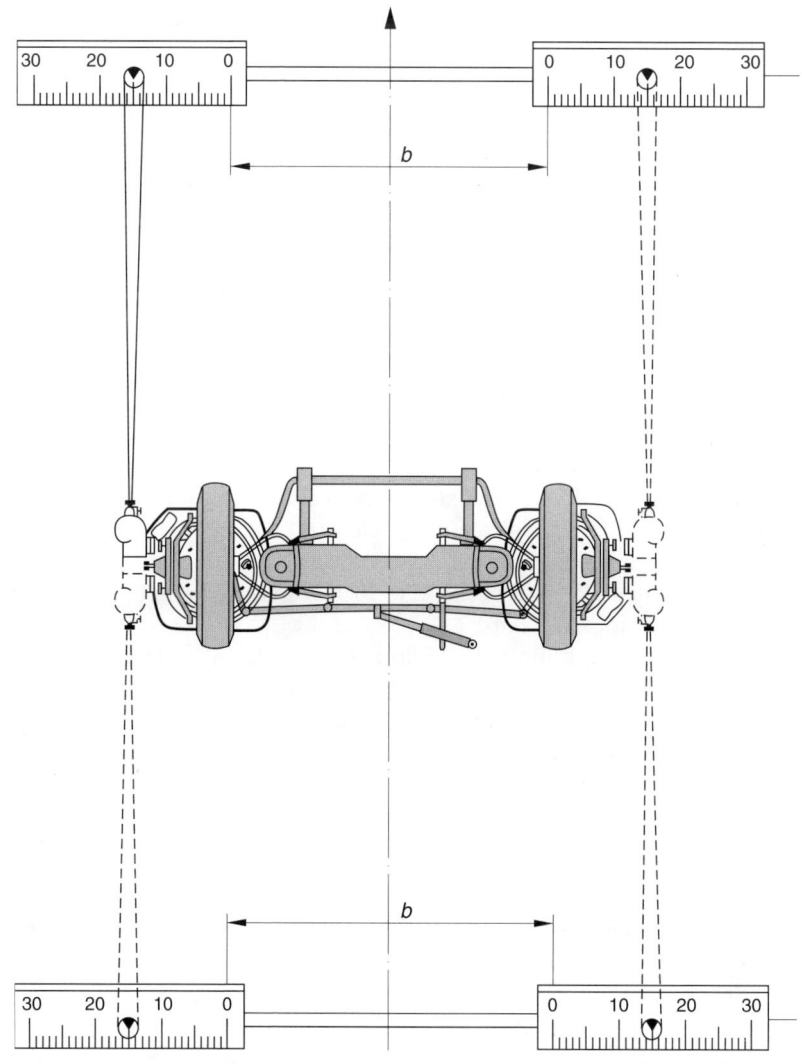

Bild 3.49
Spurmessung mit einem Lichtstrahlmeßgerät (Fa. Beissbarth)

- Projektor schwenken und Lichtstrahl auf die hinter ihm positionierte Skalentafel richten;
- hintere Skalentafel so quer zur Symmetrieachse verschieben, daß auf der Tafel der gleiche Wert wie auf der vorderen Tafel angezeigt wird;
- Lichtstrahl des Projektors an der anderen Seite der zu vermessenden Achse auf die vor ihm positionierte Skalentafel richten und angezeigten Wert ablesen;
- Projektor schwenken, Lichtstrahl auf die hinter ihm positionierte Skalentafel richten und angezeigten Wert ablesen;
- Differenz zwischen den vorn und hinten angezeigten Werten errechnen. Der ermittelte Wert stellt die Gesamtspur dar (Bild 3.49).

Die Messung der Einzelspuren geschieht im Prinzip folgendermaßen:

- Lichtstrahl beider Projektoren der zu vermessenden Achse auf die vor ihnen positionierte Skalentafel richten und Tafel seitlich so verschieben, daß links und rechts der gleiche Wert angezeigt wird;
- beide Projektoren schwenken und Lichtstrahl auf die hinter ihnen positionierte Skalentafel richten;
- hintere Skalentafel seitlich so verschieben, daß links und rechts der gleiche Wert angezeigt wird;
- Lenkung exakt in Mittelstellung bringen (falls das nicht bereits bei der Stellung «Fahrt geradeaus» der Fall ist). Bei richtig eingestellten, d.h. gleichen, Einzelspuren bleibt die Anzeige auf den Skalentafeln links und rechts gleich. Im Falle ungleicher Einzelspuren verschiebt sich jedes Vorderrad gegenüber der Symmetrieachse.

Modernere Lichtstrahlmeßgeräte sind mit direkt am Projektor angebrachten Skalentafeln versehen (Bild 3.50). Bei diesen Geräten wird vor dem Fahrzeug keine Skalentafel, sondern ein Spiegelreflektor (Bilder 3.51 und 3.52) aufgestellt und rechtwinklig zur Symmetrieachse ausgerichtet. Der bei Mittelstellung der Lenkung vom Projektor ausgehende Lichtstrahl wird vom Reflektor auf die Skalentafel am Projektor zurückgeworfen (Bild 3.51), so daß dort die jeweilige Einzelspur direkt abgelesen werden kann. Die Gesamtspur entspricht dann der Summe der beiden Einzelspuren. Diese Geräteausführung ist gegenüber der älteren Bauart mit separat aufzustellenden Meßtafeln nicht nur einfacher, sondern auch genauer und schneller.

Bild 3.50
Beim optischen Achsmeß-
gerät P 800 von Beissbarth
sind die Skalentafeln für
die Spurmessung am
Projektor angebracht.

Bild 3.51
Der vom Spurreflektor
zurückgeworfene Licht-
strahl zeigt auf der am
Projektor angebrachten
Skalentafel den Spurwert
an.

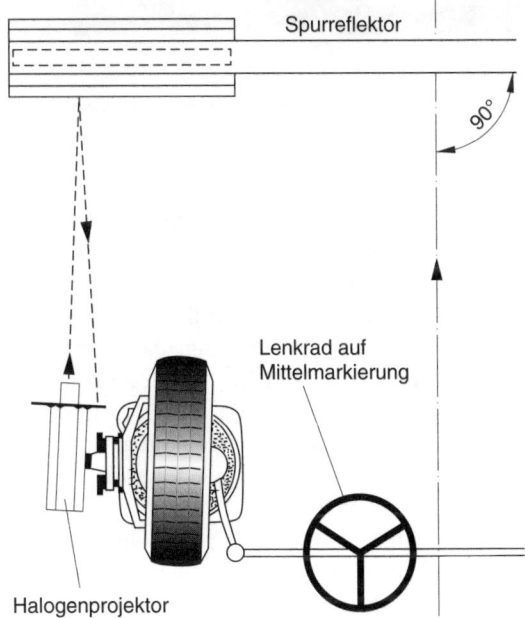

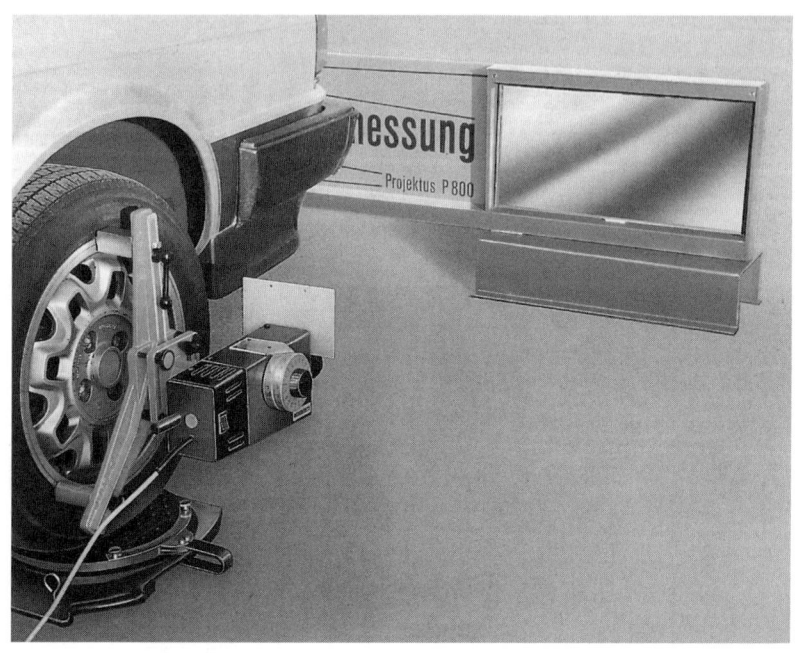

Bild 3.52
Das Bild zeigt die beim optischen Achsmeßgerät P 800 von Beissbarth als Spurreflektor verwendete Spiegelwand.

Eine interessante Variante davon sind Geräte, die keinen separat aufgestellten Spiegelreflektor mehr benötigen. In diesem Fall wird durch Winkelprojektion der Spurwert eines Rades auf die andere Fahrzeugseite und dort auf eine kleine Tafel projiziert, die an einem mit dem Projektor der zweiten Achsseite verbundenen Ausleger angebracht ist (Bild 3.53). Die Spur des linken Rades wird somit rechts und die des rechten Rades links angezeigt. Der besondere Vorteil eines solchen Gerätes liegt darin, daß es transportabel ist und ortsungebunden auf jedem ebenen Platz eingesetzt werden kann, sofern nicht noch für andere Messungen eine besondere Skalenwand benötigt wird.

Auch die Messung des Spurdifferenzwinkels, des Sturzes, des Nachlaufs und der Spreizung kann mit Lichtstrahlmeßgeräten erfolgen, wozu natürlich auch die entsprechenden Skalentafeln benötigt werden. In der Praxis erfolgt die Kontrolle dieser Radstellungen mittels Lichtstrahlmessung allerdings nur selten. Deshalb und auch aufgrund der Tatsache, daß jedes Fabrikat andere Eigenheiten besitzt, die zu beschreiben nur Seiten füllen würde, soll im folgenden erst gar nicht näher auf die dazu notwendigen Einstellungen der Projektoren, Skalentafeln, Reflektoren usw. eingegangen, sondern erneut auf die Angaben in der jeweils zugehörigen Bedienungsanleitung hingewiesen werden.

Zur Messung des Spurdifferenzwinkels wird in der Praxis meist auf die Hilfe der Mechanik in Form von Drehplattentellern mit Winkelskala zurückgegriffen. In Abschnitt 3.6.1.4 wurde diese Messung ausführlich beschrieben. Da zuvor eine optische Spurmessung und -einstellung erfolgt ist, kann man von einer sehr exakten Spurstellung Null als Ausgangsstellung für die Spurdifferenzwinkelmessung ausgehen und ein dementsprechend genaues Meßergebnis erwarten.

Auch zur Messung des Sturzes, des Nachlaufs und (wenn überhaupt) der Spreizung wird in der Praxis gern auf die Mechanik zurückgegriffen, diesmal auf die bewährten Wasserwaagenmeßgeräte. In Abschnitt 3.6.1.6 wurde darauf bereits ausführlich eingegangen. Natürlich wird dazu wie bei der Spurdifferenzwinkelmessung auch ein Drehplattenteller mit Winkelskala benötigt.

Bild 3.53
Das optische Achsmeßgerät Combiflex von Loewener benötigt keinerlei äußere Bezugspunkte (Projektionswand usw.), ist daher nicht ortgebunden und kann an jedem ebenen Arbeitsplatz eingesetzt werden.

Da das Wasserwaagenmeßgerät anstelle des Lichtstrahlmeßgerätes am Halter angebracht wird und dieser vorher optisch zur Symmetrieachse und rechtwinklig zur Radachse ausgerichtet wurde, ist auch für die mechanische Sturz-, Nachlauf- und Spreizungsmessung eine genaue und zuverlässige Ausgangslage gegeben. Bei Lichtstrahlmeßgeräten neueren Datums entfällt sogar das separate Anbringen eines Wasserwaagenmeßgerätes am Halter des Lichtstrahlmeßgerätes, da schon herstellerseitig ein Libellenträger mit Meßskala in das Lichtstrahlmeßgerät eingebaut ist.

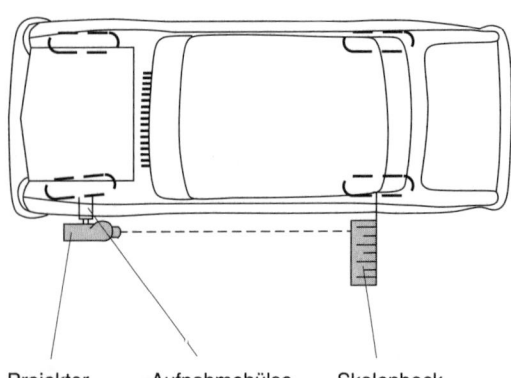

Bild 3.54
Spur-Schnellmeßgerät für
die Fahrzeuginspektion
(Beissbarth)

Projektor    Aufnahmehülse    Skalenbock

### 3.6.2.2 Optische Achsmeßgeräte mit Meßsystem am Rad

Eine von der Lichtstrahlmessung abgeleitete Achsvermessung erfolgt mit Projektoren, die eine Meßskala enthalten und diese – vergleichbar mit einem Diaprojektor – auf eine Projektionswand projizieren (Bild 3.55). Zusammen mit der Meßskala wird das Bild eines Zeigers auf die Wand projiziert, der im Projektor pendelnd aufgehängt ist und sich (wie bei einem mechanischen Pendelmeßgerät) senkrecht zur Fahrbahn ausrichtet.

Die Projektoren werden wie Lichtstrahlmeßgeräte über Halter am Rad befestigt und rechtwinklig zur Radachse ausgerichtet. Auch die Stellung der Räder auf «Fahrt geradeaus» sowie die anschließende Messung der Gesamtspur und der Einzelspuren erfolgen in der gleichen Weise wie bei der Lichtstrahlmethode.

Anders die Sturz- und Nachlaufmessung. Im Projektor ist eine Winkelskala für Sturz und Nachlauf angeordnet (Bild 3.56), die zusammen mit dem Bild des Zeigers auf die vor dem Fahrzeug aufgestellte Wand projiziert werden (Bild 3.55). Während die Winkelskala dabei die der Neigung des Rades entsprechende Stellung einnimmt, zeigt der pendelnd aufgehängte Zeiger senkrecht nach unten und gibt somit den Neigungswinkel bzw. den Sturz des Rades an. Zur Nachlaufmessung wird auch hierbei die Sturzänderung zwischen dem um jeweils 20° nach links und rechts eingeschlagenen Rad herangezogen.

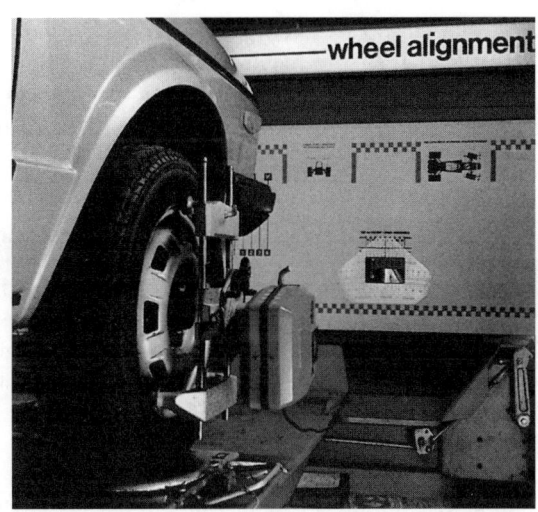

Bild 3.55
Beim optischen Achsmeßgerät Optoflex von Loewener ist im Projektor eine Winkelskala für Sturz und Nachlauf angeordnet, die zusammen mit einem pendelnd aufgehängten Zeiger auf eine Wand projiziert wird.

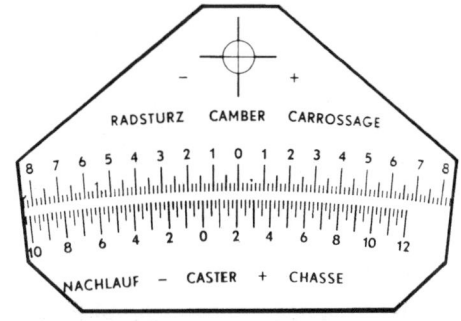

Bild 3.56
Winkelskala für Sturz und Nachlauf, wie sie zusammen mit einem Zeiger beim optischen Achsmeßgerät Optoflex an die Wand projiziert wird

Neben dieser Basisbauweise gibt es verschiedene davon abgeleitete Varianten, wobei deren Vorteile vor allem darin liegen, daß sie keine separate vor dem Fahrzeug aufgestellte Projektionswand mehr benötigen; sie sind tragbar und somit ortsungebunden einsetzbar. So kann z.B. vor dem Projektor an einem mit diesem verbundenen Ausleger eine quer und eine längs angebrachte kleine Projektionstafel angebracht sein. Während das vom Projektor ausgestrahlte Bild mit dem Zeiger und der Meßskala für Sturz und Nachlauf direkt auf die vor dem Projektor quer zur Fahrtrichtung angeordnete Tafel fällt, wird die Spur durch Winkelprojektion auf die andere Fahrzeugseite projiziert und auf der längs zur Fahrtrichtung angeordneten Tafel des dortigen Projektors angezeigt.

Abschließend ist auch bei dieser Gruppe von Achsmeßgeräten festzuhalten, daß eine eingehendere Beschreibung der vielen mehr oder weniger voneinander abweichenden Bauarten, Kombinationen und Arbeitsweisen nicht möglich ist und bezüglich weiterer Details auf die einschlägigen Bedienungsanleitungen hingewiesen werden muß.

### 3.6.2.3 Optische Achsmeßgeräte mit Radspiegel

Die Achsvermessung mit Radspiegeln ist das einzige rein optische Verfahren, das keinerlei Unterstützung aus der mechanischen Meßtechnik benötigt. Sie zählt außerdem – und dies trotz mittlerweile stark aufgekommener elektronischer Achsvermessung – zu den genauesten, zuverlässigsten und am weitesten verbreiteten Methoden, die sich im rauhen Werkstattbetrieb hervorragend bewährt hat.

Kennzeichnend für diese Vermessungsart ist für jedes Rad ein Spiegelsystem, das mit einem Halter am Rad befestigt ist (Bild 3.57). Das Spiegelsystem für die Vorderräder besteht aus drei Spiegelflächen, von denen die mittlere rechtwinklig zur Radachse (bzw. parallellaufend zur Radmittelebene) ausgerichtet wird, während die zwei angrenzenden Seitenflächen jeweils um 20° gegenüber der Mittelfläche abgewinkelt sind. Ihre Aufgabe ist es, ein von ihnen aufgenommenes Bild einer Meßskala in dem Winkel abzulenken, in dem die Radachse von der senkrechten und waagerechten Ebene abweicht. Dabei ist die Mittelfläche für die Spur und den Radsturz zuständig, während die Seitenflächen bei entsprechendem Radeinschlag für den Spurdifferenzwinkel und den Nachlauf benötigt werden.

Da bei den Hinterrädern kein Radeinschlag und daher nur eine Spur- und eine Sturzmessung erfolgen, reicht für diese Räder eine Spiegelfläche aus (Bild 3.58). Natürlich wird auch diese mit einem Halter am jeweiligen Rad befestigt und rechtwinklig zur Radachse ausgerichtet.

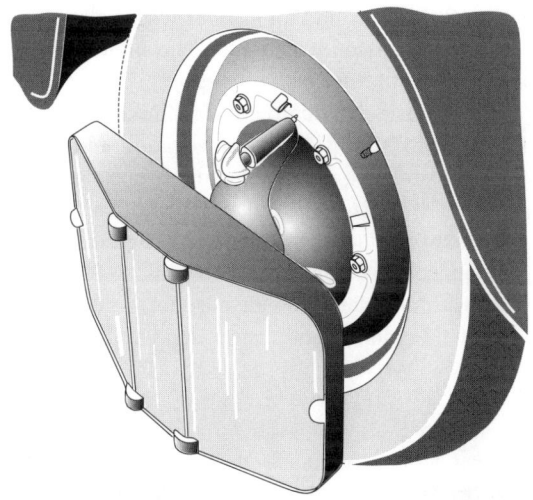

Bild 3.57
Halter mit den für die Vorderradvermessung benötigten 3 Radspiegelflächen, an einem Vorderrad montiert

Bild 3.58
Halter mit einer für die Hinterradvermessung ausreichenden einfachen Spiegelfläche, an einem Hinterrad montiert

Beim Meßsystem mit Radspiegeln sind zwei Ausführungsarten zu unterscheiden:

– Achsmeßgeräte mit Meßmikroskop,
– Achsmeßgeräte mit Meßprojektor.

Die Geräte der erstgenannten Gruppe sind die ältesten, die nach dieser Meßmethode arbeiteten. Sie sind heute nur noch ganz selten anzutreffen.

Da zu ihrer Zeit die Hinterräder wegen der starren Achsausführung so gut wie nie vermessen wurden, beschränkte sich auch die Geräteausrüstung in aller Regel auf die Vorderräder.

Bei Achsmeßgeräten mit Meßmikroskop steht neben dem jeweiligen Rad ein Mikroskop, auf dessen Ständer eine Meßskala aufgezeichnet ist. Je nach Radstellung nimmt eine der drei Spiegelflächen das Bild der Meßskala auf und projiziert es entsprechend der Winkelabweichung der Radachse gegenüber der senkrechten und waagerechten Ebene zurück in einen Ablenkspiegel und von dort weiter ins Meßmikroskop (Bild 3.59). Im Mikroskop ist ein Fadenkreuz angeordnet, an dem die Stellung des Rades gegenüber den beiden Ebenen abgelesen werden kann.

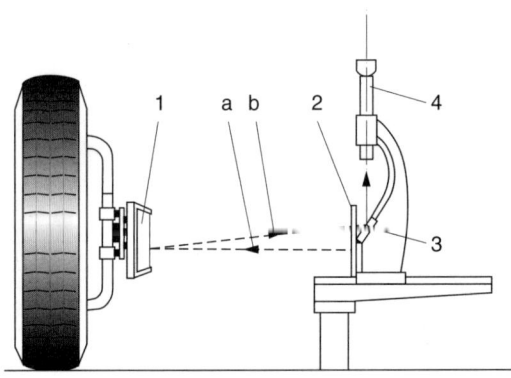

Bild 3.59
Optisches Achsmeßsystem mit Radspiegeln und Meßmikroskop
1 Radspiegel
2 Meßskalen am Mikroskopträger
3 Ablenkspiegel
4 Mikroskop
Da die beiden optischen Achsen a und b nicht übereinstimmen, liegt eine Parallaxenverschiebung vor.

Bild 3.60
Die beiden sich gegenüberstehenden Meßmikroskope müssen sorgfältig aufeinander abgestimmt sein.

Zur Spreizungsmessung wäre ein Zusatzgerät erforderlich. Da zu der Zeit des Gebrauchs von Achsmeßgeräten mit Meßmikroskop so gut wie keine Spreizungsmessungen in der Werkstatt üblich waren, soll hier auch nicht näher darauf eingegangen werden.

Wegen der aus Bild 3.59 ersichtlichen Parallaxenverschiebung zwischen den beiden optischen Achsen (einmal von der Meßskala zum Radspiegel und zum anderen vom Radspiegel zum Ablenkspiegel) muß zwischen der Skalentafel am Mikroskop und der jeweiligen Radspiegelfläche stets ein bestimmter Abstand eingehalten werden, der bei jeder Änderung der Radstellung korrigiert werden muß. Im übrigen ist die Meßgenauigkeit der Anlage sehr hoch (Bild 3.60).

Dennoch haben sich Achsmeßgeräte mit Meßmikroskop nicht so recht durchsetzen können. Die Gründe dafür sind die relativ hohe Empfindlichkeit der Meßmikroskope und damit nur bedingte Tauglichkeit für den rauhen Werkstattalltag, die etwas umständliche Arbeitsweise und vor allem der eklatante Nachteil, daß für die Messung einerseits und die Einstellarbeiten am Fahrzeug andererseits stets zwei Personen nötig sind. Achsmeßgeräte mit Meßmikroskop sind deshalb heute nahezu gänzlich aus den Kfz-Werkstätten verschwunden.

Vom Meßmikroskop führte die Weiterentwicklung zum Meßprojektor, der – wie das Meßmikroskop – neben dem jeweiligen Rad angeordnet ist. Auch da gibt es verschiedene Entwicklungsstufen. In der ersten Stufe handelte es sich um Geräte, bei denen der Projektor – anders als das Meßmikroskop – einen gebündelten Lichtstrahl durch eine Fadenkreuzscheibe auf den Spiegel wirft. Da der Projektor das Lichtbündel in einem bestimmten Winkel ausstrahlt, wird der Strahl zusammen mit dem Fadenkreuz im gleichen Winkel (Einfallswinkel = Ausfallswinkel) zurück in den Projektor projiziert, jedoch mit einem Fadenkreuz, das nun entsprechend der Winkelabweichung der Radachse gegenüber der senkrechten und waagerechten Ebene verschoben ist. Im Projektor trifft der Lichtstrahl zusammen mit dem verschobenen Fadenkreuz auf einen Ablenkspiegel, der das Lichtbündel durch ein Linsensystem, in dem sich eine Skalenscheibe befindet, nach vorn auf eine Wand projiziert (Bild 3.61).

Bei dieser Ausführung werden also die Meßskala, deren Position konstant ist, und das ablenkbare Fadenkreuz, dessen Position von der Winkelabweichung des Rades gegenüber der senkrechten und waagerechten Ebene abhängig ist, auf die Wand projiziert. Damit sind wie schon beim Meßmikroskop die Meßwerte von Spur, Spurdifferenzwinkel, Sturz und Nachlauf genau ablesbar. Auch bei dieser Geräteausführung ist zum Messen der Spreizung ein Zusatzgerät erforderlich, über dessen Anwendung die einschlägige Bedienungsanleitung Auskunft gibt.

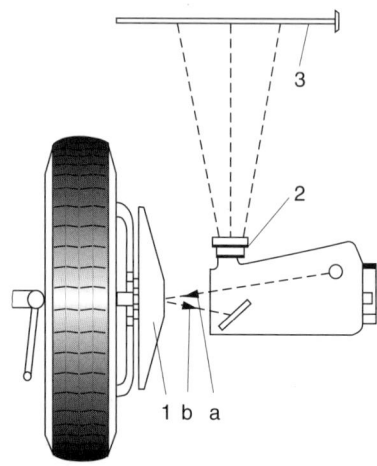

Bild 3.61
Optisches Achsmeßsystem mit Radspiegeln und Meßprojektor, von dem aus Meßskala und Fadenkreuz auf eine Wand projiziert werden
1 Radspiegel
2 Linsensystem des Meßprojektors
3 Projektionswand
Da die beiden optischen Achsen a und b nicht übereinstimmen, liegt eine Parallaxenverschiebung vor.

Der Vorteil des Meßprojektors gegenüber dem Meßmikroskop liegt darin, daß die Meßwerte vom Fahrzeug aus ablesbar sind und somit bei der Messung auch gleich eine entsprechende Einstellung möglich ist. Dieser Vorteil kann jedoch nur zum Teil genutzt werden, denn auch bei diesem Gerät tritt, wie aus Bild 3.61 zu ersehen ist, eine Parallaxenverschiebung auf, die dazu zwingt, daß zwischen Spiegel und Projektor immer ein ganz bestimmter Abstand vorliegen muß, der beim Einschlagen eines Rades stets neu einzustellen ist. Damit waren die Überlebenschancen des Meßprojektors zwar größer als die des Meßmikroskops, aber lückenlose Akzeptanz konnte auch diese Ausführung nicht finden.

Das änderte sich gründlich mit der Weiterentwicklung des Meßprojektors zu einem Gerät, das parallaxenfrei arbeitete und damit eine echte Einmannbedienung möglich machte (Bild 3.62). Bei diesen Projektoren ist die Vorderfront des Projektors als Projektionswand ausgeführt und senkrecht zur Bodenfläche ausgerichtet. In der Projektionswand befindet sich das Objektiv des Projektors. Das fest vorgegebene, im Gegensatz zum zuvor beschriebenen Meßprojektor also nicht mehr ablenkbare Fadenkreuz verläuft durch die Mitte des Objektivs.

Der von der Projektionslampe erzeugte Lichtstrahl wird über eine Skalenscheibe rechtwinklig zur Projektionswand ausgestrahlt, so daß auf den Radspiegel ein Skalenbild auftrifft. Von dort aus wird der Lichtstrahl mit dem Skalenbild auf der gleichen optischen Achse zurückprojiziert, d.h., der Radspiegel bzw. bei den Vorderrädern die von der Radstellung abhängige Spiegelfläche reflektiert das Skalenbild ohne jegliche Parallaxenverschie-

Bild 3.62
Optisches Achsmeß-
system mit Radspiegeln
und parallaxenfrei arbei-
tendem Meßprojektor.
Bei diesem System ist die
Vorderfront des Projek-
tors als Projektionstafel
mit einem durch die
Mitte des Objektivs
gehenden Fadenkreuz
ausgebildet.
1 Radspiegel
2 Projektor
3 Objektiv
4 Projektionstafel

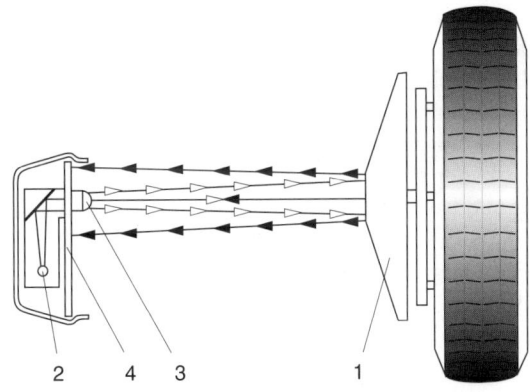

bung, wohl aber mit der entsprechenden Winkelabweichung der Radachse gegenüber der senkrechten und waagerechten Ebene, zurück auf die Projektionswand. Dort schließlich kann das Meßergebnis in Form einer Verschiebung der reflektierten Meßskala gegenüber dem feststehenden Fadenkreuz abgelesen werden (Bilder 3.63 und 3.64). Mit dem Abstand zwischen Projektor und Radspiegel, zuvor so wichtig für das Meßergebnis, ändert sich nun lediglich die Bildgröße; das Meßergebnis bleibt davon unberührt.

Erfolgt mit dem gleichen Gerät auch eine Achsvermessung an den Hinterrädern, so bedarf es dazu, da nur die Spur und der Radsturz zu messen sind, nur eines Radspiegels mit einer Spiegelfläche, die rechtwinklig zur Radachse ausgerichtet werden kann.

Der Projektor ist entweder mit einer fest eingebauten Skalenscheibe, auf der sich die Spur-, Sturz- und Nachlaufskalen befinden, oder mit schwenkbaren Einzelskalen für die Spur-, Sturz- und Nachlaufmessung versehen. Die Einteilung erfolgt in Winkelgraden und Winkelminuten. Der Nachlauf wird im allgemeinen direkt angezeigt und muß nicht mehr umständlich errechnet werden.

Zur Spreizungsmessung, die wie die Nachlaufmessung bei 20° Links- und Rechtseinschlag der Vorderräder erfolgt, wird bei den meisten Achsmeßgeräten dieser Bauart ein Zusatzgerät benötigt, das als Wasserwaagenmeßgerät ausgebildet ist und am Radspiegel befestigt wird. Im übrigen aber ist hinsichtlich der Arbeitsweise und der Anwendung dieses Gerätes auch hier wieder auf die Bedienungsanleitung des Herstellers zu verweisen. Neben dem Zusatzgerät wird noch ein mechanischer Bremspedalspanner (Pedalstütze) benötigt, um die Vorderräder zu blockieren. Dies verhindert, daß die Vorderräder beim Einschlagen der Lenkung um den Lenkrollradius abrollen.

Achsmeßgeräte mit Radspiegel und parallaxenfrei arbeitenden Meßprojektoren mit eingebauter Projektionswand sind im Gegensatz zu den zuvor beschriebenen Geräten ohne Einschränkung für die Bedienung durch eine Person geeignet. Die Geräte arbeiten genau und zuverlässig, haben sich hervorragend bewährt und sind auch heute noch sehr verbreitet, und dies trotz der gegenwärtig so hochgepriesenen und damit stark in den Vordergrund tretenden elektronischen Anlagen (Bild 3.65).

Da die Achsvermessung mit parallaxenfreien optischen Meßgeräten mit Radspiegel so weitverbreitet ist, hierzu noch einige allgemeine Anmerkungen.

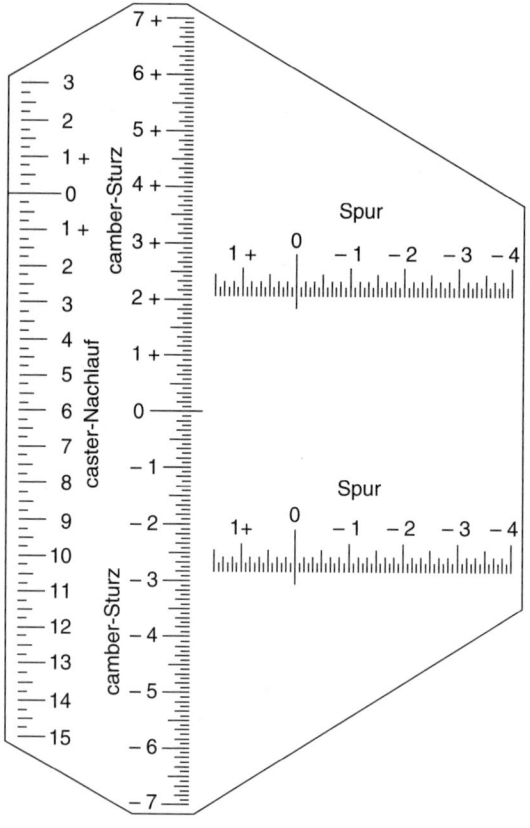

Bild 3.63
Meßskala, wie sie vom Projektor auf den Radspiegel projiziert und von diesem auf auf die am Projektor befindliche Projektionstafel reflektiert wird

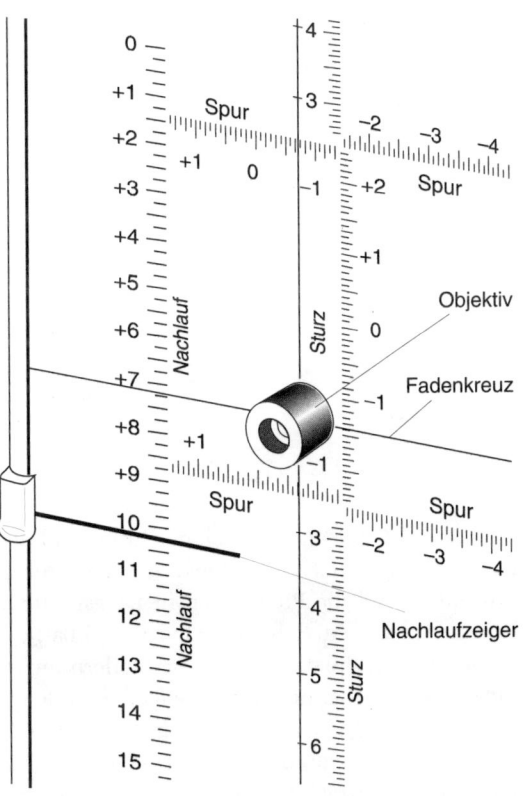

Bild 3.64
Projektionstafel (am Projektor) mit Objektiv, Fadenkreuz und Nachlaufzeiger sowie mit der vom Radspiegel auf die Tafel reflektierten Meßskala

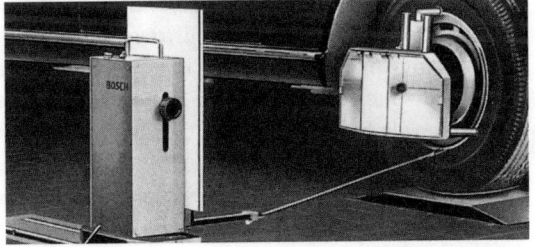

Bild 3.65
Achsmeßgerät mit Radspiegeln von Bosch, eines der am meisten verbreiteten optischen Achsmeßgeräte

Zur optischen Vermessung einer Achse sind zwei sich gegenüberstehende Projektoren erforderlich, die aufeinander abgestimmt sein müssen. Abweichungen der beiden Systeme voneinander lassen sich durch eine einfache Gegenprojektion ermitteln, wie das aus Bild 3.66 zu ersehen ist.

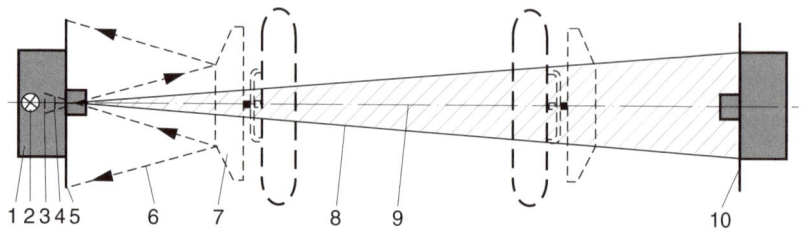

Bild 3.66
Ausrichten zweier Projektoren
1 Projektor
2 Projektionslampe
3 Skalenbild (Dia)
4 Fadenkreuz (Dia)
5 Projektionstafel
6 Strahlengang (Meßskala)
7 Radspiegel
8 Strahlengang (Fadenkreuzbild)
9 optische Mittelachse
10 Projektionstafel des auszurichtenden Projektors

Bei diesem Abgleich muß sich das Justierbild des einen Projektors mit dem Fadenkreuz auf der Projektionswand des anderen Projektors decken. Zum Einstellen sind die Projektoren in Längsrichtung auf Schienen verschiebbar und die Objektive in der Höhe einstellbar.

Der Achsmeßplatz muß mit Drehtellern für das Einschlagen der Vorderräder und mit seitlich verschiebbaren Rollenplatten für die Hinterräder versehen sein. Die Rollenplatten in Verbindung mit speziellen Tastvorrichtungen dienen dazu, das auf die Drehteller und Rollenplatten aufgefahrene Fahrzeug exakt rechtwinklig zum Achsmeßgerät auszurichten (Bild 3.67). Wie dies im Detail geschieht, hängt vor allem von der Konstruktion der Tastvorrichtungen ab und sollte daher der Bedienungsanleitung entnommen werden. Das gleiche gilt für das Anbringen und Ausrichten der Radspiegelhalter und Radspiegel. Eine wesentliche Erleichterung bringen Radspiegel, die sich selbständig in die senkrechte Lage einpendeln, weil dies Meßfehler als Folge eines Nichtbeachtens dieser Grundbedingung, was erfahrungsgemäß in der Praxis häufig vorkommt, ausschließt.

Was das zu vermessende Fahrzeug anbelangt, so sind natürlich auch bei der optischen Vermessung die in Abschnitt 3.5 genannten Voraussetzungen zu erfüllen und, falls erforderlich, die entsprechenden Vorbereitungen zu treffen. Das betrifft insbesondere eine evtl. vom Hersteller vorgeschriebene Belastung des Fahrzeugs bzw. ein Herunterziehen auf bestimmte Bodenabstandsmaße sowie ein evtl. empfohlenes oder sogar vorgeschriebenes Auseinanderdrücken der Vorderräder mit einem Räderdrücker, um das Gelenkspiel zu eliminieren.

Bild 3.67
Ausrichten des Fahrzeugs rechtwinklig zum Achsmeßgerät. An der Vorderachse müssen die Abstände A und C, an der Hinterachse die Abstände B und D exakt gleich sein.

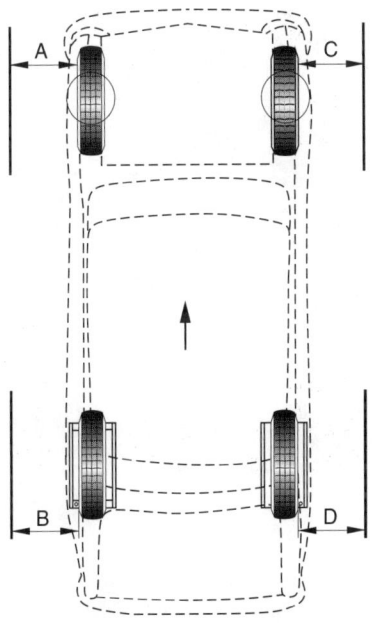

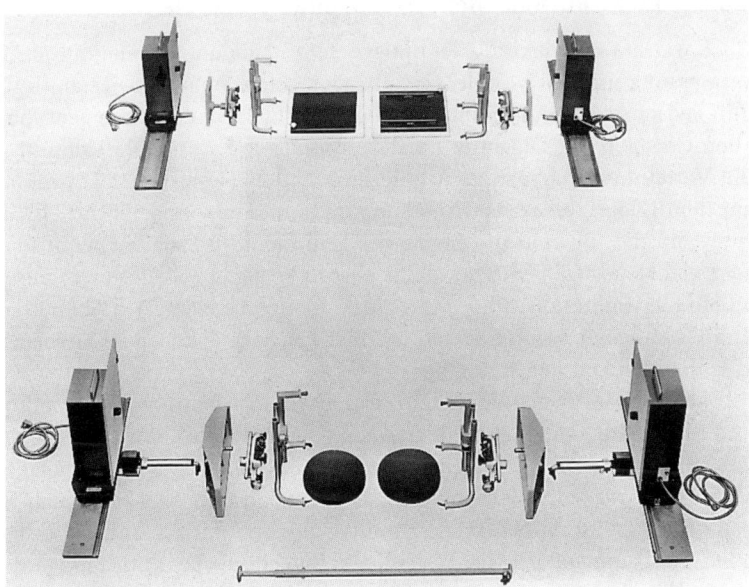

Bild 3.68
Kompletter Bausatz eines optischen Achsmeßgerätes mit Radspiegeln von Bosch

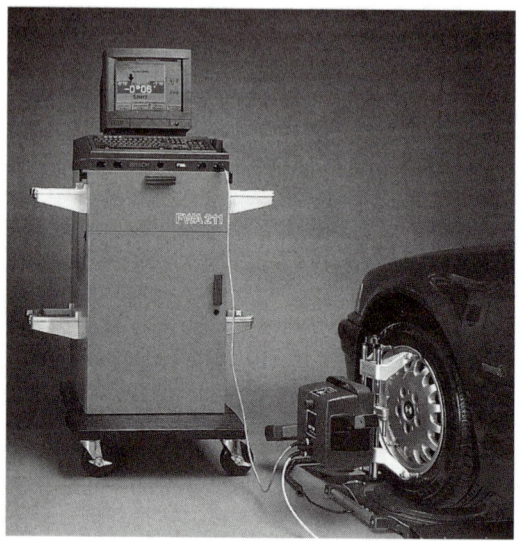

Bild 3.69
Bosch-Achsmeß-Computer FWA 211, eine Anlage mit 4 Meßwertgebern und 8-Sensor-Meßtechnik, so daß auch um das Heck des Fahrzeugs herum ein Meßfeld aufgebaut wird

### 3.6.3 Elektronische Meßsysteme und Meßgeräte

Noch war die Entwicklung der optischen Systeme und Geräte für die Achsvermessung nicht abgeschlossen, als auch schon eine neue Technik ihren Fuß zwischen Tür und Rahmen schob: die Elektronik. Wie eigentlich auf allen Gebieten der Diagnose (auch außerhalb der Automobiltechnik) sind die Vorteile und nahezu grenzenlosen Möglichkeiten der Elektronik auch auf dem Gebiet der Achsvermessung nutz- und gewinnbringend einzusetzen. Und das, obwohl die Elektronik rein meßtechnisch gar nicht mal so sehr viel Neues gebracht hat, dafür aber in bezug auf Steuerung, Datenverarbeitung, Kommunikation und natürlich auch in bezug auf Schnelligkeit und Genauigkeit Möglichkeiten eröffnet hat, von denen man zuvor allenfalls träumen konnte (Bild 3.69).

Dabei haben zwei Nachteile, die den vorangegangenen Meßmethoden und Meßgeräten anhafteten, dem Einzug der Elektronik Vorschub geleistet. Das sind einmal die Genauigkeit der Meßwerte und die Zuverlässigkeit der Meßgeräte, was bei vielen optischen Geräten von Haus aus zwar auch gegeben war, aber im rauhen Werkstattalltag allzu oft auf Dauer nicht erhalten blieb. Und zum anderen ist da die Schnelligkeit, die bei optischen und mechanischen Geräten wegen des Aufwandes beim Ein- und Ausrichten von Fahrzeug und Geräten und dem oft umständlichen Handling ein arges Hindernis war. All das mögen auch entscheidende Gründe dafür sein, daß es bis heute noch eine Menge, zum Teil sogar recht reputierte Kfz-Betriebe gibt, die das Geschäft «Achsvermessung» anderen überlassen, vor allem den Reifendiensten.

Bereits in den 60er Jahren erschienen die ersten elektronischen Achsmeßgeräte auf dem Markt. Damals sprach man noch nicht von einer geometrischen Fahrachse, und ein Achsmeßgerät galt als hochmodern, wenn es ein Ausrichten nach der Symmetrieachse ermöglichte. Das konnten die ersten elektronischen Geräte, unter denen die Anlage der Schweizer Firma Polyprodukte AG aus Zürich das zu dieser Zeit wohl bekannteste Gerät war (Bild 3.70). Die eigentliche Messung der Radstellungen bestand dabei aus einem mechanischen Abtasten, das über rechtwinklig zur jeweiligen Radlagerachse angebrachten Meßscheiben erfolgte. Die so aufgenommenen Meßwerte wurden von Meßköpfen in elektrische Signale umgewandelt und an Anzeigeinstrumente weitergeleitet, wo sie elektronisch ausgewertet und angezeigt wurden.

Damit ließen sich dann auch gleich die ersten elektrischen und elektronischen Vorteile nutzen wie die verzögerungsfreie Übertragung der Meßdaten – und dies an beliebige Orte wie z.B. an ein Simultangerät in der Arbeitsgrube für den dort für die Achseinstellung zuständigen Monteur. Auch so marketingorientierte «Spielereien» wie Übertragung der Daten über Simultangeräte in die Kundendienstannahme ließen sich anstellen.

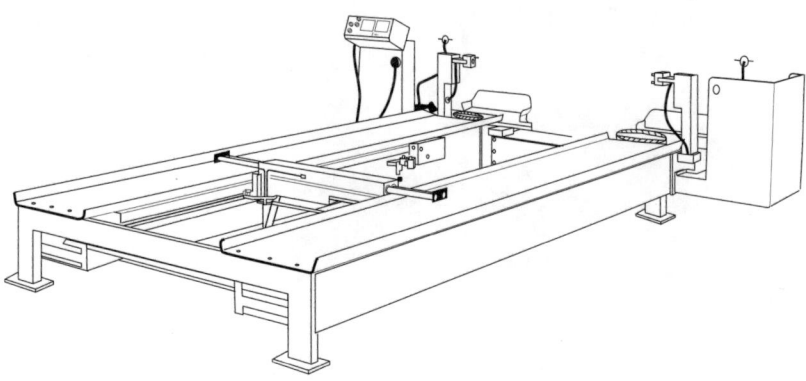

Bild 3.70
Eines der ersten elektronischen Achsmeßgeräte war die hier gezeigte Anlage von Polycontrol.

Die 60er Jahre waren allerdings für die elektronische Achsvermessung noch nicht so richtig reif. Das änderte sich erst, als in den 70er Jahren neue Erkenntnisse der Fahrzeugvermessung und daraus resultierende Forderungen der Automobilindustrie aufkamen. Die Erkenntnis, daß die Fahrtrichtung eines Kraftfahrzeugs ganz wesentlich vom Stand der Hinterräder mitbestimmt wird und dies bei der heute üblichen Einzelradaufhängung ein ganz gewichtiger Faktor ist, führte zu der Forderung, die Achsvermessung nach der geometrischen Fahrachse vorzunehmen. Mit den bis dato gebräuchlichen optischen Meßgeräten war das nicht möglich, wohl aber mit den nun entwickelten elektronischen Geräten.

Parallel dazu trat auch immer deutlicher hervor, daß bei modernen Fahrwerken mit einzeln aufgehängten Hinterrädern eine bloße Vorderradvermessung eigentlich nur noch als Kompromiß gesehen werden kann, der allenfalls dann gerechtfertigt ist, wenn es sich um eine Schnellvermessung – z.B. anläßlich einer Inspektion – handelt. Eine Einbeziehung der Hinterräder, d.h. eine echte 4-Rad-Vermessung und keine Vorderachsvermessung mit bloßer Referenz zur Hinterachse, war zwar schon mit optischen Meßgeräten möglich, konnte aber erst mit der elektronischen Achsvermessung auch im Werkstattgeschehen die Bedeutung erlangen, die die Automobilhersteller forderten.

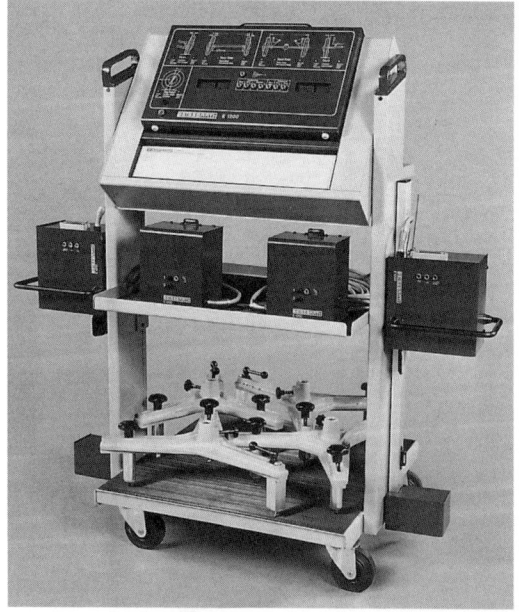

Bild 3.71
Das elektronische Achsmeßgerät E 1200 von Beissbarth war eines der ersten Geräte, das voll den Ansprüchen namhafter Automobilhersteller entsprach.

178

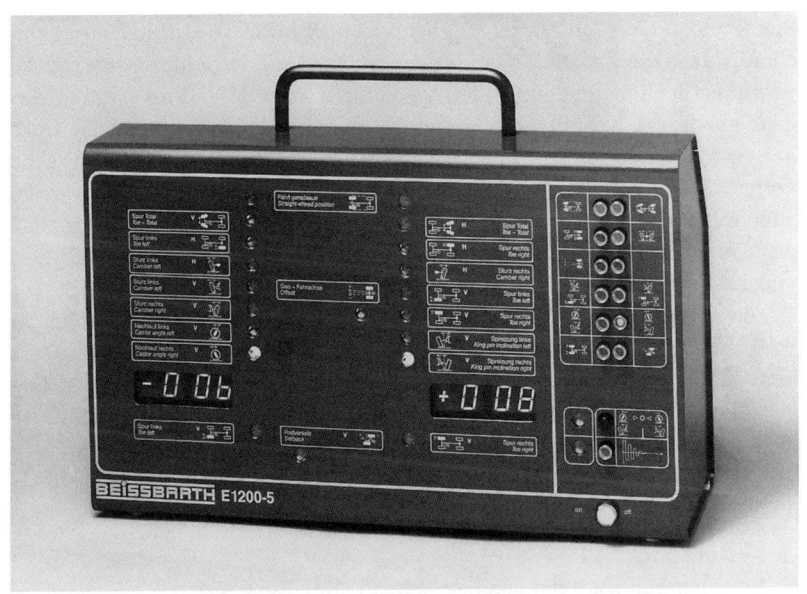

Bild 3.72
Das E 1200-5 ist eine Weiterentwicklung des sehr erfolgreichen E 1200 von Beissbarth.

Zu den ersten Geräten der neuen Generation, die den o.a. und einigen anderen neu aufgekommenen Forderungen entsprachen, zählte das E 1200 von Beissbarth (Bild 3.71), dem in den Folgejahren noch einige Weiterentwicklungen (Bild 3.72) folgten und das sich bis heute großer Verbreitung erfreut. Neben neuen Komponenten enthält die Anlage eine Reihe bewährter Elemente aus der Zeit der optischen Achsvermessung, so die allseitig beweglichen Drehteller für die Vorderräder und die quer zur Fahrtrichtung beweglichen Schiebeuntersätze für die Hinterräder, so daß alle Räder ohne Verspannung ihre normale Winkelstellung einnehmen können. An die Stelle der früher benötigten Projektoren oder Radspiegel aber sind spezielle, elektrisch arbeitende Meßaggregate getreten, die mit den gleichen oder ähnlichen Aufspannvorrichtungen wie zuvor die Projektoren am Rad befestigt werden.

Die Meßaggregate an den Vorderrädern sind mit je zwei Winkelaufnehmern für die Spur- und für die Sturzmessung ausgestattet, während die Meßaggregate an den Hinterrädern nur je einen Winkelaufnehmer für die

Spur- und für die Sturzmessung benötigen (Bild 3.73). Um mit einer solchen Anlage die Radstellungen aller vier Räder in Laufrichtung zueinander genau vermessen und einstellen zu können, sind alle Winkelaufnehmer über elastische Schnüren miteinander verbunden; genauer: hinten links mit vorn links, hinten rechts mit vorn rechts und ganz vorn links mit ganz vorn rechts. Auf diese Weise entsteht ein exaktes Meßfeld, das keinerlei äußere Bezugspunkte benötigt (Bild 3.73). Das wiederum hat zur Folge, daß das ganze System nicht an einen festen Ort gebunden ist und überall dort eingesetzt werden kann, wo ein geeigneter, ebener Platz vorhanden ist.

Die Ausgangsspannungen der Winkelaufnehmer werden über Kabel an das Anzeigeinstrument weitergeleitet und elektronisch verrechnet. Nach dem Anbringen der Meßaggregate und einer evtl. noch erforderlichen Felgenschlagkompensation gelangen die Meßwerte per Knopfdruck zur Anzeige. Im einzelnen sind dies

*für die Vorderräder:*
- Fahrt geradeaus,
- Gesamtspur,
- Einzelspuren nach der geometrischen Fahrachse,
- Spurdifferenzwinkel (anfangs noch mechanisch über Drehplattenteller),
- Sturz,
- Nachlauf,
- Spreizung,
- Radversatz;

*für die Hinterräder:*
- Gesamtspur,
- Einzelspuren nach der Symmetrieachse,
- Sturz,
- Abweichung der geometrischen Fahrachse zur Symmetrieachse.

Welche Maßnahmen und Handgriffe für die ein oder andere Messung evtl. noch erforderlich sind, kann natürlich im Detail hier nicht wiedergegeben werden, sondern ist der jeweiligen Bedienungsanleitung zu entnehmen. Natürlich hängt das erforderliche Zutun des Bedieners auch vom Umfang des technischen bzw. elektronischen Ausbaus der Anlage ab (Bild 3.74). Mikroprozessorgesteuerte Meßwertaufnahme und -verarbeitung z.B. führt nicht nur zu schnellen Abläufen der einzelnen Meßschritte und damit zur einer Verkürzung des gesamten Meßvorgangs, sondern auch zu einem leichteren Handling.

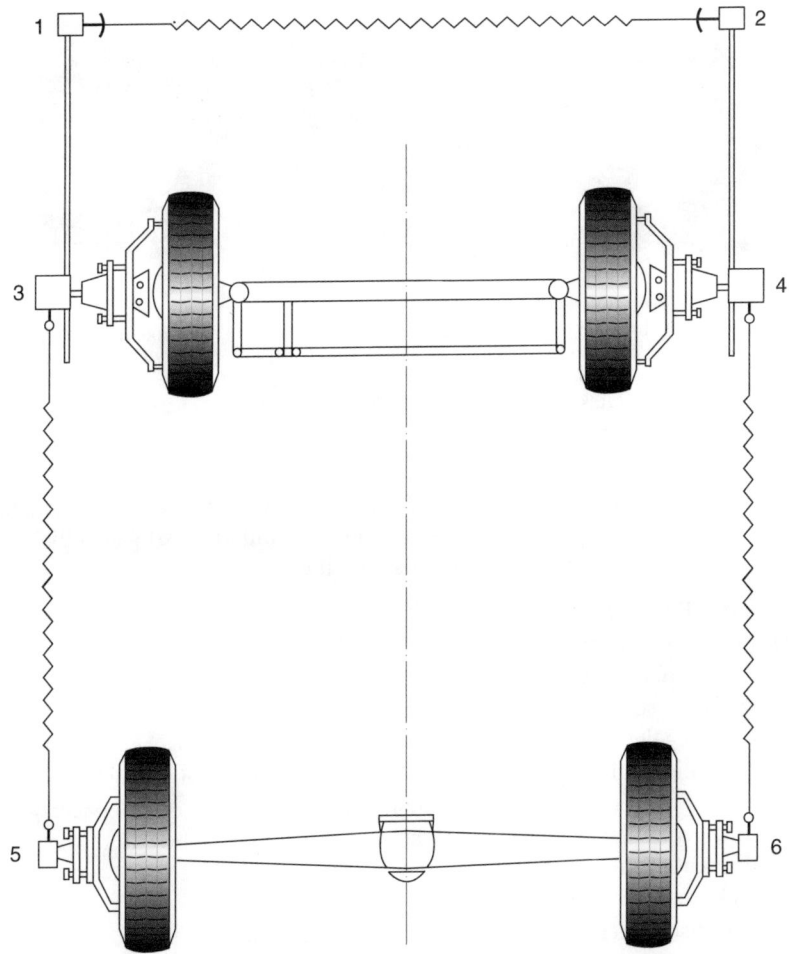

Bild 3.73
Prinzip der elektronischen Achsvermessung: An jedem Rad wird eine Einheit mit insgesamt sechs (1 bis 6) elektrisch arbeitenden Winkelgebern angebracht. Nach dem Verbinden der Einheiten untereinander und zum Anzeigeinstrument bildet sich um das Fahrzeug ein elektrischer Rahmen. Die Winkelgeber registrieren nun die einzelnen Radstellungen, die Elektronik verarbeitet die Daten und bringt die Meßwerte zur Anzeige.

Bild 3.74
Halter zum Anbringen der Meßwertaufnehmer (Beissbarth). Von links nach rechts: Universalhalter für alle Stahl- und Leichtmetallfelgen (Felgenschlag-Kompensation notwendig), markenspezifische Schnellspanneinheit (ohne Felgenschlag-Kompensation), Universal-Quick-Spanneinheit (ohne Felgenschlag-Kompensation)

Kurz zusammengefaßt sind es folgende Vorteile und Besonderheiten, die die elektronische Achsvermessung der geschilderten Art gegenüber allen vorangegangenen Methoden mit sich bringt:

- kurze Rüstzeiten,
- leichte und sichere Handhabung,
- Einmannbedienung,
- einfache, schnelle Felgenschlagkompensation,
- Messung der Vorderrad-Einzelspuren nach der geometrischen Fahrachse,
- Messung der Hinterrad-Einzelspuren nach der Symmetrieachse,
- große Schnelligkeit, da unmittelbar nach Anbringung der Meßaggregate und evtl. Felgenschlagkompensation Anzeige der Meßwerte durch bloßen Knopfdruck,
- elektronische Datenverarbeitung,
- elektrische, verzögerungsfreie Datenübermittlung,
- Meßwertanzeige analog (auf Zeigerinstrumenten) oder digital (in Zifferform),
- Meßwerte jederzeit reproduzierbar,
- hohe Genauigkeit (5 Winkelminuten und weniger),
- ortsungebunden, da keine äußeren Bezugspunkte erforderlich,
- Meßwertübertragung an beliebige Orte möglich.

Natürlich ist die Entwicklung der elektronischen Achsmeßgeräte systematisch weitergegangen. Aus zunächst mehr oder weniger elektronischen Einzelelementen wurden mehr und mehr mikroprozessorgesteuerte Gerätesysteme und Computer. Ein Schritt mit besonderer Tragweite und eine echte

Innovation auf dem Gebiet der Achsmeßtechnik war z.B. die Einführung der Bildschirmtechnik (Bilder 3.75 bis 3.77), zunächst in Schwarzweiß, dann auch in Farbe. Damit war die Tür zu einem unwahrscheinlich weiten Feld an neuen Möglichkeiten aufgestoßen. So konnten z.b. Meßwerte nicht mehr nur digital, sondern auch in Form von Balken- oder Blockdiagrammen dargestellt werden, was den Verfechtern von Analoganzeigen bzw. Gegnern von Digitalanzeigen den Wind aus den Segeln nahm. Mit diesen Diagrammen war es möglich, Toleranzfelder in Schwarzweiß oder Farbe, Größe und Richtung der erforderlichen Einstellungen und anderes mehr besser noch als mit Analogmeßgeräten aufzuzeigen. Für den Bediener konnten auf dem Bildschirm Angaben bezüglich der notwendigen Vorgehensweise gemacht werden, und wenn die entsprechende Software dazu eingegeben war, konnte sogar bildlich dargestellt werden, wo jeweils die eine oder andere Einstellung vorzunehmen war. Waren für die einzelnen Radstellungen Sollwerte eingegeben, konnte automatisch ein permanenter Soll-Ist-Vergleich und, wenn eine Einstellarbeit nicht korrekt ausgeführt wurde, umgehend die entsprechende Fehlermeldung erfolgen.

Bild 3.75
Beissbarth «microline 4600», eine Computer-Achsmeßanlage mit Sechsfach-Spurgebersystem und CCD-Meßsensorik (= CCD-Kameras) und Datenübertragung zum Bildschirm per Kabel. Die Anlage ermöglicht bei entsprechender Software-Eingabe einen permanenten Sollwert-Istwert-Vergleich.
(CCD = Charged coupled device.
CCD-Kameras sind Zeilenkameras, wie sie auch in Video- und Faxkameras verwendet werden.)

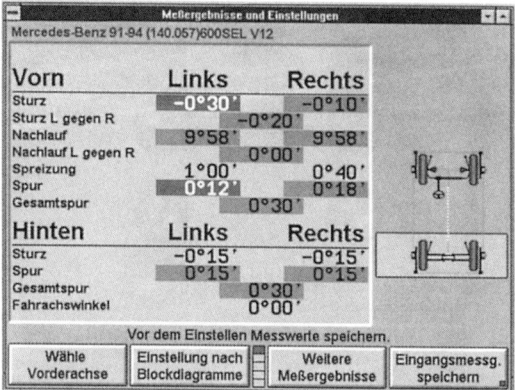

Bild 3.76
Zusammenfassung der Meßergebnisse einer Vorder- und Hinterachsvermessung, wie sie auf dem Bildschirm der Achsmeß-Computers FAW 211 von Bosch angezeigt wird

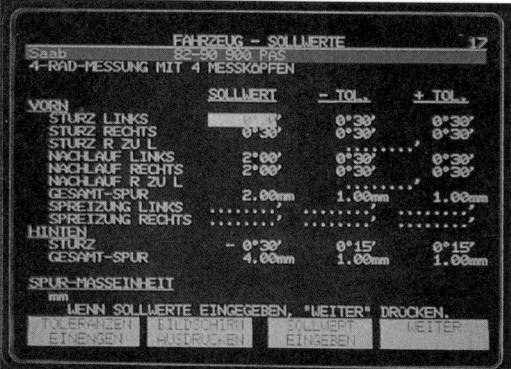

Bild 3.77
Anzeige der gespeicherten Sollwerte (oben) und der gemessenen Istwerte (unten) auf dem Bildschirm eines Achsmeß-Computers (Fa. Bosch)

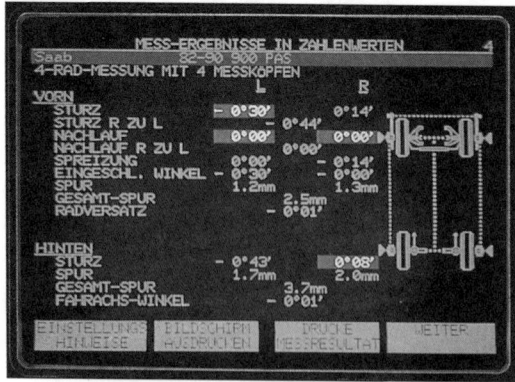

Eine Innovation der allerjüngsten Zeit ist die Entwicklung eines Meßsystems mit besonderer Kameratechnik und Infrarotstrahlen. Waren es zunächst elastische Schnüren, die ein Meßfeld bildeten, so wurden diese nun von einem Infrarotstrahlen-Meßfeld abgelöst. Das ist zwar aufwendiger und teurer, dafür aber verschleißfrei, einfacher und sicherer zu handhaben und dazu genauer. Die Meßaggregate sind zur diesem Zweck mit Spezialkameras versehen (Bild 3.78), und die Datenübertragung zwischen den Meßaggragaten, u.U. sogar von den Meßaggregaten zum Computer, erfolgt per Infrarotstrahlen. Ein besonderer Vorteil für den Bediener: das nunmehr schnur- und kabellose Meßfeld rund um das Fahrzeug (Bild 3.79).

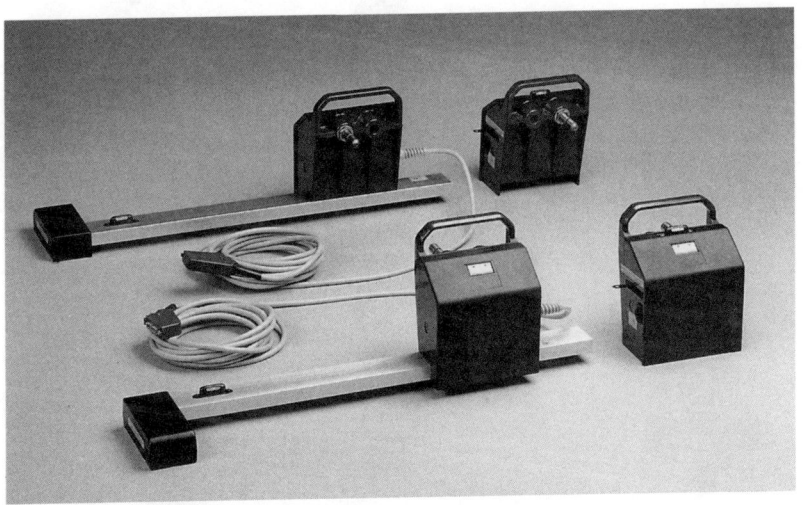

Bild 3.78
Jeder dieser vier Meßwertgeber von Beissbarth, die über Halter an den Rädern befestigt werden, ist mit CCD-Kameras ausgestattet, die eine schnur- und kabellose Vermessung per Infrarot sowie eine Datenübertragung per Kabel ermöglichen.

Im Falle eines Sechsfach-Spurgebersystems sind die Meßaggregate an den Vorderrädern mit je zwei Kameras, die an den Hinterrädern mit je einer Kamera ausgestattet sind. Mit dieser Ausstattung und diesem Meßfeld sind im wesentlichen die gleichen Messungen möglich wie mit der zuvor beschriebenen Anlage mit sechs Winkelgebern und einem Meßfeld mit Schnüren.

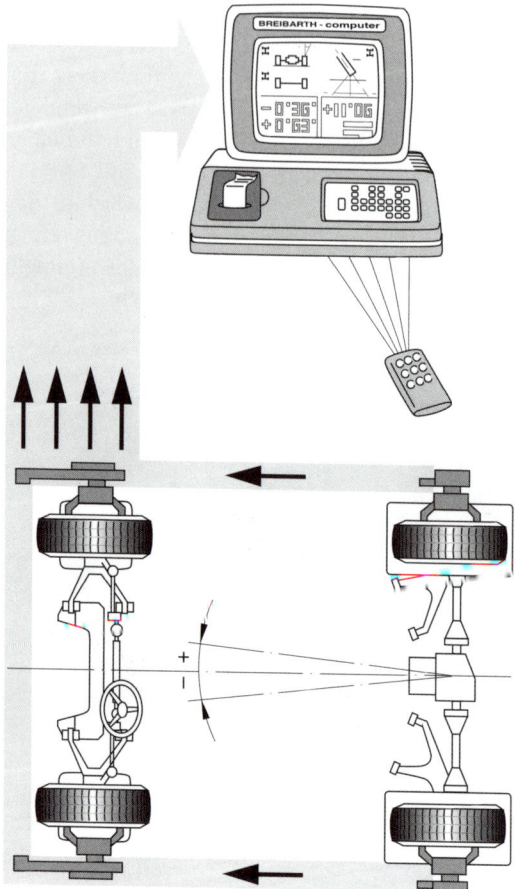

Bild 3.79
Anschauliche Darstellung einer schnur- und kabellosen Achsvermessung per Infrarot, der Datenübertragung zu einem Computer und der Meßwertanzeige mit Sollwert-Istwert-Vergleich auf einem Bildschirm (Beissbarth)

Noch einen Schritt weiter gehen Achsmeßgeräte, bei denen jedes der vier Meßaggregate mit je zwei Kameras ausgerüstet ist. Das daraus entstehende Achtfach-Spurgebersystem schließt das Meßfeld um das Heck des Fahrzeugs herum (Bilder 3.80 und 3.81) und erlaubt damit zusätzliche Messungen an der Hinterachse, so z.B. den Nachlauf der Hinterräder bei Fahrzeugen mit Vierradlenkung oder auch nur um wenige Winkelgrade angelenkten Hinterräder. Dazu müssen natürlich auch die Hinterräder, zumindest innerhalb der möglichen Grenzen, eingeschlagen werden können und dazu auf Drehplattentellern oder Schiebeplatten mit (begrenztem) Winkeleinschlag stehen.

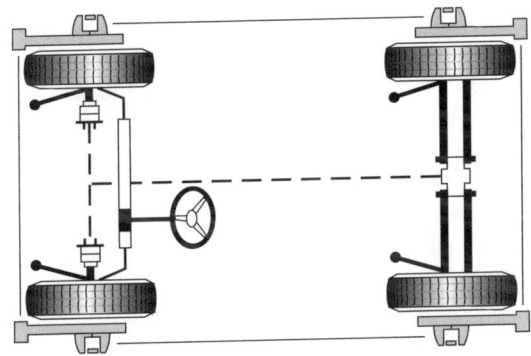

Bild 3.80
Bei einer Achsmeßanlage mit 8-Kopf-Sensortechnik, d.h. je 2 CCD-Kameras pro Meßwertgeber, wird auch um das Heck des Fahrzeugs ein Meßfeld aufgebaut. Das erhöht nicht nur die Genauigkeit der Anlage, sondern ermöglicht auch zusätzliche Messungen an den Hinterrädern, wie dies bei Fahrzeugen mit Vierradlenkung bzw. angelenkten Hinterrädern notwendig ist.

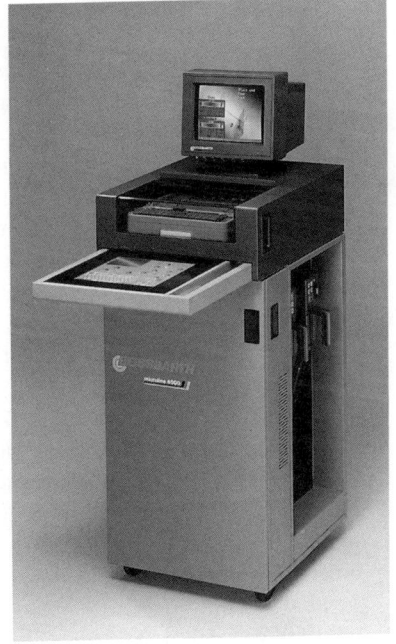

Bild 3.81
Beissbarth «microline 4000», eine Computer-Achsmeßanlage mit CCD-Maßsensorik, Infrarot-Datenübertragung, 4 Meßgebern mit je 2 CCD-Kameras und eigenem Prozessor. Das daraus entstehende Achtfach-Spurgebersystem schließt ein schnur- und kabelloses Meßfeld um das Heck des Fahrzeugs.

Wo ein derartiger Ausbau der Achsmeßanlage erfolgt ist, liegt es auf der Hand, daß die vorhandene Technik dazu genutzt wird, auch noch eine Reihe anderer «Feinheiten» zu schaffen, die sicher nicht immer für eine komplette Achsvermessung auch wirklich benötigt werden, sondern mehr unter die Rubrik «nice to have» fallen. Sie alle zu beschreiben würde den Rahmen dieser Service-Fibel sprengen. Andererseits gibt es über den Umfang dessen, was bisher geschildert wurde, hinaus noch eine ganze Reihe recht bedeutsamer Neuerungen, die im Zusammenhang mit der Elektronik verwirklicht werden konnten. Natürlich ist es bei der Vielzahl an nationalen und internationalen Anbietern der auf dem Markt befindlichen Gerätevariationen wie auch der mal notwendigen, mal allenfalls wünschenswerten Besonderheiten, die die Anlagen der einzelnen Hersteller aufweisen, nicht möglich und auch nicht sinnvoll, auf alle Dinge im einzelnen einzugehen. Im folgenden daher quasi zur Abrundung der bereits beschriebenen Neuerungen nur noch eine geraffte Zusammenfassung weiterer Besonderheiten, soweit diese für die Achsvermessung wirklich von Bedeutung sind:

- Der Aufbau elektronischer Achsmeßgeräte erfolgt sehr häufig nach dem Baukastenprinzip. Dadurch ist es möglich, nach und nach Zusatzbausteine zu erwerben und auf diese Weise die Möglichkeiten der Anlage zu erweitern, verbessern, perfektionieren, automatisieren usw.
- Damit die Messung der verschiedenen Radstellungen der Drehachse des jeweiligen Rades entspricht, muß nach dem Anbringen der Meßaggregate bzw. vor Beginn der eigentlichen Achsvermessung eine Felgenschlagkompensation erfolgen. Dieser Vorgang ist je nach Art der Halte- bzw. Spannvorrichtungen für die Meßaggregate bei den meisten elektronischen Achsmeßgeräten weitgehend automatisiert und wird elektronisch gesteuert (s. Bild 3.74). Die Radfelgen einiger Automobilhersteller sind mit Adapterbohrungen für Taststifte versehen. Felgen dieser Bauart ermöglichen die Verwendung spezieller Schnellspannvorrichtungen, mit denen die Felgenschlagkompensation vollautomatisch erfolgt.
- Einige Hersteller von Achsmeßgeräten bieten mittlerweile auch elektronische Drehplattenteller an. Damit werden die Genauigkeit des Winkeleinschlags der Räder- und der Winkelmessung (besonders wichtig bei lenkbaren Hinterrädern) wie auch die Schnelligkeit der Meßvorgänge deutlich verbessert.
- Elektronische Achsmeßgeräte mit Computer sind in der Regel mit einem Protokolldrucker ausgerüstet; evtl. ist dieser auch nachrüstbar. Diese Einrichtung hat zwar mit der eigentlichen Achsvermessung nichts zu tun, erhöht aber den heute sehr wichtig gewordenen Marketingwert der

Achsvermessung, denn was dem Kunden per schriftlichem Protokoll, evtl. auch noch mit einem ausgedruckten Sollwert-Istwert-Vergleich, bewiesen werden kann, ist überzeugend, und zwar sowohl im Hinblick auf die Notwendigkeit einer Achsvermessung als auch evtl. daraus resultierender Folgearbeiten.

☐ Eine Reihe moderner elektronischer Achsmeßcomputer sind mit seriellen Schnittstellen (z.B. RS 232) versehen, so daß es möglich ist, die Anlage z.B. an das betriebliche Computernetz anzuschließen. Da die Vernetzung der Kfz-Betriebe, insbesondere der Vertragswerkstätten, von seiten der Automobilhersteller derzeit intensiv vorangetrieben wird, kommt dieser Ausstattung der Achsmeßanlagen in Zukunft sicher große Bedeutung zu.

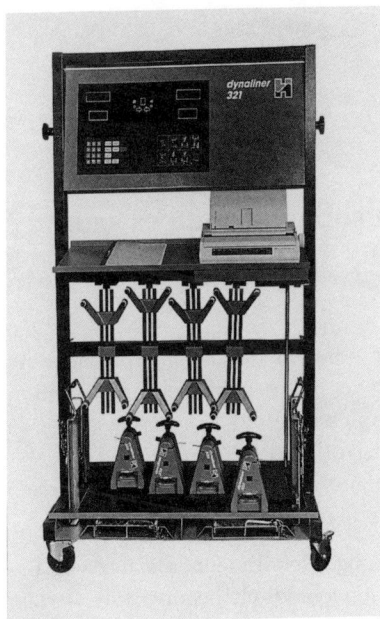

Bild 3.82
Elektronisches Achsmeßgerät mit Digitalanzeige (Fa. Hofmann)

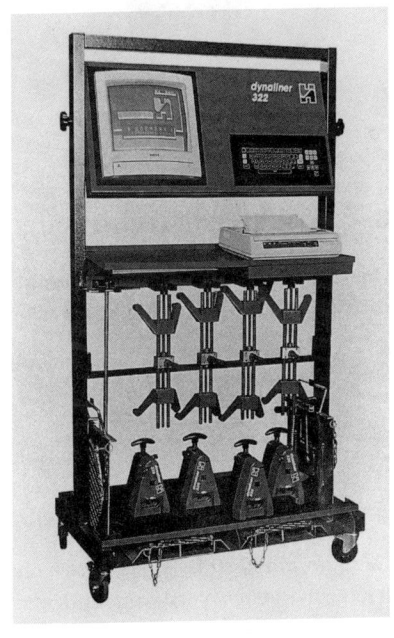

Bild 3.83
Elektronisches Achsmeßgerät mit Bildschirmanzeige (Fa. Hofmann)

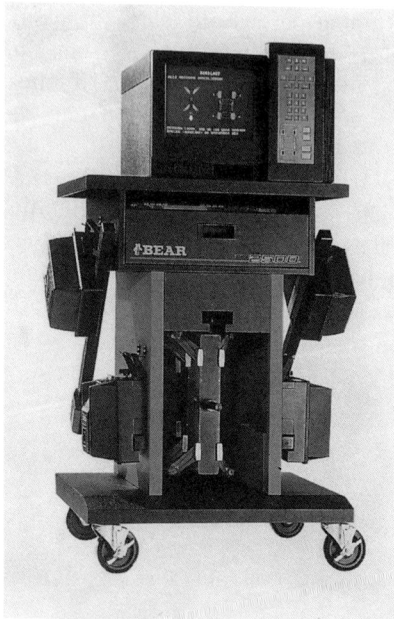

Bild 3.84
Achsmeßcomputer CCD 2500. Auch bei dieser modernen Anlage erfolgt die Datenermittlung schnur- und kabellos über Meßwertgeber mit CCD-Kameras (Fa. Bear).

## 3.7 Welches Achsmeßgerät soll oder muß es sein?

Diese Frage ist nicht pauschal zu beantworten, sondern muß in verschiedene Einzelfragen untergliedert werden. Die wichtigsten sind:

☐ Welchem Zweck soll das Achsmeßgerät dienen: der bloßen Spurmessung (evtl. auch Sturzmessung) im Rahmen der Fahrzeuginspektion, der einfachen 2-Rad-Vermessung oder der kompletten 4-Rad-Achsvermessung?
☐ Welches Achsmeßgerät ist evtl. bereits vorhanden?
☐ Wie häufig sind Achsvermessungen vorzunehmen (pro Tag, pro Woche)?
☐ Welcher Achsmeßplatz ist vorhanden oder geplant?

Dazu kommen sicher noch eine ganze Menge Detailfragen, die aber von Betrieb zu Betrieb variieren und auch unterschiedlich beantwortet werden müssen.

Anläßlich einer Inspektion wird in der Regel nur eine Kontrolle der Spur (evtl. auch des Sturzes) vorgenommen, also keine Einstellung. Der dafür notwendige Zeitaufwand darf nur gering sein. Dafür eignen sich hauptsächlich tragbare, ortsungebundene Schnell-Spur- und -Sturzmeßgeräte auf optischer (Bild 3.85) oder elektronischer Basis (Bild 3.86), wie sie von mehreren Herstellern speziell für den Einsatz bei der Fahrzeuginspektion angeboten werden. Die Geräte sind schnell aufgebaut und einsatzbereit, so daß sie keine Behinderung am Arbeitsplatz darstellen. Gelegentlich wird für Kontrollen bei der Inspektion auch die Spurmeßplatte eingesetzt, doch davon sind zumindest die Automobilhersteller nicht begeistert, da die Platte keine exakten Meßwerte liefert.

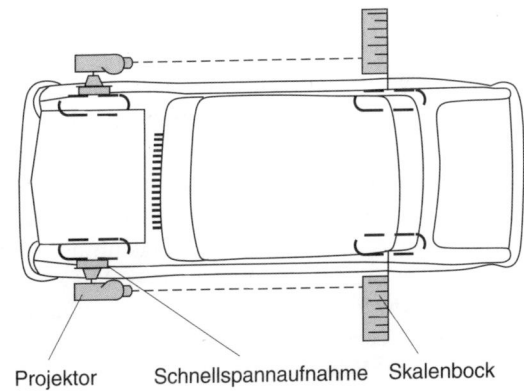

Bild 3.85
Einfaches Schnellspurmeßgerät auf der Basis des Lichtstrahlmeßgerätes P 5 für die Fahrzeuginspektion (Fa. Beissbarth)

Projektor   Schnellspannaufnahme   Skalenbock

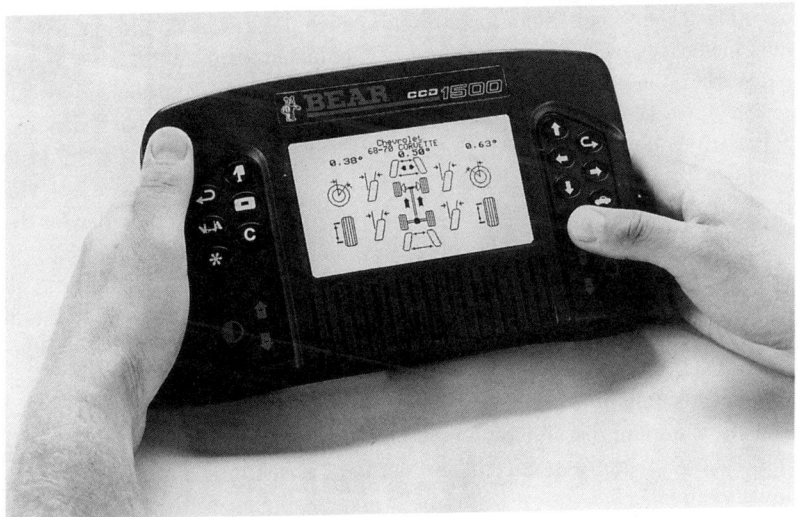

Bild 3.86
Elektronisches Achsmeßgerät CCD 1500 mit tragbarem Handgerät für Bedienung und Meßwertanzeige (Fa. Bear)

In diesem Zusammenhang ist anzufügen, daß bei der Fahrzeuginspektion lediglich reine Spur- und Sturzkontrollen, aber keine Einstellarbeiten sinnvoll sind, weil dabei nicht gleichzeitig die Ursache für eine evtl. notwendig gewordene Einstellung (z.B. ein verbogenes Gestängeteil) beseitigt würde. Es ist deshalb sinnvoller, dem Kunden eine separate, komplette Achsvermessung auf einem für Einstellung und Teilersatz geeigneten Arbeitsplatz anzuraten.

In der Regel – es sein denn, daß eine Neugründung oder Erweiterung eines Betriebes ansteht – ist bereits ein Achsmeßgerät vorhanden, und es stellt sich die Frage, warum überhaupt ein neues Gerät benötigt wird. Ist das alte Gerät noch intakt, dann kann eigentlich nur Unzulänglichkeit der Grund für die geplante Neuanschaffung sein.

Im Falle eines rein mechanischen Gerätes kann die Unzulänglichkeit lauten: zu hoher Zeitaufwand und unzureichende Genauigkeit. Das sind berechtigte Gründe. Handelt es sich bei dem alten Gerät um ein optisches, so kann man ebenfalls die Klage über zu hohen Zeitaufwand gelten lassen, über Ungenauigkeit dagegen weniger und auch seltener. Wenn ein optisches Gerät ersetzt werden soll, so heute meist durch ein elektronisches. Dazu aber muß man wissen, daß elektronische Achsmeßgeräte sicher viele Vorteile haben, vor allem im Hinblick auf Schnelligkeit und Vermessung nach der geometrischen Fahrachse, aber genauer sind sie oft nicht. Daß elektronische Geräte erheblich teurer sind als optische, gilt heute nicht mehr grundsätzlich. Dennoch: Will man alle Vorteile haben, die elektronische Achsmeßgeräte bieten, dann muß man schon in eine recht hohe Preiskategorie einsteigen (Bilder 3.84, 3.87 und 3.88).

An diese Überlegung schließt sich unmittelbar die Frage nach der Einsatzhäufigkeit an. Allgemein gilt: Je geringer die Einsatzhäufigkeit ist, desto weniger ausschlaggebend ist der Zeitfaktor. Fallen pro Woche nicht viel mehr als 2 bis 3 Achsvermessungen an, so sollte man sich entweder für die Weiterbenutzung des alten Gerätes (sofern ein solches vorhanden ist und dieses noch ausreichend genau arbeitet) oder aber für die Anschaffung eines preisgünstigen, tragbaren und damit ortsungebundenen Gerätes entscheiden. Das bedeutet zwar nicht unbedingt den max. möglichen Zeitgewinn, benötigt dafür aber keinen speziellen Achsmeßplatz, was bei der geringen Einsatzhäufigkeit nicht gerechtfertigt wäre.

Fallen, um auf das andere Extrem zu kommen, pro Tag mehr als vier oder fünf Achsvermessungen an, so kann der bei Verwendung eines alten Gerätes unvermeidliche Zeitverlust kaum mehr hingenommen werden. Die dann anstehende Entscheidung kann eigentlich nur zugunsten eines elektronischen Achsmeßgerätes ausfallen. Welches der zahlreichen Angebote dann allerdings Sinn macht, hängt u.a. von den Antworten auf folgende Fragen ab:

- Wie viele Achsvermessungen fallen pro Tag effektiv an?
- Sollen mehrheitlich 2-Rad- oder 4-Rad-Vermessungen erfolgen?
- Welche Art Achsmeßplatz steht zur Verfügung bzw. soll eingerichtet werden?
- Bestehen etwa von seiten des Automobilherstellers, mit dem die Werkstatt vertraglich verbunden ist, besondere Auflagen?
- Sind nur wenige oder viele unterschiedliche Fahrzeugmodelle zu vermessen, d.h., wie groß ist der Umfang der benötigten Software?
- Wieviel finanzielle Mittel stehen für die Anschaffung z.B. einer einfachen, preiswerten Anlage mit Schnüren und Digitalanzeige oder eines aufwendigen teuren Achsmeßcomputers mit Kameratechnik, Infrarotstrahlen-Meßfeld und -Datenübertragung, Bildschirmanzeige, Protokolldrucker usw. zur Verfügung?

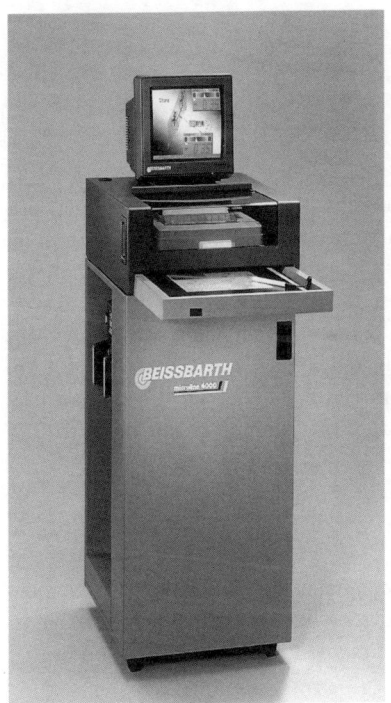 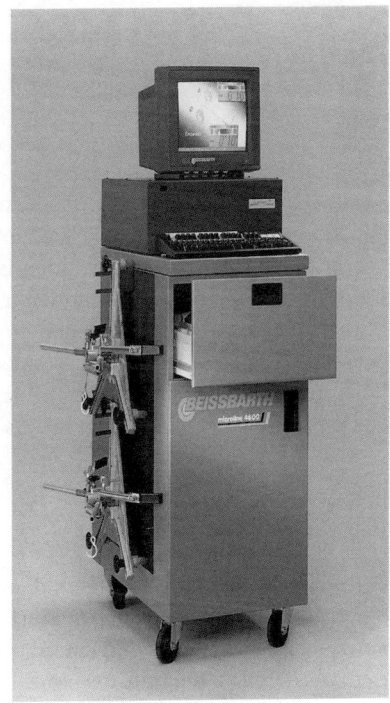

Bild 3.87
Achsmeßcomputer «microline 4000» (links) und die Weiterentwicklung «microline 4600» (rechts) (Fa. Beissbarth)

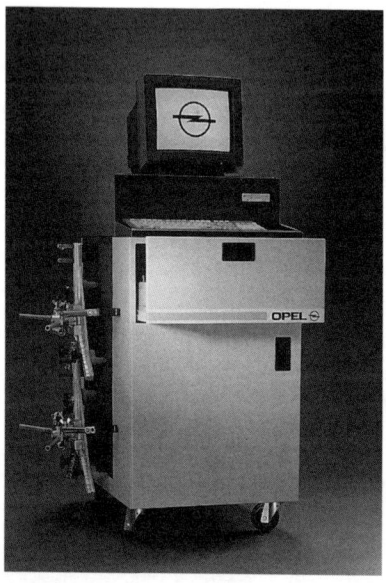

Bild 3.88
Dieser speziell für Opel-Fahrzeuge entwickelte Achsmeßcomputer basiert auf der hochmodernen Anlage «microline 4600» (Fa. Beissbarth).

Natürlich gibt es zwischen den Extremen 1 bis 2 Achsvermessungen pro Woche und 5 oder mehr pro Tag noch viele Zwischenstufen. Wie dann jeweils im Einzelfall zu entscheiden ist, hängt einmal davon ab, wie nah der Betrieb bei dem einen oder anderen der genannten Extreme liegt und welche der genannten Überlegungen ein Übergewicht erhält. Auch die Art des vorhandenen bzw. geplanten Arbeitsplatzes kann die Entscheidung für ein bestimmtes Achsmeßgerät beeinflussen. Häufiger aber wird es genau umgekehrt sein, weshalb hierauf in Abschnitt 3.8 näher eingegangen wird.

## 3.8 Achsmeßplatz

Ähnlich wie bei der Frage nach dem geeigneten bzw. benötigten Achsmeßgerät muß die Frage, welcher Platz in der Werkstatt für die Achsvermessung geeignet bzw. benötigt wird, in verschiedene Einzelfragen untergliedert werden. Die wichtigsten sind:

- Welche Art Achsvermessung soll auf dem Platz durchgeführt werden?
- Wie häufig werden auf dem Platz Achsvermessungen vorgenommen?
- Welches Achsmeßgerät soll auf dem Platz zum Einsatz kommen?

Und sicher gibt es auch hierbei noch eine Menge Detailfragen, die von Betrieb zu Betrieb variieren und unterschiedlich beantwortet werden müssen.

Soll lediglich eine Spur- und Sturzkontrolle mit einem Schnellmeßgerät anläßlich der normalen Fahrzeuginspektion erfolgen, so genügt dafür theoretisch ein normaler ebener Platz, da einmal bei der Inspektion keine so hohe Genauigkeit wie bei einer kompletten Achsvermessung gefordert wird und zum anderen keine Einstellarbeiten unter dem Fahrzeug vorgenommen werden müssen. Wenn in der Praxis dennoch die Spur- und Sturzkontrolle meist auf einem zweigeschossigen Arbeitsplatz (Grube oder Hebebühne) erfolgt, so nur deshalb, weil die zweigeschossige Bauweise für andere Inspektionsarbeiten benötigt wird.

Erfolgt die Spurkontrolle mit einer Spurmeßplatte, so sind dazu in der Werkstatt in aller Regel überhaupt keine Vorkehrungen notwendig, weil Spurmeßplatten vornehmlich im Bereich der Kundendienstannahme (Direktannahme) installiert werden und die Spurkontrolle somit bereits bei der Fahrzeugannahme erfolgt (Bild 3.89).

Wann und wo immer eine komplette Achsvermessung mit daraus resultierenden Einstellarbeiten und evtl. auch noch ein Teileersatz erfolgen soll, so wird dafür ein zweigeschossiger Arbeitsplatz benötigt. In Frage kommen dafür die Grube (Bild 3.91), die Viersäulen-Hebebühne (Bild 3.92) und die Dreiebenenbühne (Bild 3.93). Einsäulenbühnen (Stempelbühnen) und Kurzhubbühnen sind für die Achsvermessung schlecht, Zweisäulenbühnen nur bedingt geeignet. Wenn es sich um die Neueinrichtung eines Achsmeßplatzes handelt, so wird hierfür heute allgemein eine stabile und zuverlässige Viersäulen-Hebebühne bevorzugt.

Bild 3.89
Plattenprüfstand für
Bremsen, Stoßdämpfer
und Spur (Fa. SUN)

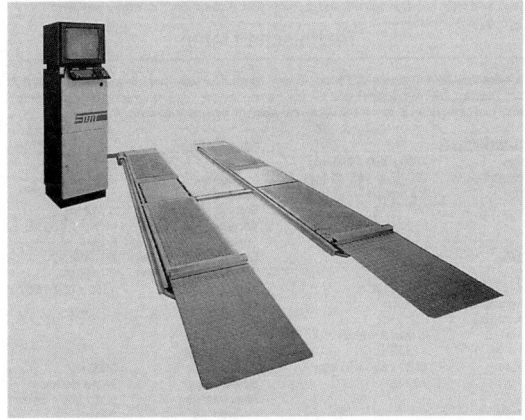

Bild 3.90
Prüfstraßenkonzept mit Geräten zur Prüfung von Motorleistung, Abgas, Spur, Fahrwerk, Bremsen und Achsgelenken (Fa. CARTEC)

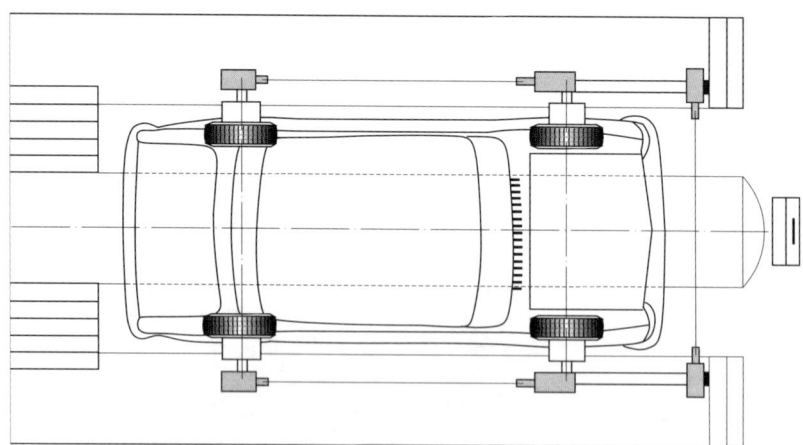

Bild 3.91
Achsvermessung mit elektronischem Achsmeßgerät über einer Arbeitsgrube

Bild 3.92
Hebebühne als Achsmeßplatz für eine optische Achsmeßanlage mit Radspiegeln (Fa. Bosch)

Grundvoraussetzung für die Eignung eines zweigeschossigen Arbeitsplatzes zum Achsmeßplatzes ist, daß dieser absolut eben ist und die Aufstandsflächen für die Fahrzeugräder in der Waage liegen. Allgemein gilt, daß die Genauigkeit von Vorderrad zu Vorderrad und von Hinterrad zu Hinterrad 1 mm und von Vorderrad zu Hinterrad sowie diagonal 2 mm nicht überschreiten darf. Dies gilt für mechanische und optische, vor allem aber für elektronische und hier ganz besonders für Geräte mit Infrarot-Meßfeld. Natürlich ist diese Genauigkeit in allen Arbeitshöhen erforderlich. Daraus folgert, daß Hebebühnen über ein hohes Maß an Stabilität verfügen müssen, um diese Forderungen erfüllen zu können.

Wird zur Achsvermessung ein tragbare, ortsungebundenes Achsmeßgerät verwendet, was insbesondere bei relativ geringer Einsatzhäufigkeit der Fall ist (s. Abschnitt 3.7), so lohnt sich dafür im Interesse der Werkstattauslastung keine Einrichtung eines festen, nur der Vermessung dienenden Achsmeßplatzes. Diese Meßgeräte können an jedem zweigeschossigen Arbeitsplatz der im vorangegangenen Absatz geschilderten Art eingesetzt werden, sofern dieser ausreichend genug «eben» ist.

Größere Einsatzhäufigkeit rechtfertigt die Einrichtung eines ausschließlich der Achsvermessung dienenden Meßplatzes (Bild 3.94). Da es sich bei Achsmeßgeräten, insbesondere elektronischen, um hochwertige und bei aller Werkstatttauglichkeit dennoch «sensible» Präzisionsmeßgeräte handelt, ist ein nur der Achsvermessung dienender Meßplatz die beste Garantie für Schnelligkeit, Genauigkeit und Zuverlässigkeit der Vermessung, Amortisation der Investition sowie lange Lebensdauer der Geräte.

Bild 3.93
Auch die Dreiebenenbuhne (Trio-Stand) eignet sich als Achsmeßplatz.

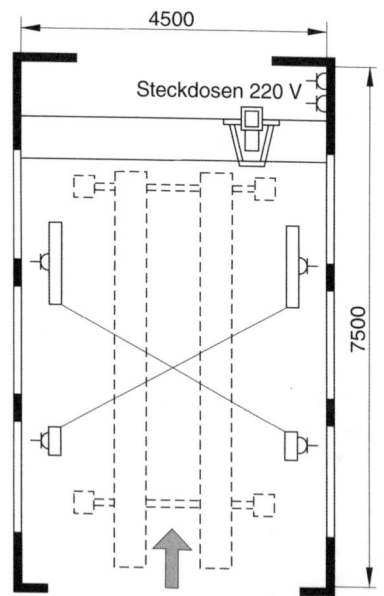

Bild 3.94
Vorschlag für die Größe eines Achsmeßplatzes mit fest installierter optischer Achsmeßanlage in Verbindung mit einer Hebebühne

# 4 Diagnose der Stoßdämpfer

Stoßdämpfer – richtiger müßten sie Schwingungsdämpfer heißen – sind keine auf Lebenszeit des Fahrzeugs ausgelegten Bauteile, sondern unterliegen Verschleiß. Alter und Laufleistung sind jedoch keine geeigneten Kriterien für ihre Lebenszeit, denn diese wird von vielen Faktoren beeinflußt, z.B. Fahrweise, Straßenzustand, Einsatzart des Fahrzeugs, Fahrzeugbelastung, Umwelteinflüsse und anderes mehr. Es ist deshalb auch nicht möglich, die Lebensdauer der Stoßdämpfer, welcher Bauart sie auch immer sein mögen, im voraus auch nur in etwa anzugeben. Hinzu kommt als großer Nachteil, daß der Fahrzeugbesitzer bzw. -benutzer meist nicht oder zumindest nicht rechtzeitig genug merkt, wann seine Stoßdämpfer verschlissen sind, da die Verschlechterung der Dämpferwirkung in aller Regel nicht schlagartig erfolgt, sondern «schleichend» vor sich geht und sich oft über einen relativ langen Zeitraum erstreckt.

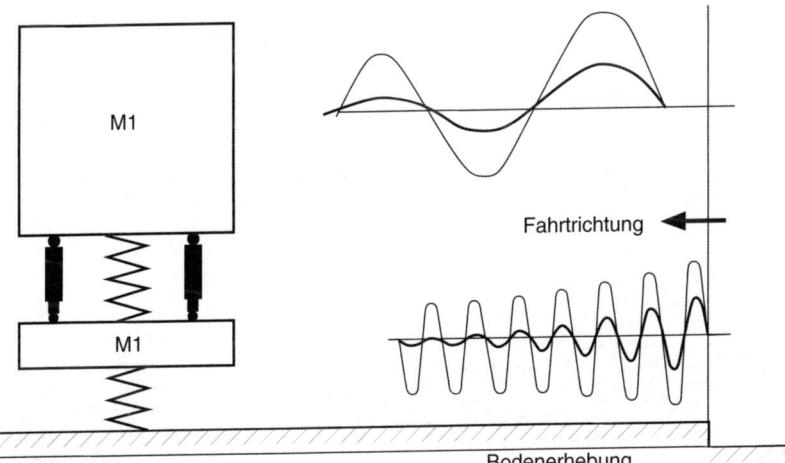

Bild 4.1
M 1 stellt die ungefederte Masse von Achse und Rädern dar, M 2 die gefederte Masse des Fahrzeugaufbaus. Beim Überfahren einer Bodenerhebung schwingen die beiden Massen unabhängig voneinander in verschiedenen Frequenzbereichen. Die Kurven mit den kleineren Amplituden zeigen die durch Stoßdämpfer «beruhigten» Schwingungen.

Nicht nur defekte bzw. verschlissene Stoßdämpfer, sondern auch zu große Leistungsunterschiede zwischen den Dämpfern einer Achse beeinflussen die Bodenhaftung bzw. deren Gleichmäßigkeit zwischen den beiden Rädern einer Achse und führen zu problematischem Fahrververhalten. Zwar nicht der Fahrer, wohl aber die Kfz-Werkstatt verfügt über die technischen Möglichkeiten, fehlerhafte Stoßdämpfer zu erkennen. Und da der Zustand der Dämpfer nicht nur den Fahrkomfort, sondern auch und vor allem die Fahrsicherheit ganz erheblich beeinflußt, liegt die rechtzeitige Prüfung und Erkennung evtl. Fehler praktisch ausschließlich in der Verantwortung der Kfz-Werkstatt. Für die Prüfung und Beurteilung der Stoßdämpfer gibt es verschiedene Methoden: objektive und subjektive, zuverlässige und weniger zuverlässige.

Tabelle 4.1 faßt die nachhaltigsten Auswirkungen defekter Stoßdämpfer zusammen.

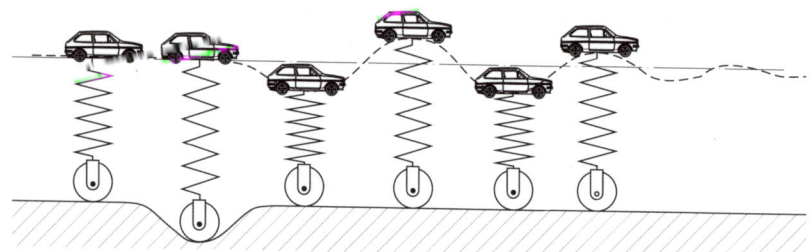

Bild 4.2
Nach der Fahrt durch ein Schlagloch würde das Fahrzeug nach dem Ein- und Ausfedern der Räder ohne Stoßdämpfer noch lange nachschwingen.

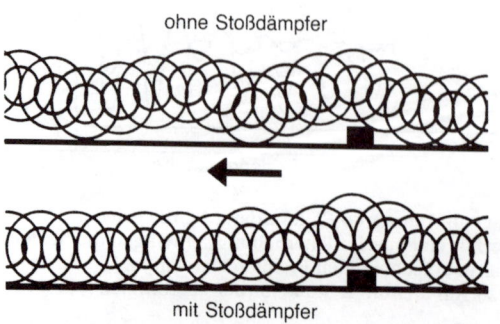

Bild 4.3
Schematische Darstellung des Pingpong-Effektes bei einem ungedämpften Rad (oben) und Abrollverlauf eines gedämpften Rades

Tabelle 4.1

| Auswirkungen defekter Stoßdämpfer | |
|---|---|
| auf die Fahrsicherheit | • Verlust an Bodenhaftung bzw. Fahrbahnkontakt<br>• verschlechtertes Ansprechen der Räder auf die Lenkung (auch bei ABS)<br>• schlechte Straßenlage<br>• instabiles Kurvenvehalten<br>• erhöhte Seitenwindempfindlichkeit<br>• schlechteres Aquaplaningverhalten<br>• beeinträchtigte Übertragung der Antriebskräfte (auch bei ASR)<br>• mangelhaftes Bremsverhalten (auch bei ABS) und längerer Bremsweg |
| auf den Fahrkomfort | • langes Nachschwingen des Fahrzeugaufbaus nach Überfahren einer Unebenheit<br>• Aufschaukeln des Fahrzeugaufbaus nach schnell aufeinanderfolgenden Unebenheiten |
| auf das Fahrwerk | • erhöhter Verschleiß an Radaufhängung, Lenkung und Lenkgestänge, Lagern, Gelenken und Reifen |

## 4.1 Stoßdämpferprüfung ohne technische Hilfsmittel

Alle nachstehend genannten Prüfungen werden ohne Anwendung technischer Hilfsmittel vorgenommen und sind daher mehr oder weniger subjektiv und unzuverlässig. Im einzelnen sind dies:

☐ Sichtprüfung,
☐ Prüfung von Hand in ausgebautem Zustand,
☐ Beurteilung aufgrund des Fahrverhaltens,
☐ manuelle Wippprüfung.

### 4.1.1 Sichtprüfung

Ölverlust, z.B. als Folge einer defekten Dichtung, ist eine der häufigsten Ursachen für den Ausfall eines Stoßdämpfers. Im Falle eines «ziemlich deutlichen» Defektes und damit «ziemlich schnellen» Ölverlustes weist der Stoßdämpfer außen klar erkennbare Ölspuren auf. Ist die Schadstelle – das ist bei einer Dichtung oft der Fall – nur sehr klein und der Ölverlust sowie das Nachlassen der Stoßdämpferwirkung nur «schleichend», dann ist oft auch die Ölspur nicht deutlich erkennbar, denn ein nur leichter Öldunst am Fahrzeugunterbau ist normal und kein Zeichen für defekte Stoßdämpfer. Sehr zuverlässig ist diese Art Sichtprüfung also nicht.

Ein anderes sichtbares Zeichen für schlechte Stoßdämpfer sind rhythmische Auswaschungen des Reifenprofils (Bild 4.4) und eine «zerhackte» Bremsspur. Ein defekter Stoßdämpfer hat nämlich – wie schon angeführt – Verlust an Bodenhaftung des Reifens zur Folge, was zu einem ständigen Wechsel von Bodenkontakt und Abheben des Rades und damit zu den genannten Symptomen führt. Ist es allerdings bereits soweit gekommen, daß die Folgen defekter Stoßdämpfer deutlich sichtbar sind, dann ist es eigentlich bereits zu spät und wird außerdem teuer.

Bild 4.4
Rhythmische Auswaschungen im Reifenprofil deuten auf defekte Stoßdämpfer hin.

Bild 4.5
Prüfen eines ausgebauten Stoßdämpfers durch Auseinanderziehen und Zusammendrücken von Hand. Auf diese Weise können bestenfalls völlig funktionslose Stoßdämpfer erkannt werden.

## 4.1.2 Prüfung von Hand in ausgebautem Zustand

Unter dieser Prüfung ist ein wechselweises Auseinanderziehen und Zusammendrücken des ausgebauten Stoßdämpfers von Hand zu verstehen (Bild 4.5), um aus dem dabei spürbaren Widerstand auf den Zustand des Dämpfers zu schließen. Ganz abgesehen davon, daß der Aus- und Einbau des Stoßdämpfers viel Zeit verschlingt, ist dies die subjektivste und absolut unzuverlässigste Art von Stoßdämpferprüfung, die es überhaupt gibt.

## 4.1.3 Beurteilung aufgrund des Fahrverhaltens

Nicht der Besitzer bzw. ständige Benutzer, wohl aber der Fachmann ist oft in der Lage, aus dem Fahrverhalten eines Fahrzeugs auf den Zustand der Stoßdämpfer zu schließen. Das ist hauptsächlich dann der Fall, wenn besagter Fachmann täglich mit Fahrzeugen des gleichen Typs und Modells zu tun hat. Am besten ist natürlich, wenn unmittelbar ein Vergleich mit dem Verhalten eines Neuwagens möglich ist. Typische Unterschiede treten vor allem beim Bremsen, Lenken, auf schlechter Fahrbahn, bei Seitenwind, in der Kurve usw. auf.

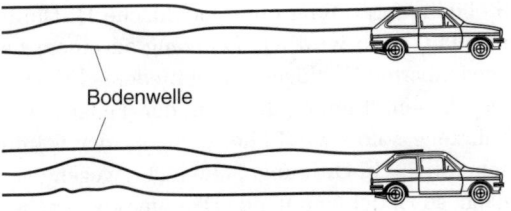

Bild 4.6
Durch Anbringen von Leuchten ist hier das Verhalten eines Fahrzeugs bei intakten (oben) und defekten (unten) Stoßdämpfern nach dem Überfahren einer Bodenwelle sichtbar gemacht worden.

Bei starkem Verschleiß und natürlich bei Totalausfall können Dämpfer und Federung spürbar durchschlagen. Auch Polter- und Klappergeräusche können ein Anzeichen für defekte Stoßdämpfer oder eine lose Befestigung sein. Ein Zeichen für verschlissene Dämpfer sind auch springende Räder, was sich besonders gut von einem parallel fahrenden Fahrzeug aus beobachten läßt.

Grundsätzlich ist natürlich auch die Beurteilung der Stoßdämpfer beim Fahren vom persönlichen, also subjektiven Eindruck abhängig und daher, selbst wenn die Beurteilung durch einen Fachmann erfolgt, nicht als sehr zuverlässig einzustufen.

Bild 4.7
Auch die manuelle Wippprüfung ist, selbst wenn sie von Fachleuten vorgenommen wird, subjektiv und unzuverlässig.

### 4.1.4 Manuelle Wippprüfung

Die noch heute mit am häufigsten, wohl weil am einfachsten, angewendete Stoßdämpferprüfung ohne technische Hilfsmittel ist die manuelle Wippprüfung. Dazu wird das Fahrzeug an einem dem jeweiligen Stoßdämpfer benachbarten Kotflügel kräftig niedergedrückt (Bild 4.7) und dann spontan losgelassen. Kommt das von der Federung nun wieder hochgedrückte Fahrzeug sofort zur Ruhe, dann ist der betreffende Stoßdämpfer «wahrscheinlich» in Ordnung. Schwingt dagegen das Fahrzeug noch einige Male nach, so ist der betreffende Dämpfer «wahrscheinlich» defekt.

Auch diese Prüfung muß man, auch wenn es Fachleute sind, die man immer mal wieder bei dieser Methode «erwischt», als zwar nicht übermäßig subjektiv, so doch als äußerst unzuverlässig einstufen, u.a. deshalb, weil dabei nicht annähernd reale Kolbengeschwindigkeiten wie im Fahrbetrieb erreicht werden.

## 4.2 Stoßdämpferprüfung mit technischen Hilfsmitteln

Alle nachstehend genannten Prüfungen werden unter Anwendung von speziell für diesen Zweck entwickelten technischen Hilfsmitteln vorgenommen und erfolgen in eingebautem Zustand. Sie sind alle objektiv, je nach angewandtem Verfahren aber mal mehr, mal weniger eindeutig auf die Stoßdämpfer bezogen, sondern werden von anderen Teilen des Fahrwerks beeinflußt. Im einzelnen sind dies:

- Prüfung nach der Fallmethode,
- Prüfung nach der Resonanzmethode (Schwingungsmessung),
- Prüfung nach der Vibrationsmethode (EUSAMA-Prinzip),
- Prüfung nach der Ultraschallmethode.

### 4.2.1 Prüfung nach der Fallmethode

Bei diesem Verfahren wird das Zusammenspiel zwischen Stoßdämpfern, Rad- und Achsaufhängung, Federung, Reifen und Karosserie geprüft, also das gesamte Schwingungssystem. Man kann deshalb weniger von einer Stoßdämpferprüfung als richtiger von einem kompletten Fahrwerktest reden. Dies wird auch von seiten der Hersteller so gesehen, denn sie bezeichnen Anlagen dieser Art als *Fahrwerktester*.

Bei der Fallprüfung wird das Überfahren einer Bodenwelle bzw. eines Schlagloches simuliert. Dazu wird das Fahrzeug auf die Platten des Testers aufgefahren (Bild 4.9) und zunächst die statische Achslast (Achsgewicht des ruhenden Fahrzeugs) gemessen. Anschließend werden die Platten um einige cm fallengelassen. Die dabei auftretenden Bodendrücke, die Rad- und Karosserieschwingungen sowie das Achsgewicht werden von speziellen Waagen erfaßt und von einem Mikroprozessor ausgewertet. Danach werden die so ermittelten Ist-Werte für die Bodenhaftung des Fahrzeugs mit den Optimalwerten, die auf der Basis der statischen Achslast errechnet werden, verglichen.

Was man hier tut, ist nichts anderes, als den Verlust an Bodenkontakt, den ein Fahrzeug durch Rad- und Fahrwerkschwingungen sowie durch das Aufschaukeln der Karosserie erleidet, zu beurteilen. Die Gesamtbewertung erfolgt als relative Bodenhaftung in Prozent, bezogen auf den errechneten Optimalwert des Fahrzeugs. Die Differenz zum Optimalwert ist das Maß für die Abnahme der Bodenhaftung, woraus sich durch weitere Verrechnung mit den anderen ermittelten Daten eine Aussage über die Qualität der Stoßdämpfer (in Prozent Dämpfung) ableiten läßt.

Da bei der Stoßdämpferprüfung mittels Fallmethode auf einem modernen Fahrwerktester beide Räder einer Achse zwar unabhängig voneinander, aber zur gleichen Zeit geprüft werden können und die Verrechnung der Daten elektronisch erfolgt, nimmt die Prüfung aller Stoßdämpfer eines Fahrzeugs nur wenig Zeit in Anspruch (Bild 4.10).

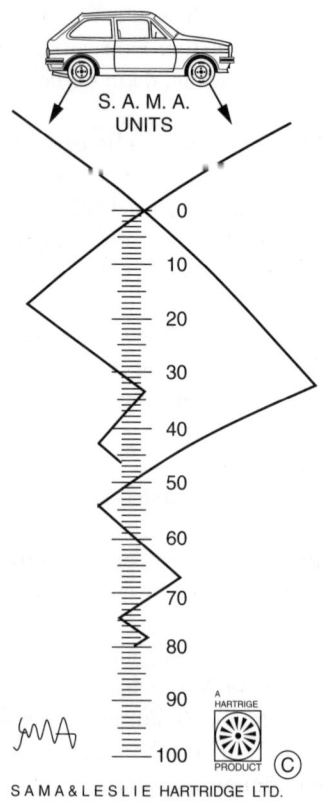

Bild 4.8
Die Fallprüfung nach einer vor vielen Jahren einmal üblichen Methode gilt heute als völlig überholt und ungeeignet.

Bild 4.9
Nicht nur die Stoßdämpfer, sondern das komplette Fahrwerk kann mit dem mikroprozessorgesteuerten CARTEC-Fahrwerktester FWT 2000 beurteilt werden. Nur wenige Sekunden nach dem Absenken der Prüfplatten des nach der modernen Fallmethode arbeitenden Testers stehen die einzelnen Prüfergebnisse zur Verfügung.

Bild 4.10
Die Bedienung des CARTEC-Fahrwerktesters FWT 2000 kann per Infrarot-Fernbedienung vom Fahrersitz aus erfolgen.

### 4.2.2 Prüfung nach der Resonanzmethode (Schwingungsmessung)

Voran die Feststellung, daß die Resonanzmethode (Schwingungsmessung) das unter allen Prüfmethoden verbreitetste Verfahren ist. Der nach diesem System arbeitende Shocktester (Bilder 4.11 bis 4.15) dient dafür als Beweis. Zwar werden auch bei der Resonanzmethode exakt besehen nicht die Stoßdämpfer allein beurteilt, sondern Einflüsse der Reifen, Federung usw. mit eingeschlossen. Da aber die von den Stoßdämpfern herrührenden Einflüsse recht deutlich aus den Schwingungsausschlägen des Gesamtsystems herauszulesen sind (Bilder 4.12 und 4.13), wird das Verfahren nach anfänglicherm Mißtrauen mittlerweile auch von der Automobilindustrie akzeptiert.

Zur Prüfung wird das jeweilige Rad mit Fahrzeugfederung und Achsmasse in vertikale Schwingungen versetzt. Das Rad steht dazu auf einer Platte bzw. Schwinge, die – angetrieben von einem Elektromotor – periodisch auf und ab bewegt wird (Bild 4.11). Der Antrieb der Platte erfolgt über eine Feder, deren Federwirkung bedeutend weicher ist als die des Reifens, so daß der Einfluß der Reifeneigenfederung weitgehend aufgehoben wird. Durch diesen Effekt «klebt» die Platte praktisch am Rad, das somit selbst bei großen Resonanzamplituden nicht von der Platte abheben kann.

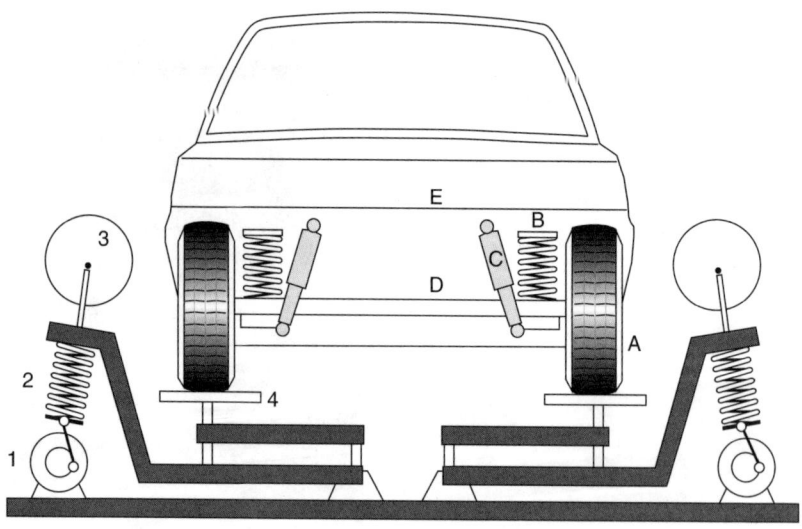

Bild 4.11
Bei der Stoßdämpferprüfung mit dem Shocktester (System Boge) wird jedes Rad einzeln in Schwingung versetzt. Gemessen wird die Größe der Schwingungsausschläge beim Ausschwingen.

1 Antrieb
2 Druckfeder
3 Meßeinrichtung
4 Schwinge mit Radauflage

A Rad
B Fahrzeugfeder
C Stoßdämpfer
D Achse
E Aufbau

Nach dem Einschalten des Prüfstandsmotors versetzt die Platte durch ihr periodisches Auf-und-ab-Bewegen das Rad samt den zugehörigen Achsmassen in Schwingungen, denen die weit schwerere Fahrzeugmasse nicht folgen kann und praktisch als ruhend angesehen wird. Die Erregungsfrequenz wird so lange gesteigert, bis sie bei ca. 800 Schwingungen pro Minute einen überkritischen Bereich erreicht hat und sich weit oberhalb der Resonanzfrequenz des aus Rad, Achsmasse und Prüfstandsplatte bestehenden Schwingungssystems befindet.

Wird nun der Antrieb abgeschaltet, so schwingt das System allmählich aus. Dabei geht die Schwingungsfrequenz stetig zurück und läuft dabei durch einen Resonanzbereich, in dem die Schwingungsausschläge besonders groß sind, und zwar um so größer, je weniger sie gedämpft werden (Bilder 4.12 und 4.13). Diese Dämpfung wird vornehmlich durch den Stoßdämpfer verursacht, wobei ein guter Dämpfer auch eine kräftige Dämpfung und demzufolge nur kleine Schwingungsamplituden, ein schlechter Dämpfer dagegen eine geringere Dämpfung und demzufolge größere Schwingungsamplituden bewirkt.

Der gesamte Ausschwingvorgang wird auf einem Diagrammblatt aufgezeichnet, so daß anhand der aufgezeichneten Amplituden und der zulässigen Grenzwerte, die von den Automobil- und Prüfstandsherstellern zur Verfügung gestellt werden, der Zustand des geprüften Stoßdämpfers beurteilt werden kann (Bilder 4.12 und 4.13). Darüber hinaus können bei modernen Fahrwerk-Prüfständen mit elektronischer Steuerung und Datenverarbeitung auch eine den Möglichkeiten entsprechende Automatisierung, eine Digitalanzeige (evtl. sogar per Bildschirm) der Schwingungsausschläge in mm, eine Befundauswertung nach Kriterien, die der TÜV Rheinland für diesen Zweck zusammengestellt hat, sowie eine Prozentauswertung erfolgen. Letzteres basiert auf Erfahrungswerten und geht davon aus, daß ein Stoßdämpfer bei Erreichen seiner Grenzwertamplituden nur noch eine Güte von 40% besitzt. Ein völlig intakter Stoßdämpfer besitzt bei diesem Verfahren bei sportlich gefederten Fahrzeugen etwa 90%, bei komfortabel gefederten Fahrzeugen etwa 70% Güte. Dies muß natürlich bei der Bewertung der Prozentgüte berücksichtigt werden.

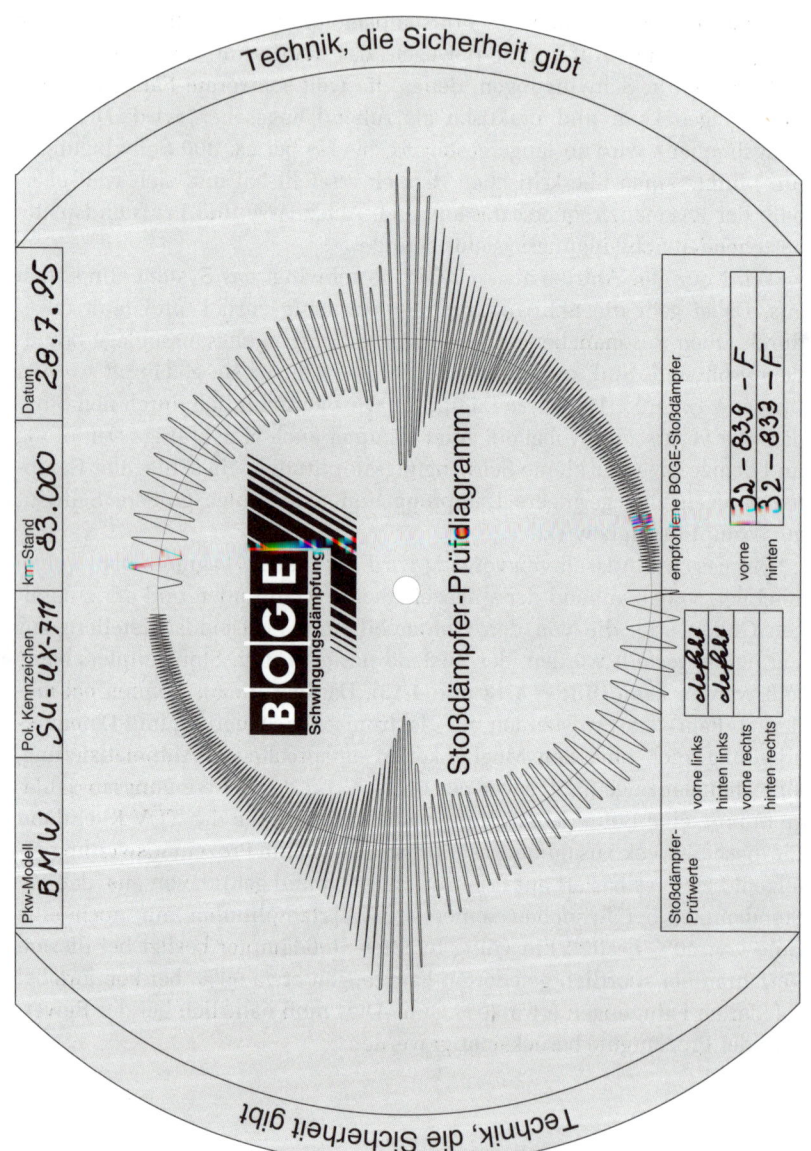

Bild 4.12 (linke Seite)
Beim Boge-Shocktester werden während der Auslaufphase im gesamten Frequenzbereich die Schwingungsausschläge, die ein Maß für das Arbeitsvermögen des Stoßdämpfers darstellen, auf einem Diagrammblatt festgehalten. Im vorliegenden Beispiel weisen die großen Amplituden auf 2 defekte Stoßdämpfer hin.

Bild 4.13
Die Diagrammaufzeichnung muß beim Shocktester nicht kreisförmig, sondern kann auch waagerecht erfolgen. Auch dabei läßt die Größe der Schwingungsamplituden im Resonanzbereich Rückschlüsse auf den Zustand und die Leistungsfähigkeit des geprüften Stoßdämpfers zu.

Bild 4.14
Die Größe der Schwingungsausschläge im Resonanzbereich kann auch digital angezeigt werden.

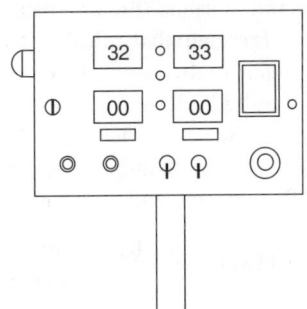

Bild 4.15
Boge-Shocktester in Aktion

### 4.2.3 Prüfung nach der Vibrationsmethode (EUSAMA-Prinzip)

Die Vibrationsmethode wird nach dem europäischen Verband der Stoßdämpfer-Hersteller, der sich für dieses Prüfverfahren ausgesprochen hat, EUSAMA-Prinzip (EUSAMA = European shock absorber manufacturers association) genannt. Da auch bei diesem Verfahren das gesamte Schwingungssystem in das Ergebnis eingeht, d.h., es wird mehr die gesamte Fahrwerkabstimmung als die eigentliche Dämpfung durch die Stoßdämpfer geprüft, werden nach dem EUSAMA-Prinzip arbeitende Prüfstände (wie Prüfstände nach der Fallmethode) allgemein als *Fahrwerktester* bezeichnet.

Zur Prüfung wird das Fahrzeug auf die Platten des Fahrwerktesters gefahren (Bild 4.16) und zunächst die statische Achs- bzw. Radlast (= Radlast bzw. Gewichtskraft bei ruhendem Fahrzeug) gemessen. Dann werden die Platten, und zwar separat jede für sich, von Elektromotoren über einen Exzenterantrieb auf eine Geschwindigkeit von etwa 25 Hubbewegungen pro Sekunde (25 Hz) gebracht, d.h. 25mal pro Sekunde einige Millimeter (in der Regel 6 mm) auf und ab bewegt.

Dann wird der Antrieb abgeschaltet, und die Frequenz geht langsam bis zum Stillstand zurück. Beim Auslauf durchläuft das gesamte Schwingungssystem (vergleichbar mit der Resonanzmethode) den Bereich der Eigen- oder Resonanzfrequenz, in dem die während des gesamten Prüfablaufs sich ständig ändernde Radlast ihren niedrigsten Wert erreicht. Diese kleinste Radlast wird mit der statischen Radlast verglichen und ergibt den sogenannten EUSAMA- oder Wegkontaktwert (= Bodenhaftung). Zur Berechnung dient die folgende Formel:

$$\text{Wegkontaktwert} = \frac{\text{niedrigste gemessene Radlast}}{\text{statische Radlast}} \cdot 100\%$$

Natürlich wird diese Berechnung vom Mikroprozessor des Prüfstandes automatisch vorgenommen und im allgemeinen digital angezeigt (Bilder 4.16 und 4.17).

In Abhängigkeit von der Abstimmung und dem Zustand der gesamten Radaufhängung liegt das Ergebnis in der Regel zwischen 40 und 85%. Ein niedriger Wert bedeutet eine geschmeidige (komfortable) Federung, ein hoher Wert eine sportive Federung. Bei einem Wert unter 20% ist die Dämpfung unzureichend, und man kann in aller Regel davon ausgehen, daß dann ein defekter Stoßdämpfer vorliegt.

Bild 4.16
Der AREX-Stoßdämpfer-Prüfstand arbeitet nach dem EUSAMA-Prinzip

Bild 4.17
Beim Fahrwerktester von Beissbarth wird das Zusammenwirken von Stoßdämpferleistung und Fahrwerkzustand für jedes Rad durch Leistungskurven auf dem Bildschirm der Anlage sichtbar gemacht.
Die Schwingungskurve der Bodenhaftung deckt eventuelle Fahrwerksmängel auf.

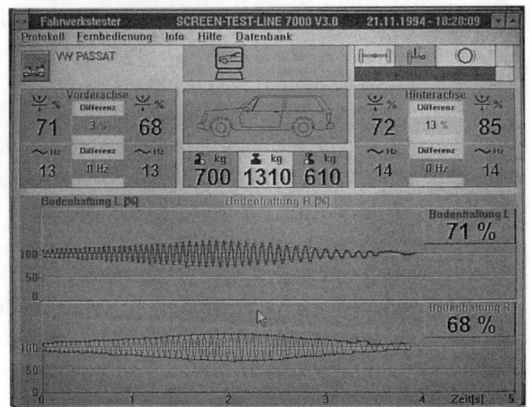

Bild 4.18
VLT-Kombinationsprüfstand für Spur, Bremsen und Fahrwerk (EUSAMA-Prinzip)

Nach EUSAMA kann folgende Auswertung zugrunde gelegt werden:
>61%        = sehr guter dynamischer Bodenkontakt
41 bis 60%  = guter dynamischer Bodenkontakt
21 bis 40%  = ausreichender dynamischer Bodenkontakt
1 bis 20%   = schwacher dynamischer Bodenkontakt
0%          = schlechter dynamischer Bodenkontakt

Dabei ist aber unbedingt zu beachten, daß sich diese Bewertung auf das gesamte Fahrwerk und nicht nur auf die Stoßdämpfer bezieht. Bei einer niedrigen Bewertung sind also auch Komponenten wie beispielsweise Federn, Reifen, Gelenke usw. auf evtl. Mängel zu prüfen. Außerdem ist zu berücksichtigen, daß sich Fahrwerke auch konstruktiv unterscheiden und daher auch bei intakten Komponenten unterschiedliche Ergebnisse liefern können. Das sicherste Zeichen für einen Defekt, welcher Art auch immer, ist eine unterschiedliche Bewertung zwischen der linken und der rechten Seite einer Achse.

Es gibt nach der Vibrationsmethode arbeitende Fahrwerktester, die über den reinen EUSAMA-Wert hinaus auch die Reifensteifigkeit berücksichtigen (Bild 4.18), so daß das Endergebnis zumindest nicht mehr durch die Reifen beeinflußt wird (z.B. durch unterschiedlichen Reifenluftdruck zwischen links und rechts). Bei niedrigem Reifendruck z.B. übernimmt der Reifen einen Teil der Dämpfung, d.h., der gemessene Wegkontaktwert steigt, und ein schlecht arbeitender Stoßdämpfer wird – zumindest teilweise – kompensiert. Umgekehrt hat ein zu hoher Reifendruck genau die gegenteilige Wirkung, d.h., es ist nur wenig Dämpfung durch den Reifen vorhanden, so daß etwas voreilig auf einen defekten Stoßdämpfer geschlossen werden kann. Außer vom Luftdruck ist die Reifensteifigkeit auch noch vom Aufbau und vom Verhältnis Höhe—Breite des Reifens abhängig.

Die Reifensteifigkeit wird bei der höchsten erreichten Frequenz (25 Hz) gemessen, da bei dieser Frequenz die Eigenfrequenz der Radaufhängung entfällt und auch die Karosserie sowie die Felge sich kaum bewegen, d.h., der Kraftwechsel auf der Meßplatte wird hauptsächlich durch den Reifen bestimmt. Aus dem Kraftwechsel auf der Platte und dem Hubweg der Platte kann man die Reifensteifigkeit wie folgt berechnen:

$$\text{Reifensteifigkeit} = \frac{\text{Kraftwechsel bei max. Frequenz}}{\text{Hub der Meßplatte}}$$

Natürlich wird diese Berechnung vom Mikrocomputer des Prüfstandes automatisch vorgenommen.

Fahrwerktester, die auch die Reifensteifigkeit ermitteln, nehmen eine Endbewertung des Fahrwerks auf der Basis des Wegkontaktwertes mit davon abgeleiteten Rückschlüssen auf den Zustand der Stoßdämpfer erst nach entsprechender Berücksichtigung der Reifensteifigkeit vor.

### 4.2.4 Prüfung nach der Ultraschallmethode

Dieses sehr junge Verfahren zur Stoßdämpferprüfung ist noch weitgehend unbekannt, so daß dazu kaum praktische Erfahrungen vorliegen. Die Prüfung erfolgt bei stehendem Fahrzeug auf einer ebenen Fläche. Die Handbremse muß bei der Prüfung gelöst sein, die Vorderräder müssen geradeaus stehen, und es darf kein Gang eingelegt sein (bei Fahrzeugen mit Automatikgetriebe ist «N» einzulegen).

Das Meßgerät wird über einen Magnet oberhalb eines Rades am Kotflügel befestigt (Bild 4.19). Zur Prüfung wird dann das Auto an dieser Stelle so kräftig wie möglich nach unten gedrückt. Der Anstoß soll kurz und kräftig sein. Insgesamt sind mindestens vier Messungen erforderlich. Alles andere besorgt dann der Mikroprozessor des Meßgerätes.

Das Meßgerät zeichnet seine Meßwerte mit Hilfe eines Ultraschallsignals auf, und zwar entweder reflektiv (vom Gerät zum Boden und wieder zurück) oder direkt (Sender am Boden und Empfänger im Gerät). Der Sensor im Gerät erfaßt Schwingbewegungen von Metern bis zu Millimetern mit einer Genauigkeit von $^1/_6$ mm. Die vom Sensor gelieferten Meßdaten werden vom Mikroprozessor gesammelt, in Schwingungskurven umgerechnet und über ein Grafikdisplay angezeigt. Über das Display werden auch Bedienungshinweise erteilt. Das Endergebnis wird ausgedruckt.

Bild 4.19
Stoßdämpfer-Prüfgerät nach der Ultraschallmethode von M-TRONIC

Eine Bewertung der Ultraschallmethode zur Stoßdämpferprüfung kann hier nicht erfolgen, da das Verfahren bisher noch zu wenig verbreitet und auch von den Automobilherstellern noch nicht kommentiert wird. Sicher erwähnenswert sind der vergleichsweise niedrige Preis und die Tatsache, daß es praktisch keinerlei Platzbedarf geltend macht.

## 4.3 Prüfung in ausgebautem Zustand auf der Stoßdämpfer-Prüfmaschine

Bei dieser Prüfung geht es darum, die Dämpfungskraft eines Stoßdämpfers in Abhängigkeit von seiner Kolbengeschwindigkeit zu ermitteln. Zu diesem Zweck sind die Stoßdämpfer auszubauen und in eine spezielle Prüfmaschine einzuspannen (Bild 4.20). Dort wird über einen Kurbeltrieb mit Exzenter der Stoßdämpfer in wechselnder Folge auseinandergezogen und wieder zusammengeschoben und dabei die Dämpfungskraft in Zug- und in Druckrichtung gemessen. Als Meßsystem dient z.B. eine als Federwaage wirkende, geeichte Meßfeder.

**Bild 4.20**
Arbeitsweise der Stoßdämpfer-Prüfmaschine in einer Prinzipdarstellung. Mit dieser Anordnung lassen sich unterschiedliche Kolbengeschwindigkeiten erreichen, und zwar einmal durch Verändern der Drehzahl des Kurbeltriebs und zum anderen durch verschiedene Exzenterstellungen am Kurbeltrieb, die verschiedene Kolbenhübe erzeugen.

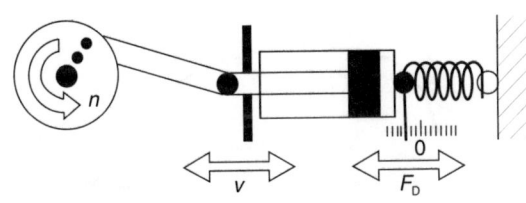

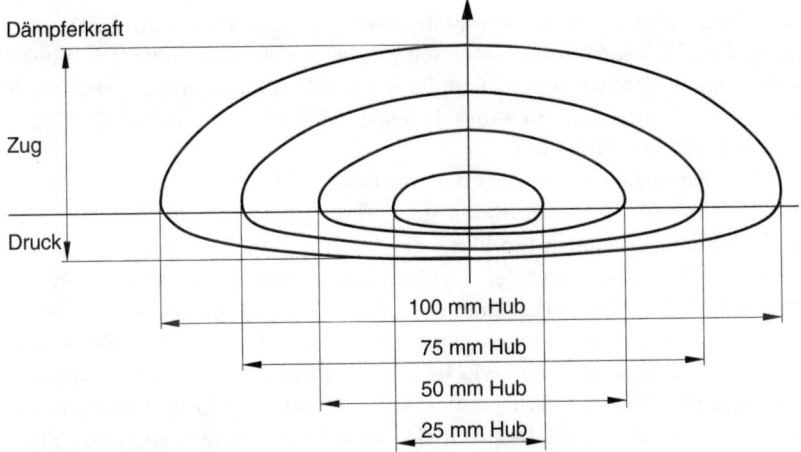

**Bild 4.21**
Bei der Stoßdämpferprüfung auf der Stoßdämpfer-Prüfmaschine mit einstellbaren Kolbenhüben wird ein Kraft-Weg-Diagramm aufgezeichnet. Waagerecht wird der Kolbenhub aufgetragen, nach oben die Zugkraft (beim Ausfedern) und nach unten die Druckkraft (beim Einfedern).

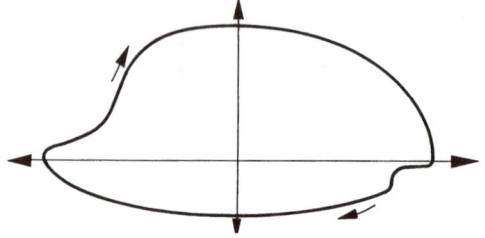

Bild 4.22
Liegt an dem auf der Stoßdämpfer-Prüfmaschine kontrollierten Dämpfer ein Defekt vor, so weist das Kraft-Weg-Diagramm eine Verzerrung auf. Das vorliegende Beispiel zeigt einen Dämpfer, der – z.B. wegen einer undichten Kolbenstangendichtung – Öl verloren hat.

Durch Änderung der Drehzahl des Kurbeltriebs kann die Prüf- und damit die Kolbengeschwindigkeit, durch Verändern der Exzenterradien die Hubhöhe des Stoßdämpferkolbens – üblich sind 25, 50, 75 und 100 mm – verstellt werden. Die dabei erreichte Dämpferkennlinie, das elliptische Kraft-Weg- oder Indikatordiagramm, wird aufgezeichnet (Bild 4.21). Die Kurve ist durch die Nullinie in einen Zug- und einen Druckbereich unterteilt. Liegt an dem geprüften Dämpfer ein Defekt irgendwelcher Art vor, so wird dies sofort in Form einer Unregelmäßigkeit am Verlauf des Diagramms sichtbar (Bild 4.22).

Ohne jeden Zweifel ist dies die genaueste und zuverlässigste aller Methoden zur Stoßdämpferprüfung, denn durch den Ausbau der Dämpfer sind sämtliche störenden Einflüsse, die durch andere Teile des Fahrzeugfederungssystems hervorgerufen werden, ausgeschlossen. Dennoch kommt die Methode für Kfz-Werkstätten, selbst für große und gut ausgestattete Betriebe, praktisch nicht in Frage. Die Maschine, so wie sie hauptsächlich bei den Automobilherstellern sowie in den Entwicklungs- und Fertigungsabteilungen der Stoßdämpferhersteller eingesetzt wird, ist für Kfz-Betriebe zu teuer und viel zu unrentabel, weil sie den zeitaufwendigen Aus- und Einbau der Stoßdämpfer erforderlich macht.

Bild 4.23
Boge-Shocktester: ortsveränderliche Überflurausführung mit Auffahrrampen

## 4.4 Wohin mit dem Stoßdämpfer-Prüfgerät?

Diese Frage ist nicht ganz eindeutig zu beantworten und hängt in hohem Maße davon ab, für welche Art Einsatz das Gerät geplant ist. Im Grunde genommen sind Stoßdämpfer-Prüfgeräte wie auch Fahrwerktester keine eigentlichen Werkstattgeräte, sondern gehören, wann immer ausreichend Platz dafür vorhanden ist, in den Bereich der Kundendienstannahme. Gründe dafür gibt es gleich mehrere, z.B.:

- Der Platzbedarf ist bei allen Geräten relativ gering (Bilder 4.23 und 4.24).
- Die benötigte Zeit zur Prüfung aller Stoßdämpfer ist zwar vom Gerätetyp abhängig, generell aber gering.
- Im allgemeinen wird bei der Stoßdämpferprüfung ein Prüfprotokoll bzw. eine Grafik ausgedruckt, was dem Kunden gegenüber ein objektives und einleuchtendes Argument darstellt.
- Die Stoßdämpferprüfung dient der Kfz-Werkstatt dazu, dem Kunden etwas zu verkaufen, nämlich neue Stoßdämpfer. Der Stoßdämpfer-Prüfstand bzw. Fahrwerktester ist also ein Marketinginstrument, das nur wenig nutzt, wenn es «versteckt» irgendwo in der Werkstatt installiert ist.
- Moderne Kundendienstannahmen, insbesondere die Direktannahme, verfügen bereits über Diagnosegeräte, die für die Kundenberatung besonders geeignet sind. Dazu zählen auch Stoßdämpfer-Prüfgeräte. Prüfstraßen (Bild 4.26), die in sinnvoller Anordnung mehrere hintereinander angeordnete Diagnoseeinrichtungen aufweisen und in dieser Form von mehreren Herstellern angeboten werden, sind daher in aller Regel auch mit einem Stoßdämpfer-Prüfstand bzw. Fahrwerktester ausgerüstet.

Bild 4.24
Boge-Shocktester: fest installierte Unterflurausführung ohne Rampen mit geringer Einbautiefe

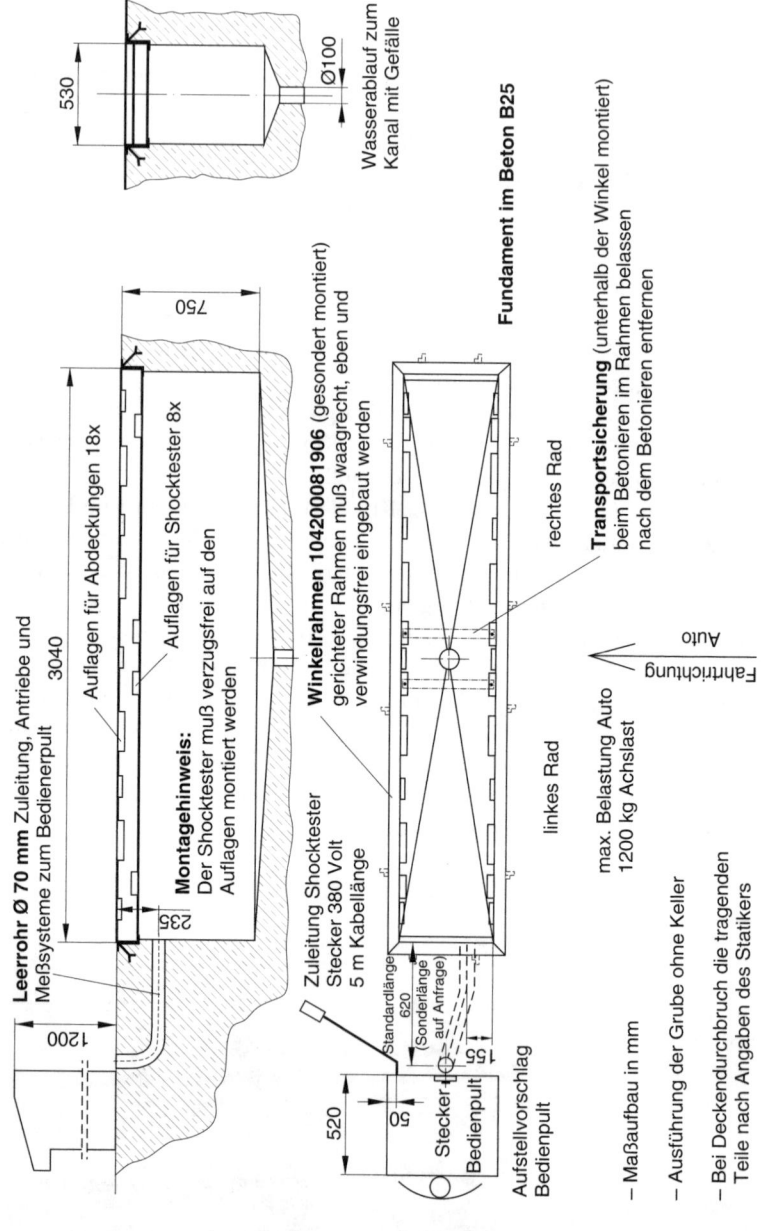

Bild 4.26 (rechts)
Vorschlag von CARTEC für eine komplette Prüfstraße, kombiniert aus Einzelgeräten, u.a. mit einem Fahrwerktester.

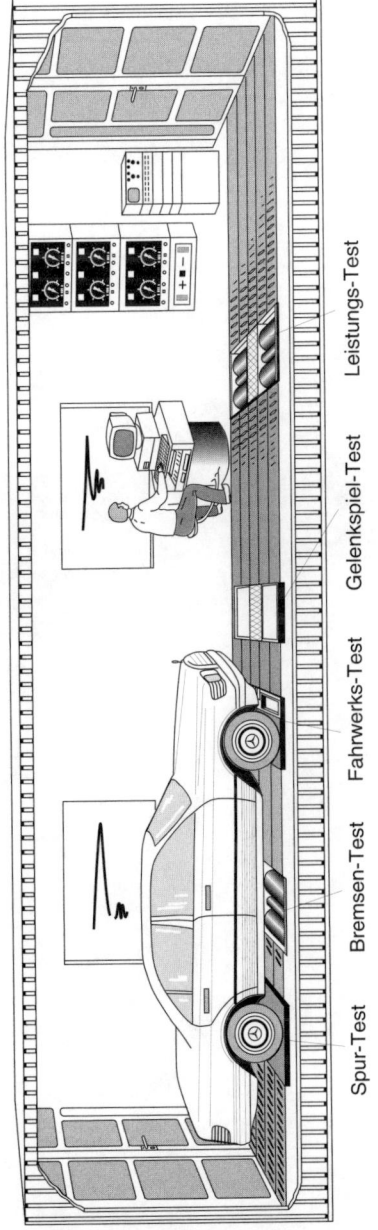

Bild 4.25 (linke Seite)
Fundamentplan für die Unterflurausführung eines Boge-Shocktesters

# Stichwortverzeichnis

**A**

Abbremsung 50, 51, 54 ff., 74, 78, 80, 90 f.
Abgleich 174
Ablenkspiegel 168 f.
Ablenkung 166, 168 f., 171
Abstandsmessung 142
Achseinstellung 102, 169, 170, 192
Achsgewicht 205
Achskonstruktion 101, 112, 114, 115, 123, 125, 136
Achslast 205, 212
Achslastmessung 73
Achsmeßbrücke 146
Achsmeßgeräte 138 ff., 140, 153, 176, 190
Achsmeßplatz 103, 174, 190, 193, 194
Achsmeßtechnik 138 ff.
Achsmeßwerte 112, 124, 128, 131, 136, 138
Achsschenkel, -bolzen 125, 131
Achsschenkellenkung 116, 125
Achsvermessung 102, 106, 136 ff., 190, 192
Achtfach-Spurgebersystem 185
Adapterbohrungen 188
Allradfahrzeuge 76, 93 f.
Amplituden 207, 209
Analoganzeige 64, 72, 182, 183
Anlage VIII StVZO 48
Antriebsmoment 67
Antriebsrückstellung 134
Antriebsübertragung 201
Anzeigeinstrument 68, 87
Aquaplaning 201
Arbeitsplatz, Rad- und Reifenservice 9
Aufschaukeln 201, 205
Aufspannen 29, 34
Auseinanderziehen 202, 216
Ausgangsgeschwindigkeit 54 ff., 90

Ausgleichgewichte 28, 32, 34
Ausgleichsebenen 27, 32, 35
Ausschwingvorgang 209
Auswaschungen des Reifenprofils 202
Auswuchten 26 ff.
– am Fahrzeug 28, 37 ff.
–, stationär 28 ff.
Auswuchtmaschinen
–, mobile 28, 37, 39 ff.
–, stationäre 28, 31 ff.
Außenmessung 142

**B**

Balkendiagramm 183
Bauformen 85
Baukastenprinzip 188
Beladungszustand 109, 137
Beladungszustand 50 f., 61, 74, 90
Belastung 138, 174
Betätigungskraft 50 f., 60, 71, 74, 77 f., 80, 90
Betriebsbremsanlage 50, 52, 54, 74, 78, 90
Bezugsachse 102 ff., 110, 113, 115, 118, 124, 135, 142, 146, 150, 154
Biegebalken 69
Bildschirmanzeige 209
Bildschirmanzeige 69, 93
Bildschirmtechnik 183
Blockdiagramm 183
Blockierabschaltung 69
Blockiergrenze 52, 61, 67, 74, 76, 90
Blockierverhinderer 74, 90
Bodenabstand 138, 174
Bodendruck 205
Bodenhaftung 200, 201, 202, 205
Bodenkontakt 201, 205, 214
Bolzenzentrierung 29
Bremsdauer 57, 59
Bremsen-/Leistungsprüfstand 86

223

Bremsendefekte, -verschleiß  58, 74,
   80, 82, 90, 94
Bremsenprüfplatz  86, 96
Bremsenprüfstand  50, 52, 62 ff., 65 ff.,
   86, 98
Bremsenprüfung  47 ff., 53 ff, 73 ff.,
   90 ff.
Bremskraft  51, 52, 64, 68, 74, 78, 80,
   87, 90
–differenz  52, 58, 74, 78, 80, 90 f.
–unterstützung  74
Bremsmeßgerät  50, 58 f.
Bremsmoment  67 ff.
Bremspedalspanner  171
Bremsspur  202
Bremsverhalten  201
Bremsweg  12, 52, 54, 57
Bremswirkung  50, 52, 58 f.
Bremszeit  54, 57

C
CCD-Kamera  183
CCD-Meßsensorik  183
Computer  182, 188
– -Netz  189

D
Dämpferkennlinie  218
Dämpferkraft  216, 217
Dämpfung  199, 209, 214, 218
Dämpfungswirkung  199, 205, 209,
   212, 214
Datenübermittlung  177, 182, 185
Datenverarbeitung  176, 182, 189, 209
defekte Dichtung  201
defekte Stoßdämpfer  199, 201, 203 ff.,
   209 f., 214, 218
Dehnmeßstreifen  69, 87
Diagnose
–, Achseinstellung  101 ff.
–, Bremsen  47 ff.
–, Räder und Reifen  9 ff.
–, Stoßdämpfer  199 ff.
–straße  97
Diagramm  209, 210, 219
Digitalanzeige  42, 72, 182 f., 209,
   211 f.
Direktannahme  66, 99, 145, 195, 219

DMS-System  69, 87
Drehachse  21 ff.
Drehrichtungsumkehr  76
Drehstrommotor  67
Drehteller, -plattenteller  148, 151, 153,
   163, 174, 179, 186, 188
Druckbereich  218
Drucker  64, 68, 72, 82, 87, 188
Drucklufttank  11
Druckmeßdose, -einrichtung  68, 87
Druckrichtung  216
dynamische Unwucht  20 ff., 26
dynamischer Prüfzustand  138
dynamisches Auswuchten  27, 40, 42

E
EDV-Anlage  189
Egalisieren  19
Eigenfrequenz  209, 212, 215
eingeschossiger Achsmeßplatz  195
Einmannbedienung  170, 172, 182
Einsatzhäufigkeit  192
Einschlagwinkel  116, 118, 148, 149,
   151, 152, 171, 188
Einweg-Schwingungsaufnehmer  39
Einzelradaufhängung  101, 106, 115,
   122, 178
Einzelspur  104, 107 ff., 113, 115, 136,
   146, 158, 160, 164, 180, 182
elastische Schnüren  180, 185
elektrisches Meßsystem  68
elektronische Meßgeräte  176 ff., 179,
   182, 185 f., 188, 193
elektronische Meßsysteme  69, 87, 140,
   176 ff.
elektronische Steuerung  209
Erregungsfrequenz  209, 212, 215
EUSAMA-Prinzip  212 ff.
Exzenterantrieb  212, 216, 218

F
Fadenkreuz  168, 169, 170, 171, 174
Fadenkreuzscheibe  169
Fahrbahnbeschaffenheit  53
Fahrbahnkontakt  201
Fahrkomfort  201, 205
Fahrsicherheit  201
Fahrstabilität  112, 121

Fahrt geradeaus 102, 106, 108, 109,
 126, 130, 133, 155, 164, 180
Fahrverhalten 201, 203
Fahrversuch 50, 51, 53 ff.
Fahrwerk 101
Fahrwerkschwingungen 205
Fahrwerksgeometrie 101
Fahrwerktest 205, 212, 214
Fahrwerktester 205, 212, 219
Fahrwerkverschleiß 201
Fahrzeuggewicht 50, 51
Fahrzeuglängsachse 125
Fallmethode 205 ff.
Federwaage 216
Fehlergrenzen 64
Feinwuchten 28, 37 ff.
Felgendaten 32
Felgenschlagkompensation 180, 182, 188
Fernbedienung 76
Feststellbremsanlage 50, 52, 54, 61, 74, 76, 78, 90
Finishbalancer 38, 44
Finishen 38
Flatspot 19
Fliehkraft 23
Friktionsrolle 39
Fundamentplan 220
Funktionsprüfung 49
Fußbremse 50, 52, 54, 74, 78, 90
Fußkraft 50, 60, 71, 74, 77 f., 80, 90

G
gefederte Masse 199
Gegenprojektion 173
Gelenkspiel 111, 113, 142, 148, 174
Genauigkeit der Meßwerte 176, 182, 188, 197
geometrische Fahrachse 103 ff., 115, 136, 150, 151, 177 f., 180, 182
geometrische Ungleichförmigkeit 18
Geradeausstellung 102, 106, 108 f., 126, 130, 133, 155, 164
Gesamtgewicht 50, 51, 61, 78
Gesamtspur 104, 107 ff., 113, 115, 136, 142, 145, 158, 160, 164, 180
Gesetzgeber 47
Gewichtskraft 51, 78, 212

Gewichtsverlagerung 90 f.
Gleichmäßigkeit der Bremswirkung 52, 58, 74, 78, 80, 90 f.
Grafikdisplay 215
Grenzwerte 209
Grube 195, 197

H
Haftreibungsbeiwert 53, 57, 62, 88
Halter 153, 164, 166, 174, 179, 188
Handbremse 50, 52, 54, 61, 74, 76, 78, 90
Handkraft 50, 61
Handling 180, 182
Handschaltung 76
Hauptträgheitsachse 21 ff.
Hauptuntersuchung 48, 49 ff, 58, 62, 74, 76, 88, 91
Hebebühne 195, 197
Herstellerangaben 112, 124, 128, 131, 136, 138, 174
Hinterachsvermessung 102, 136, 178
Hinterradstellung 103, 106, 107 ff., 136, 178
Höhenschlag 18
Hubbewegungen 208, 212
Hubfrequenz 209, 212, 215
hydraulisches Meßsystem 68

I
Indikator-Diagramm 218
Infrarotabtastung 39, 44, 46
Infrarotstrahlen 185
Innenmessung 142
Istwerte 183
Justierbild 174

K
kabelloses Meßfeld 185
Kameratechnik 185
Karosserieschwingungen 205
Kippmoment 68
Kolbengeschwindigkeit 204, 216, 218
Kolbenhub 217 f.
Kommunikation 176
Kraft-Weg-Diagramm 218
Kräfteungleichförmigkeiten 17
Kraftmeßdose, -einrichtung 68, 87

225

Kraftmeßeinrichtung 42
Kraftmessung 32, 39, 42
Kraftschluß 67
Kraftwechsel 215
Kundendienstannahme 98, 99, 145, 177, 195, 219
Kundendienstmarketing 98
Kurbeltrieb 216
Kurvenstabilität 122
Kurvenverhalten 201

L
Laufrolle 67
Laufruhe der Räder und Reifen 17 ff.
Laufruhenoptimierung 36
Leichtgängigkeit der Lenkung 121, 127, 129, 133
Leistungsaufnahme 67
Leistungsunterschiede 200
Lenkachse 125, 129, 131
Lenkgestänge 111, 117, 118, 125
Lenkkraft 122, 127, 129
Lenkradmittelstellung 103 ff., 115
Lenkrollradius 108, 121, 126, 129 ff., 171
–messung 131
–werte 131
Lenktrapez 117, 118
Lenkungsdrehachse 125, 129,131
Lenkungseinschlag 116, 118, 129, 134 f., 171
Lenkungsgeometrie 101, 104
Lenkungsmittelstellung 113, 142, 146, 154, 160
Lenkungsrückstellkraft 126, 130, 133
Libellenträger 151, 164
Lichtstrahl 155, 169, 170
–meßgeräte 153, 155, 164
Lochflansch 30

M
manuelle Prüfung 201
Massenungleichförmigkeit 18, 21 ff.
Matchen 19 f., 35
mechanische Meßgeräte 140 ff., 141 ff., 145, 148, 150 f., 163
mechanische Meßsysteme 68, 140 ff., 154

Meßaggregate 179, 185, 186
Meßbock 40, 42, 45
Meßfeder 218
Meßfeld 180 f., 184, 186
Meßgenauigkeit 94
Meßgeräte 141, 155, 176
Meßköpfe 177
Meßlatte 109
Meßläufe 28, 35 f., 40, 43, 45
Meßmethode 94
Meßmikroskop 167 f.
Meßmöglichkeiten 93 f.
Meßpotentiometer 68
Meßprojektor 167, 169 f., 172
Meßscheiben 177
Meßschenkel 146
Meßsensorik 183
Meßskala 155, 164, 166, 168, 169, 171
Meßsystem am Rad 164
Meßsysteme 68, 69, 87, 139 ff.
Meßtafel 155, 160, 162
Meßtechnik 138 ff.
Meßuhr 19, 20
Meßwertanzeige 182
Meßwertaufnahme 180
Meßwertübertragung 177, 182, 185
Meßwertverarbeitung 180
Mikroprozessor 205, 212, 215
– -Steuerung 180, 182
Mindestabbremsung 50, 52, 61, 80
Minusspur 110, 112, 118
Minussturz 120 f., 124
Mittelfläche 164
Mittenzentrierung 29
Montagekosten 94
Motorlagerung 68

N
Nachlauf 108, 131 ff., 180
–achse 131
–einstellung 136
–messung 135, 146, 148 f., 150 f., 162, 164 f., 166, 169, 171, 186
–strecke 132
Nachlaufwerte 136
–winkel 132
Nachschwingen 201, 204
Nachspur 110, 112, 118

Nachwuchten 28, 37 ff.
negative Spur 110, 112, 118
negativer Lenkrollradius 129
negativer Nachlauf 131, 133, 135
negativer Sturz 120 f., 124
Neigungspendelwaage 68
Neigungswinkel 120, 125, 131, 165
Nullspur 110, 112
Nullsturz 120

O
Objektiv 170, 174
Ölspur 201
Ölverlust 201
optische Achse 169
optische Meßgeräte 140, 153 ff., 155, 164, 166
optische Meßsysteme 140, 153 ff.
optisches Rechteck 154
optisch-mechanische Meßgeräte 149
Optoelektronik 45

P
Paragraph (§) 29 StVZO 48 ff., 74, 76, 88, 91
Paragraph (§) 41 StVZO 48
parallaxenfrei 170, 172
Parallaxenverschiebung 169 f.
Pedalkraftmesser 60 f., 74, 77, 88
Pendelmeßgeräte 150
Planlaufabweichung 20
Platten 87
–bremsenprüfstand 62, 66, 87 ff., 93, 94
–prüfstand 143, 145
Platzbedarf 95, 219, 220
Plusspur 110, 112, 118
Plussturz 120 f., 124
pneumatisches Meßsystem 68
positive Spur 110, 112, 118
positiver Lenkrollradius 129
positiver Nachlauf 131, 133, 135
positiver Sturz 120 f., 124
Praxisnähe 94
Preis 94
Profiltiefe 12 f.
Projektionslampe 170
Projektionstafel 165 f.

Projektionswand 164, 166, 169 f., 172, 174
Projektor 153, 155, 158, 160, 164, 169, 171, 174
–halter 153, 164
Protokolldrucker 64, 68, 72, 82, 87, 188
Prozentauswertung 209
Prüfgeschwindigkeit 62, 67, 71, 90, 94, 218
Prüfmaschine 216
Prüfplatten 205, 208, 212
Prüfplatz 219
Prüfprotokoll 72, 82, 84, 92, 189, 209 f., 219
Prüfstandsanordnung 96, 98
Prüfstandsprüfung 61
Prüfstandsrollen 62, 67, 71
Prüfstraße 219, 221
Prüfung mit technischen Hilfsmitteln 204 ff.
Prüfung ohne technische Hilfsmittel 201 ff.
Prüfzeit 91, 94, 219

Q
quasistatische Unwucht 21 ff.

R
Radantreiber 39
Radaufhängung 101, 112, 123, 125, 131
Radaufstandspunkt 129, 131
Raddrücker 112, 174
Radeinschlag 116, 118, 128, 135, 148, 149, 151 f., 171, 174, 188
Radlast 205, 212
Radmittelebene 110, 120, 129, 150
Radneigung 120
Radschwingungen 205
Radspiegel 166, 170 f., 174
Radstand 116
Radstellung 101, 107 ff., 136, 138, 144
Radstellungskontrolle 88
Radsturz 107, 120 ff., 125, 129, 131, 135, 180
Radversatz 105 f., 180
Referenzachse 114, 115, 142, 146, 154, 156, 178

227

Reflektor 156, 160
Reifenabrieb 14 ff.
Reifendruckwächter 11
Reifeneigenfederung 208
Reifenfüllmesser 11
Reifenlebensdauer 13 ff.
Reifenluftdruck 10 ff., 15 f., 214
−kontrolle 10 ff.
−messer 11
Reifenprofil 202
Reifensteifigkeit 214 f.
Reifenverschleiß 13 ff.
Reihenfolgen 136
reindynamische Unwucht 21 ff.
reinstatische Unwucht 21 ff.
Reproduzierbarkeit 94
Resonanzbereich 209
Resonanzfrequenz 209, 212, 215
Resonanzmethode 205, 207 ff.
Restunwucht 28, 35 f.
Richtlinie für Bremsenprüfstände 62 ff.
Richtlinie für die Prüfung von Bremsanlagen 49 ff.
Richtungsstabilität 112, 121
Rollen 62, 67, 71
Rollenbremsenprüfstand 62, 65 ff., 78, 85, 93 f.
Rollenplatten 174, 179
Rückstellkraft 126, 130, 133
Rundlaufabweichung 18
Rüstzeit 182

S
Schaftachse 22 ff.
Schaltrolle 67
Schiebeplatten 174, 179, 186
Schlupfabschaltung 69
Schlupfschalter 67, 74
Schnelläufer 71
Schnelligkeit der Achsvermessung 176, 182, 188
Schnellmeßgeräte 190, 195
Schnellspannflansch, -vorrichtung 29 f.
Schnellspannvorrichtung 188
Schnellvermessung 114, 138, 190, 195
Schnittstelle 72
−, serielle 189

schnurloses Meßfeld 185
Schräglauf 105, 114
Schreibgerät 64, 68, 72, 82, 87
Schwenkachse 125, 129, 131, 132
Schwerpunkt 21 ff.
Schwinge 208
Schwingungsaufnehmer 39, 43, 45
Schwingungsausschläge 87, 207, 209
Schwingungsdämpfer 199
Schwingungsfrequenz 209
Schwingungsmessung 31, 39, 205, 207 ff.
Schwingungssystem 205, 209, 212
Schwungmassenprüfstand 62, 65
Sechsfach-Spurgebersystem 183, 185
Seitenfläche 166
Seitenführungskraft 122
Seitenschlag 20
Seitenwindempfindlichkeit 134, 201
selektives Meßverfahren 44, 46
Sensor 215
Shocktester 207
Sichtprüfung 49, 201
Simultangerät 177, 182
Skaleneinteilung 155, 164, 166, 168, 170 f.
Skalentafel, -scheibe 155, 160, 162, 169, 171
Software 183, 193
Soll-Ist-Vergleich 183, 189
Sollwerte 183
Spannmittel, -vorrichtungen 29 ff.
Speichereinrichtung 64, 72
Spezialkamera 185, 186
Spiegelflächen 166
Spiegelreflektor 156, 160
Spiegelsystem 166
Spiel in Gelenken 111
Spreizachse 125, 129
Spreizung 108, 125 ff., 129, 131, 180
Spreizungseinstellung 127
Spreizungsmessung 127, 149, 151, 153, 162, 164, 169, 171
Spreizungswerte 128
Spreizungswinkel 125 f.
springende Räder 203
Spur 109 ff., 136, 142, 143, 180
Spurdifferenzwinkel 107, 115 ff., 180

–einstellung 118
–messung 118, 146, 148, 149, 162, 166, 169, 171
Spurdrücker 112, 174
Spureinstellung 112, 118
Spurgebersystem 183, 185
Spurkontrolle 88, 92
Spurmessung 112, 118, 136, 142, 143, 146, 158, 160, 164, 166, 169, 171, 192
Spurmeßplatten 143, 191, 195
Spurmeßstangen 142
Spurstellung Null 113, 119, 124, 128, 135, 146, 148 ff., 153, 163
Spurweite 129
Spurwerte 112
Spurwinkel 113, 115, 117 f., 146
Starrachse 101, 105, 114, 154
statische Unwucht 21 ff.
statisches Auswuchten 27, 40, 42
Steuerung 176
Stoßdämpfer 199
–geräusche 203
– -Prüfgerät 207, 215, 219
– –Prüfmaschine 216
Straßenlage 201
Straßenprüfung 53 ff.
Straßenverkehrszulassungsordnung (StVZO) 47
stroboskopische Unwuchtanzeige 39
Stückprüfung 65
Sturz 120 ff., 180
–einstellung 124
–messung 124, 146, 148, 150 ff., 162, 164, 166, 169, 171, 192
–unterschied 134, 148, 151, 165
–werte 124
Sturzwinkel 120, 125, 148, 151
Symmetrieachse 103 ff., 115, 136, 146, 150 f., 153 f., 156, 160, 164, 177, 180, 182

T
Taschenluftdruckmesser 11
Tastvorrichtung 174, 177, 188
Technik der Achsvermessung 138 ff.
Toleranzfelder 183
Trennung des Antriebsstrangs 76

U
Überflur-Bremsenprüfstand 85
Überlagerung von Einzelunwuchten 35, 38
Ultraschallmethode 205, 215 ff.
Ultraschallsignal 215
Umlaufgeschwindigkeit 67
Umlaufrichtung 67, 76
Umrechnungstabelle Spur 111
ungefederte Masse 199
Ungleichförmigkeiten 17 ff.
Unterflur-Bremsenprüfstand 85
Unwucht 17, 21 ff.
Unwuchtmessung 32

V
verschlissene Stoßdämpfer 199, 201, 203 ff., 209 f., 214, 218
Verwendungszweck des Achsmeßgerätes 190
Verzögerung 54 ff.
verzögerungsfreie Messung/ Übertragung 177
Verzögerungsmeßgerät 50, 58 f.
Vibrationsmethode 205, 212 ff.
Vierplatten-Prüfstand 88, 90
Vierrad-Vermessung 115, 136, 193
Vierradlenkung 186
Vorbedingungen für die Achsvermessung 112, 119, 124, 128, 135, 137 ff., 174
Vorbedingungen für die Bremsenprüfung 53
Vorderachsvermessung 102, 136, 178
Vorderradstellung 103, 106, 107 ff.
Vorlauf 132 f.
Vorspur 110, 112, 118

W
Waage 205
Wasserwaage 151, 164
Wasserwaagenmeßgeräte 151, 163, 171
Wattmeter 68
Wegkontaktwert 212, 214
Winkelabweichung 166, 168, 169, 170, 171, 180

Winkelaufnehmer 179, 181
Winkelgrade 109, 120, 125, 146, 171
Winkelhalbierende 103, 115, 136
Winkelmesser 145, 148
Winkelmessung 146, 148
Winkelprojektion 162, 166
Winkelskala 148, 151, 153, 163, 165
Wippprüfung 201, 204
Wirkleistung, –, Messung 68
Wirkungsprüfung 49
Wuchtmaschinen
–, mobile 28, 37, 39 ff.
–, stationäre 28, 31 ff.

Z
Zeiger 164 f.
Zeitwirkungsgrad 54
Zentrierung 29
zerhackte Bremsspur 202
Zugbereich 218
Zugrichtung 216
Zusammendrücken 202, 216
Zuverlässigkeit der Meßgeräte 176
zweigeschossiger Achsmeßplatz 195
Zweiplatten-Prüfstand 88, 90
Zweirad-Vermessung 114, 193
Zweiweg-Schwingungsaufnehmer 40
Zwischenuntersuchung 48 ff., 58, 62, 74, 76, 88, 91

## THEMA KFZ-TECHNIK

# Fachbücher zur Weiterbildung

Vrantzoglou, Ioannis Marios
**Dieselmotor**
Reihe „Der sichere Weg zur Meisterprüfung im Kfz-Handwerk"
112 Seiten Din A 4, zahlreiche Abbildungen, 1994
ISBN 3-8023-1428-X,
32 DM/250 öS/32 sFr

Der Dieselmotor ist die mit Abstand wirtschaftlichste Wärmekraftmaschine. Fast schon sprichwörtlich sind die Vorteile des Dieselmotors: Sparsamkeit, Zuverlässigkeit, Langlebigkeit und seine große Umweltfreundlichkeit. Diesen Eigenschaften verdankt er seine stetig wachsende Bedeutung - derzeit rollt in Westeuropa jeder fünfte Neuwagen mit einem Dieselmotor vom Band. Im Pkw- wie auch traditionell im Nutzfahrzeugsektor hat er eine große Zukunft. Aus diesem Grunde ist für den angehenden Kfz-Meister die genaue Kenntnis von Aufbau und Wirkungsweise der verschiedenen Systeme des Dieselmotors von großer Bedeutung. Der Themenband „Dieselmotor" wird dieser Aufgabe gerecht, indem die Theorie und Praxis einfach, deutlich und präzise dargestellt werden.

Leiter, Ralf
**Pkw-Bremsen,
Krad-Bremsen**
Reihe „Der sichere Weg zur Meisterprüfung im Kfz-Handwerk"
ca. 120 Seiten Din A 4, zahlreiche Abbildungen, 1995
ISBN 3-8023-1423-9,
32 DM/250 öS/32 sFr

Mehr als 40% der technisch bedingten Verkehrsunfälle sind auf Defekte an den Bremsanlagen zurückzuführen. Dieses Alarmsignal nahm der Autor des Bandes auf und räumt deshalb den Kapiteln „Diagnose und Wartung an der Bramsanlage" einen hohen Stellenwert ein. Sehr gut gelungen ist die Verbindung von der „Bremsen-Theorie" zur „Werkstatt-Praxis", da an den entscheidenden Stellen der Grundlagen-Vermittlung direkt auf die Werkstatt-Arbeiten hingewiesen wird.
In diesem Band findet der zukünftige Kfz-Meister alles, was er in den nächsten Jahren an Bremsenwissen braucht und laut Lehrplan in der Meisterprüfung von ihm verlangt wird. Von den Übertragungs-Einrichtungen der Bremskraft über die Radbremsen und Reibpartner bis zum ABS/ASR.

Verwenden Sie die beigeheftete Bestellkarte!

Vogel Buchverlag, 97064 Würzburg, Telefon (09 31) 4 18 - 24 19, Fax (09 31) 4 18 - 26 60

# 24 MAL WELTMEISTER IN DER FORMEL I – UNSERE ERFAHRUNG FÜR DIE STRASSE

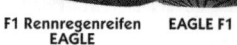

Rennsport heißt Grenzbereiche austesten. Für den Fahrer und auch das Material. Die Erfahrung und die Erfolge mit dem EAGLE F1 haben den Qualitätsreifen EAGLE F1 Ultra High Performance (über 240 km/h) hervorgebracht. Der Breitreifen der Spitzenklasse für die Straße.

**F1 Rennregenreifen EAGLE**   **EAGLE F1**

**GOODYEAR**
Ihr Sicherheitsvorsprung aus der Formel I.